AI 赋能软件开发技术丛书

U0734044

AIGC
高效编程
C语言
程序设计 慕课版｜第3版

明日科技◎策划

孟庆勋 高瑜◎主编

钱丽璞 黄开杰◎副主编

人民邮电出版社

北 京

图书在版编目（CIP）数据

C 语言程序设计：慕课版：AIGC 高效编程 / 孟庆勋，高瑜主编. -- 3 版. -- 北京：人民邮电出版社，2025.（AI 赋能软件开发技术丛书）. -- ISBN 978-7-115-66096-1

Ⅰ. TP312.8

中国国家版本馆 CIP 数据核字第 202575R4B3 号

内 容 提 要

本书系统、全面地介绍 C 语言程序设计相关的各类知识。全书共 17 章，内容包括 C 语言概述、算法、C 语言基础、运算符与表达式、常用的数据输入输出函数、选择结构程序设计、循环控制、数组、函数、指针、结构体和共用体、位运算、预处理、文件、存储管理、综合开发实例—趣味俄罗斯方块、课程设计—学生信息管理系统，本书最后还提供了 12 个实验。本书每章内容都与实例紧密结合，有助于读者理解知识、应用知识，达到学以致用的目的。

近年来，AIGC 技术高速发展，成为各行各业高质量发展和生产效率提升的重要推动力。本书将 AIGC 技术融入理论学习、实例编写、复杂系统开发等环节，帮助读者提升编程效率。

本书既可以作为高等院校"C 语言程序设计"课程的教材，又可以作为 C 语言爱好者、初中级 C 语言程序开发人员的参考书。

◆ 策　　划　明日科技
　　主　　编　孟庆勋　高　瑜
　　副 主 编　钱丽璞　黄开杰
　　责任编辑　徐柏杨
　　责任印制　胡　南

◆ 人民邮电出版社出版发行　　北京市丰台区成寿寺路 11 号
　　邮编　100164　电子邮件　315@ptpress.com.cn
　　网址　https://www.ptpress.com.cn
　　大厂回族自治县聚鑫印刷有限责任公司印刷

◆ 开本：787×1092　1/16
　　印张：21.25　　　　　　　　　　2025 年 5 月第 3 版
　　字数：518 千字　　　　　　　　2025 年 5 月河北第 1 次印刷

定价：69.80 元

读者服务热线：(010)81055256　印装质量热线：(010)81055316
反盗版热线：(010)81055315

在人工智能技术高速发展的今天，人工智能生成内容（artificial intelligence generated content，AIGC）技术在内容生成、软件开发等领域的作用已经非常突出，正在逐渐成为一项重要的生产工具，推动内容产业进行深度的变革。

党的二十大报告强调，"高质量发展是全面建设社会主义现代化国家的首要任务"。发展新质生产力是推动高质量发展的内在要求和重要着力点，AIGC 技术已经成为新质生产力的重要组成部分，在 AIGC 工具的加持下，软件开发行业的生产效率和生产模式将产生质的变化。本书结合 AIGC 辅助编程，旨在帮助读者培养软件开发从业人员应当具备的职业技能，提高核心竞争力，满足软件开发行业新技术人才需求。

C 语言是 combined language（组合语言）的简称，它作为一种计算机程序设计语言，具有高级语言和汇编语言的特点，受到广大编程人员的喜爱。C 语言的应用非常广泛，既可以用于编写系统应用程序，又可以作为编写应用程序的设计语言，还可以用于单片机及嵌入式系统的开发。这就是很多学习者学习编写程序时都选择 C 语言的原因。

本书是明日科技与院校一线教师合力打造的 C 语言程序设计基础教材，旨在通过基础理论讲解和系统编程实践让读者快速且牢固地掌握 C 语言程序开发技术。本书的主要特色如下。

1．基础理论结合丰富实践

（1）本书通过通俗易懂的语言和丰富实例演示，系统介绍了 C 语言的基础知识、开发环境与开发工具，并且在讲解基础知识的章设置了上机指导和习题，方便读者及时考核学习效果。

（2）本书专门设置"综合开发实例——趣味俄罗斯方块"和"课程设计——学生信息管理系统"两个实践，生动形象地展现了如何运用 C 语言解决实际系统开发中遇到的问题，使得理论知识讲解更加贴近实际应用需求。

（3）本书设计 12 个上机实验，实验内容由浅入深，包括验证型实验和设计型实验，供读者实践练习，真正提高程序设计实际应用能力。

2．融入 AIGC 技术

本书在理论学习、实例编写、复杂系统开发等环节融入了 AIGC 技术，具体做法如下。

（1）本书在第 1 章全面介绍 AIGC 工具的基本应用情况和主流的 AIGC 工具，并在部分章节讲解如何使用 AIGC 工具自主学习进阶性理论。

（2）本书完整呈现使用 AIGC 工具编写实例的过程和结果，在巩固读者理论知识的同时，启发读者主动使用 AIGC 工具辅助编程。

3．支持线上线下混合式学习

（1）本书是慕课版教材，依托人邮学院（www.rymooc.com）为读者提供完整慕课，课程结构严谨，读者可以根据自身的学习程度，自主安排学习进度。读者购买本书后，刮开粘贴在书封底上的刮刮卡，获得激活码，使用手机号码完成网站注册，即可搜索本书配套慕课并学习。

（2）本书针对重要知识点放置了二维码链接，读者扫描书中二维码即可在手机上观看相应内容的视频讲解。

4．配套丰富教辅资源

本书配套 PPT、教学大纲、教案、源代码、拓展案例、自测习题及答案等丰富教学资源，用书教师可登录人邮教育社区（www.ryjiaoyu.com）免费获取。

本书的课堂教学主要内容和学时建议分配如下表，用书教师可以根据实际教学情况进行调整。

章	章名	课堂学时	上机指导
第 1 章	C 语言概述	1	1
第 2 章	算法	3	1
第 3 章	C 语言基础	2	1
第 4 章	运算符与表达式	5	1
第 5 章	常用的数据输入输出函数	4	1
第 6 章	选择结构程序设计	3	1
第 7 章	循环控制	2	1
第 8 章	数组	3	1
第 9 章	函数	2	1
第 10 章	指针	3	1
第 11 章	结构体和共用体	3	1
第 12 章	位运算	2	1
第 13 章	文件	2	1
第 14 章	综合开发实例——趣味俄罗斯方块	4	
第 15 章	课程设计——学生信息管理系统	3	

由于编者水平有限，书中难免存在疏漏和不足之处，敬请广大读者批评指正，使本书得以改进和完善。

编　者

2025 年 1 月

目录

Contents

第1章 C 语言概述

本章要点

- 了解 C 语言的发展史。
- 了解 C 语言的特点。
- 了解 C 语言的组织结构。
- 掌握如何使用 Dev-C++开发 C 语言程序。

在学习 C 语言之前，读者需要了解 C 语言的发展史，以及它有哪些特点。读者只有了解了 C 语言的发展史和特点，才会更深刻地理解这门语言，并且增强今后学习 C 语言的信心。刚开始学习 C 语言时，大多数人会选择使用一些相对简单的编译器，如 Turbo C 2.0。但是随着计算机科学的不断发展，现在更多的人选择使用 Dev-C++编译器或者 Visual Studio Code 系列。

本章致力于使读者了解 Dev-C++的开发环境，掌握其中各个部分的使用方法，并能编写一个简单的应用程序以练习使用开发环境。

1.1 C 语言的发展史

1.1.1 程序设计语言简述

在介绍 C 语言的发展史之前，先对程序设计语言进行大概的介绍。

1. 机器语言

机器语言是一种低级程序设计语言，也称为二进制代码语言。机器语言使用计算机能够识别的二进制数（0 和 1）序列来表示计算机操作的命令和数据。机器语言的特点是计算机可以直接识别，不需要进行任何翻译。

2. 汇编语言

汇编语言是面向机器的程序设计语言。为了减轻使用机器语言编程的痛苦，用英文字母或符号串来替代机器语言的二进制码，这样就把不易理解和使用的机器语言变成了汇编语言。汇编语言比机器语言更便于阅读和理解。

3．高级语言

由于汇编语言依赖于计算机硬件，并且汇编语言中的助记符号数量比较多，所以其运用仍然不够方便。为了使程序设计语言能更贴近人类的自然语言，同时又不依赖于计算机硬件，人们发明了高级语言。高级语言的语法形式类似于英文，并且因为远离对硬件的直接操作，所以易于理解与使用。其中影响较大、使用普遍的高级语言有Fortran、ALGOL、Basic、COBOL、Lisp、Pascal、Prolog、C 语言、C++、VC、VB、Delphi、Java 等。

1.1.2　C 语言的发展历程

从程序设计语言的发展过程可以看到，以前的操作系统和系统软件主要用汇编语言编写。但由于汇编语言依赖于计算机硬件，程序的可读性和可移植性都不是很好，为了提高程序的可读性和可移植性，人们开始寻找一种既具有高级语言的特性又不失低级语言的优点的语言。于是，人们发明了 C 语言。

C 语言是在由 UNIX 的研制者丹尼斯·里奇（Dennis Ritchie）和肯·汤普逊（Ken Thompson）于 1970 年研制出的基本组合程序设计语言（basic combined programming language，BCPL）即 B 语言的基础上发展和完善起来的。20 世纪 70 年代初期，美国电话电报公司贝尔（AT&T Bell）实验室的程序员丹尼斯·里奇把 B 语言改造为 C 语言。

最初，C 语言运行于 AT&T 的多用户、多任务的 UNIX 操作系统上。后来，丹尼斯·里奇用 C 语言改写了 UNIX C 的编译程序，肯·汤普逊又用 C 语言成功地改写了 UNIX 操作系统，开创了编程史上的新篇章。UNIX 操作系统成为第一个不是用汇编语言编写的主流操作系统。

1983 年，美国国家标准协会（American National Standards Institute，ANSI）对 C 语言进行了标准化，于 1985 年颁布了第一个 C 语言标准草案（C85），后来于 1986 年颁布了另一个 C 语言标准草案（C86），并于 1989 年正式发布了第一个官方的 C 语言标准，即 C89标准。后来，国际标准化组织（International Organization for Standardization，ISO）采纳了ANSI 发布的 C 语言标准，并在此基础上陆续发布了 C99、C11、C17 标准，最新的 C 语言标准 C23 于 2003 年颁布，主要是增强了一些语言的安全性和易用性，现在主流的 C 语言标准为 C11 标准和 C17 标准。

尽管 C 语言是在大型商业机构和学术界的研究实验室研发的，但是当开发者们为第一台个人计算机提供 C 编译系统之后，C 语言才得以广泛传播，并被大多数程序员所接受。对微软磁盘操作系统（MS-DOS）来说，系统软件和实用程序都是用 C 语言编写的。Windows 操作系统的大部分也是用 C 语言编写的。

C 语言是一种面向过程的语言，同时具有高级语言和汇编语言的优点。C 语言可以被广泛应用于不同的操作系统，如 UNIX、MS-DOS、Windows 及 Linux 等。

在 C 语言的基础上发展起来的程序设计语言有支持多种程序设计风格的 C++，网络上被广泛使用的 Java、JavaScript 以及微软的 C#等。也就是说，学好 C 语言之后，再学习其他程序设计语言时会比较轻松。

1.2 C 语言的特点

C 语言是一种通用的程序设计语言，主要用来进行系统程序设计，具有如下特点。

1．高效

从 C 语言的发展史我们可以看到，C 语言继承了低级语言的优点，产生了高效的代码，并具有良好的可读性和编写性。一般情况下，C 语言生成的目标代码的执行效率只比汇编语言的低 10%～20%。

2．灵活

C 语言的语法不拘一格，可在原有语法基础上进行创造、复合，从而给程序员更多想象和发挥的空间。

3．功能丰富

除了使用 C 语言中所具有的数据类型，还可以使用丰富的运算符和自定义的结构体类型来表达各种复杂的数据类型，实现所需要的功能。

4．表达力强

C 语言的语法形式与人们使用的语言形式相似，书写形式自由，结构规范，并且只需简单的控制语句即可轻松控制程序流程，满足复杂的程序设计要求。

5．可移植性好

C 语言具有良好的可移植性，从而使得 C 语言程序在不同的操作系统下只需要简单修改或者不用修改即可进行跨平台的程序开发操作。

正是由于 C 语言拥有上述特点，它备受程序员青睐。

C 语言的特点

1.3 一个简单的 C 语言程序

下面通过一个简单的程序来看看 C 语言程序是什么样子的。

【例 1-1】 一个简单的 C 语言程序。

一个简单的
C 语言程序

本实例程序实现的功能是显示一条信息"Hello,world!I'm coming!"。通过这个程序可以观察 C 语言程序的形式。这个简单的程序虽然只有 7 行，却充分说明了 C 语言程序是从什么位置开始到什么位置结束的。

```
#include<stdio.h>

int main()
{
    printf("Hello,world!I'm coming!\n");          /*输出要显示的字符串*/
    return 0;                                      /*程序返回0*/
}
```

运行程序，显示结果如图 1-1 所示。

图 1-1　一个简单的 C 语言程序

下面来分析一下前面的实例程序。

1．#include 命令

实例代码中的第 1 行为：

```
#include<stdio.h>
```

这一行代码的功能是进行有关的预处理操作。include 称为文件包含命令，后面尖括号中的内容称为头部文件或首文件。有关预处理的内容将会在本书第 13 章中进行详细介绍，在此读者只需对此概念有所了解即可。

2．空行

实例代码中的第 2 行为空行。

　　C 语言是一个比较灵活的程序设计语言，因此其格式并不是固定不变、拘于一格的，其允许有空格、空行等，且空格、空行并不会影响程序运行。有的读者会问："为什么要有这些空格和空行呢？"其实这就像在纸上写字一样，虽然可以直接在白纸上面写字，但是人们通常会在纸上面印上一行行的方格或方块，以隔开每一段文字，让书写的内容看起来更加美观和规范。合理、恰当地使用空格、空行，可以使编写出来的程序更加规范，便于日后阅读和整理。在此也建议读者在写程序时将程序书写规范。

⚠ **注意**：不是所有的空格都没有用，如将两个关键字用空格隔开（else if），这种情况下如果将空格去掉，程序就不能编译。在这里先说明一下，读者在以后的学习中就会慢慢领悟。

3．main() 函数

实例代码中的第 3 行为：

```
int main()
```

这一行代码的意思是声明 main() 函数为一个返回值是整型的函数。其中 int 称为关键字，这个关键字代表的数据类型是整型。关于数据类型的内容将会在本书第 3 章中进行介绍，关于函数的内容将会在本书第 9 章中进行详细介绍。

　　在函数中这一部分被称为函数头。在每一个程序中都会有一个 main() 函数作为程序的入口。也就是说，程序都是从 main()函数开始执行的，然后进入 main()函数执行 main()函数中的内容。

4．函数体

实例代码中的第 4～7 行代码为：

```
{
    printf("Hello,world!I'm coming!\n");          /*输出要显示的字符串*/
    return 0;                                      /*程序返回 0*/
}
```

在介绍 main()函数时，提到了一个名词——函数头。读者通过这个词可以进行联想：既然有函数头，也应该有函数的身体吧？没错，函数分为两个部分：一是函数头，二是函数体。

实例代码中的第 4 行和第 7 行这两个大括号及之间的内容构成了函数体。函数体也可以称为函数的语句块。在函数体中，也就是第 5 行和第 6 行代码就是程序要执行的内容。

5．执行语句

实例代码中的第 5 行代码为：

```
printf("Hello,world!I'm coming!\n");                 /*输出要显示的字符串*/
```

执行语句就是函数体中要执行的内容。这一行代码是这个简单的程序中最复杂的代码。该行代码虽然看似复杂，但也不难理解，printf()是产生格式化输出的函数，可以简单理解为向控制台输出文字或符号；括号中的内容称为函数的参数，可以看到输出的字符串"Hello,world!I'm coming!"，还可以看到 "\n" 这样一个符号，称为转义字符。关于转义字符的内容将会在本书第 3 章进行介绍。

6．return 语句

实例代码中的第 6 行代码为：

```
return 0;                          /*程序返回 0*/
```

这行代码使 main()函数终止运行，并向操作系统返回一个整型常量 0。在介绍 main()函数时说过返回一个整型值，此时 0 就是要返回的整型值。在此处可以将 return 语句理解成 main()函数的结束符。

7．代码的注释

在实例代码的第 5 行和第 6 行代码后面都可以看到一段关于对应行代码的文字描述。

```
printf("Hello,world!I'm coming!\n");                 /*输出要显示的字符串*/
return 0;                                            /*程序返回 0*/
```

这段对代码的描述称为代码的注释。代码注释的作用就是对代码进行解释说明，方便日后自己或者他人阅读源程序时理解程序的含义和设计思想。其语法格式如下：

```
/*注释内容*/
```

或为:

```
//注释内容
```

📖 **说明:** 虽然没有强行规定程序中一定要写注释,但是为程序代码写注释是一个良好的习惯,这会为以后查看代码带来非常大的方便,也便于他人在查看程序时可以快速地掌握程序的思想与代码的作用。因此,编写格式规范的代码和添加详细的注释是优秀程序员应该具备的好习惯。

1.4 C 语言程序的格式

通过例 1-1 可以看出 C 语言程序有一定的格式特点。

（1）主函数 main()

一个 C 语言程序都是从 main()函数开始执行的。main()函数可以放在程序中的任意位置。

（2）C 语言程序整体是由函数构成的

main()函数就是程序中的主函数,当然在程序中是可以定义其他函数的。在这些函数中进行特殊的操作,使得函数完成特定的功能。虽然将所有的执行代码放入 main()函数是可行的,但是如果将其分成一块一块的,每一块使用一个函数表示,那么整个程序就具有结构性,并且易于观察和修改。

（3）函数体的内容在"{}"中

每一个函数都要实现特定的功能,那么如何才能明确一个函数的具体操作的范围呢?答案就是寻找配对的"{"和"}"。C 语言使用配对的大括号来表示程序的结构层次,需要注意的是左、右大括号要配对使用。

📖 **说明:** 在编写程序时,为了防止对应大括号遗漏,可以先将两个配对的大括号写出来,再向两个大括号中添加代码。

（4）每一条执行语句都以";"结尾

观察例 1-1 就会发现,在每一条执行语句后面都会有一个";"作为语句结束的标志。

（5）支持大小写英文字母

在程序中,可以使用大写英文字母,也可以使用小写英文字母。一般情况下使用小写英文字母多一些,因为小写英文字母易于观察。但是在定义常量时常使用大写英文字母且全大写,而在定义函数时有时会将第一个英文字母大写。

（6）空格、空行的使用

空格、空行的作用是增强程序的可读性,使得程序代码的位置合理、美观。例如下面的代码就非常不利于阅读和观察。

```
int Add(int Num1, int Num2)          /*定义加法运算的函数*/
{/*将两个数相加的结果保存在 result 中*/
int result =Num1+Num2;
return result; /*将计算的结果返回*/}
```

但是如果将其中的执行语句进行缩进，使得函数体内的代码开头与函数头不在同一列，就会体现出层次，便于阅读和观察。例如：

```
int Add(int Num1, int Num2)              /*定义加法运算的函数*/
{
    int result =Num1+Num2;               /*将两个数相加的结果保存在 result 中*/
    return result;                       /*将计算的结果返回*/
}
```

1.5 Dev-C++开发工具

俗话说，磨刀不误砍柴工。要将一件事情做好，先要了解制作工具。本节将详细介绍 C 语言程序开发的常用工具：Dev-C++。Dev-C++是 Windows 操作系统下 C/C++的一个继承开发环境。该开发环境包括多页面窗口、工程编辑器以及调试器等，在工程编辑器中集合了编辑器、编译器、链接程序和执行程序，提供高亮语法显示，以减少编辑错误，可以满足初学者与"编程高手"的不同需求，是学习 C 语言和 C++的首选开发工具。

1．了解 Dev-C++的主界面

双击 Dev-C++安装目录下的 devcpp.exe 文件，启动 Dev-C++，通过选择"文件"/"新建"/"源代码"来新建一个 C 源代码文件。写好代码后，选择"文件"/"保存"或者使用快捷键 Ctrl + S 来保存文件，出现图 1-2 所示的界面。

图 1-2　保存文件

单击"保存"按钮，返回 Dev-C++的主界面。Dev-C++的主界面主要由菜单栏、工具栏、项目资源管理器视图、源程序编辑区、编译调试区和状态栏组成。Dev-C++的主界面如图 1-3 所示。

写好代码后，即可运行程序。有 3 种运行方式。

（1）在 Dev-C++的菜单栏中选择"运行"/"编译运行"。

（2）使用快捷键 F11。

（3）单击 图标。

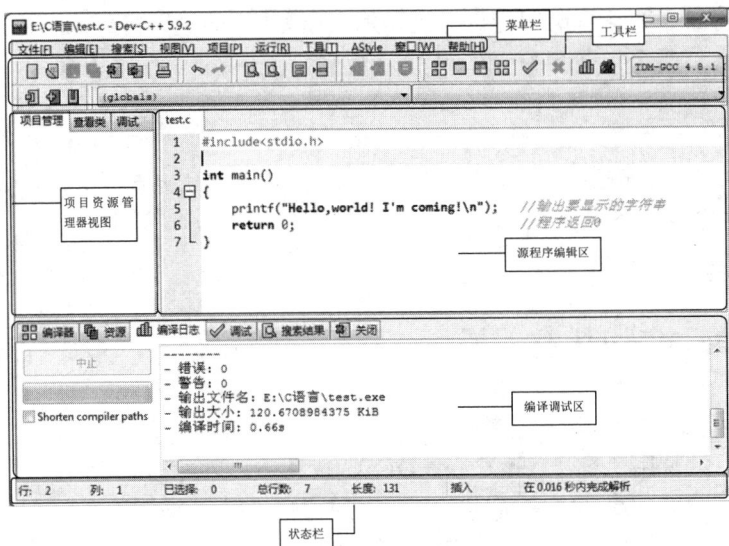

图 1-3　Dev-C++的主界面

2．Dev-C++的工具栏简介

菜单栏中各项的作用通过其中文名字便可知晓，下面介绍 Dev-C++的工具栏。工具栏由许多图标组成，各自的用途如图 1-4 所示。

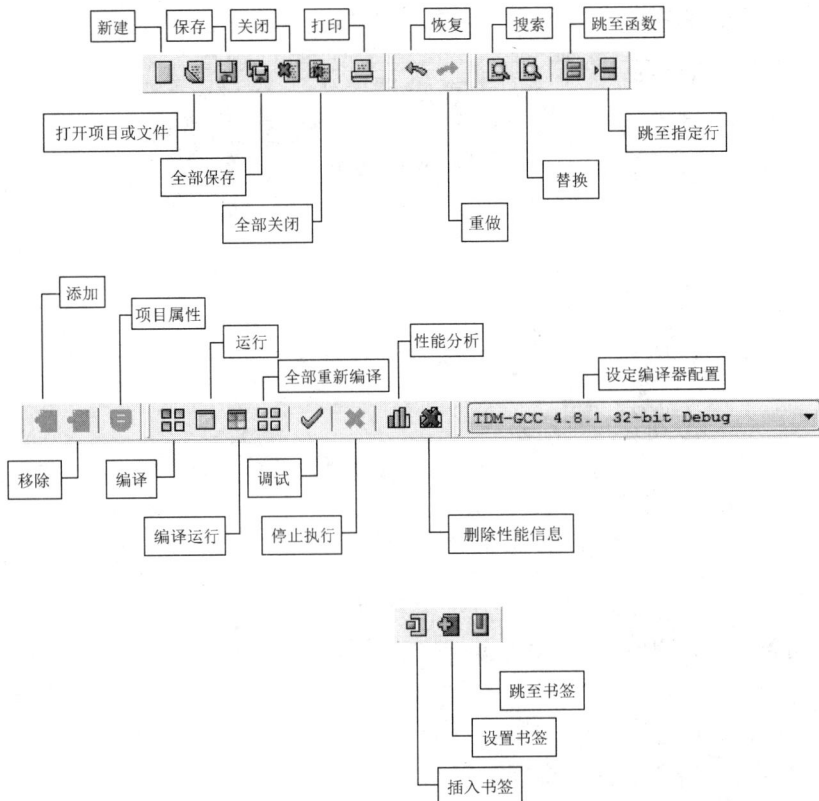

图 1-4　Dev-C++的工具栏中各图标的用途

3．快捷键介绍

在程序开发过程中，合理地使用快捷键不但可以减少代码的错误，而且可以提高开发效率。因此，掌握一些常用的快捷键是必需的。Dev-C++提供了许多快捷键，可以通过以下步骤进行查看。

（1）在 Dev-C++的菜单栏中选择"工具"/"快捷键选项"命令，如图 1-5 所示。

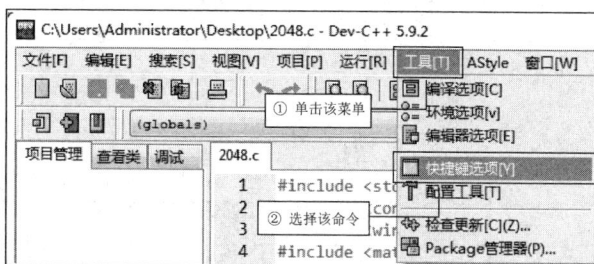

图 1-5　选择"快捷键选项"命令

（2）在打开的"配置快捷键"对话框中，可查看 Dev-C++中的各种快捷键，如图 1-6 所示。

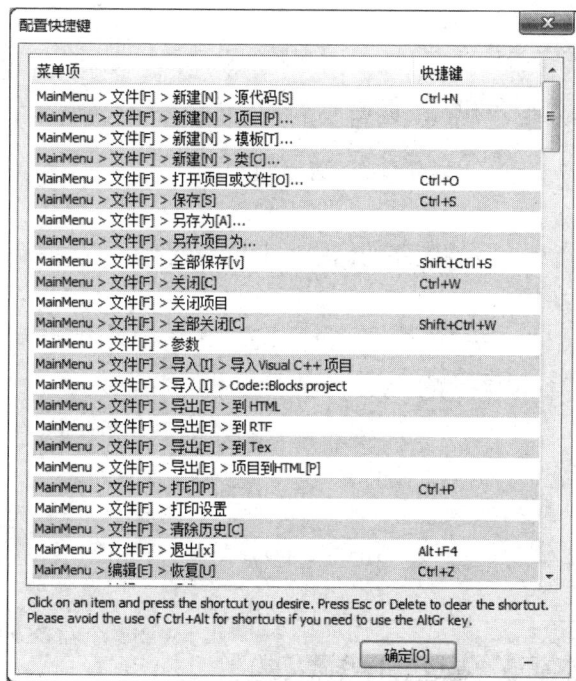

图 1-6　"配置快捷键"对话框

在图 1-6 所示的列表中，显示了 Dev-C++中提供的命令及其对应的快捷键。读者可以在"配置快捷键"对话框中查看所需命令的快捷键，也可以选中指定命令，直接通过键盘来修改该命令对应的快捷键。

> 说明：虽然通过"配置快捷键"对话框可以修改 Dev-C++命令的快捷键，但是建议不要随意修改 Dev-C++中的快捷键。

Dev-C++常用的快捷键如表 1-1 所示。

表 1-1　Dev-C++常用的快捷键

快捷键	说明
Ctrl + S	保存
Ctrl +上或下方向键	光标保持在当前位置不动，进行上下翻页，翻页是一行一行进行的
Ctrl + Home	跳转到当前文本的开头处
Ctrl + End	跳转到当前文本的末尾处
Ctrl + /	添加注释或取消注释
Ctrl + D	删除光标所在行的代码
Shift +上或下方向键	从当前光标所在位置开始，整行选取文本
Shift +左或右方向键	从当前光标所在位置开始，逐个字符选取文本，包括字母和符号
Ctrl + Shift +上或下方向键	选中当前光标所在行，将这行进行上移或下移，与上一行或下一行对调
Ctrl + Shift +左或右方向键	逐个单词地选取文本，忽略符号，是对单词和数字进行选取
Ctrl + Shift + G	弹出对话框，输入要跳转到的函数名，进行函数跳转
Ctrl +单击	可以跟踪方法和类的源代码
F11	编译运行
F5	调试

4．设置控制台文字颜色和背景颜色

为了便于读者阅读本书，将程序运行结果的文字颜色和背景颜色都进行修改。修改过程如下。

（1）按 F11 键执行程序，在程序的标题栏上单击鼠标右键，在弹出的快捷菜单中选择"属性"命令，如图 1-7 所示。

（2）弹出属性对话框，在"颜色"选项卡中对"屏幕文字"和"屏幕背景"进行修改，如图 1-8 所示。读者可以根据自己的喜好设定颜色并显示。

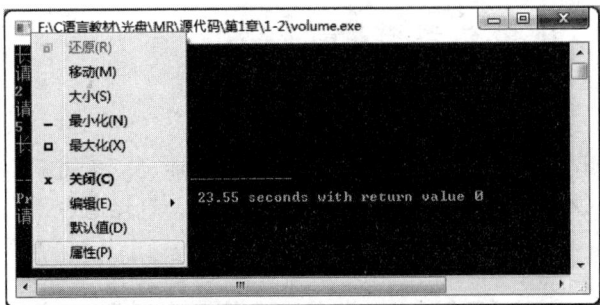

图 1-7　选择"属性"命令

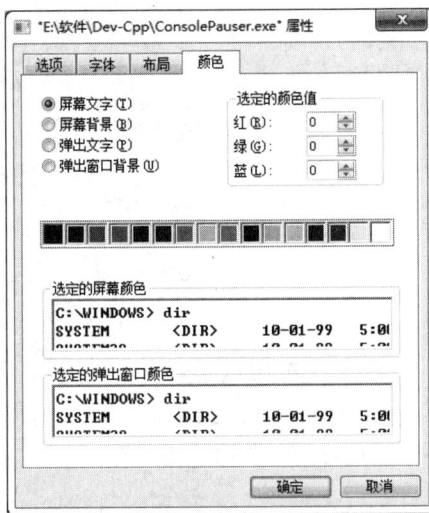

图 1-8　属性对话框

（3）在属性对话框中，将“屏幕背景”设置为白色，“屏幕文字”设置为黑色，单击“确定”按钮之后，程序界面如图 1-9 所示。

F:\C语言教材\光盘\MR\源代码\第1章\1-2\volume.exe
长方形的高度为：10
请输入长度
2
请输入宽度
5
长方体的体积是：100

Process exited after 23.55 seconds with return value 0
请按任意键继续. . .

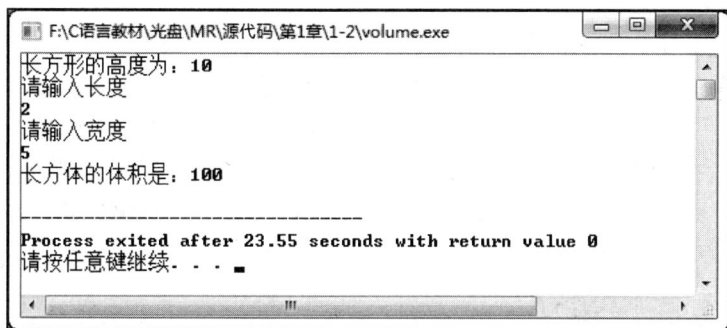

图 1-9　完成设置文字颜色和背景颜色之后的程序界面

说明： 在开发 C 语言程序时，除了 Dev-C++之外，现在比较流行的工具还有 Visual Studio Code（VS Code）。VS Code 是一款由微软开发的免费、开源、跨平台的源代码编辑器，它设计为轻量级，同时拥有强大的功能和高度的可扩展性，适用于各种编程语言和开发场景。关于 VS Code 的使用，读者可以通过 AIGC 工具来辅助学习。例如，使用通义千问或者其他 AIGC 工具。读者可以直接输入“如何用 VS Code 开发 C 语言程序”，通义千问会自动提供相关的内容，如图 1-10 所示。

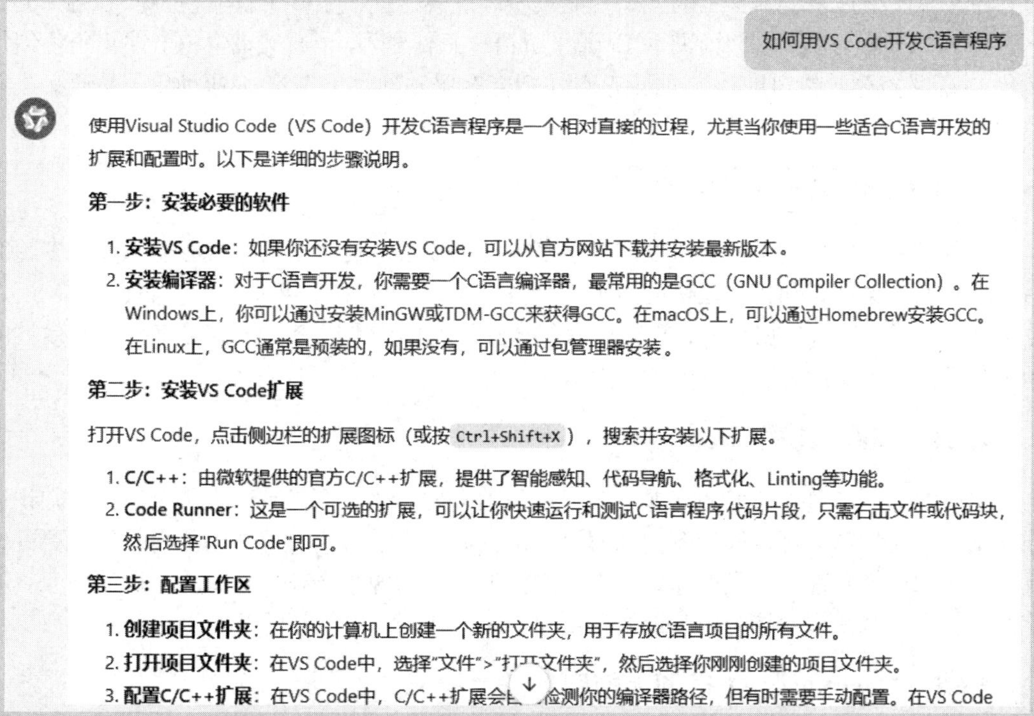

如何用VS Code开发C语言程序
使用Visual Studio Code（VS Code）开发C语言程序是一个相对直接的过程，尤其当你使用一些适合C语言开发的扩展和配置时。以下是详细的步骤说明。
第一步：安装必要的软件
1. 安装VS Code：如果你还没有安装VS Code，可以从官方网站下载并安装最新版本。
2. 安装编译器：对于C语言开发，你需要一个C语言编译器，最常用的是GCC（GNU Compiler Collection）。在Windows上，你可以通过安装MinGW或TDM-GCC来获得GCC。在macOS上，可以通过Homebrew安装GCC。在Linux上，GCC通常是预装的，如果没有，可以通过包管理器安装。
第二步：安装VS Code扩展
打开VS Code，点击侧边栏的扩展图标（或按 Ctrl+Shift+X），搜索并安装以下扩展。
1. C/C++：由微软提供的官方C/C++扩展，提供了智能感知、代码导航、格式化、Linting等功能。
2. Code Runner：这是一个可选的扩展，可以让你快速运行和测试C语言程序代码片段，只需右击文件或代码块，然后选择"Run Code"即可。
第三步：配置工作区
1. 创建项目文件夹：在你的计算机上创建一个新的文件夹，用于存放C语言项目的所有文件。
2. 打开项目文件夹：在VS Code中，选择"文件">"打开文件夹"，然后选择你刚刚创建的项目文件夹。
3. 配置C/C++扩展：在VS Code中，C/C++扩展会自动检测你的编译器路径，但有时需要手动配置。在VS Code

图 1-10　使用 AIGC 工具辅助学习 VS Code

1.6 常用的 AIGC 工具

人工智能生成内容（Artificial Intelligence Generated Content，AIGC）工具依赖大语言模型，旨在理解和生成人类语言，是一种用于开发、训练和部署人工智能模型的综合性软件平台，具备多种功能以帮助开发人员和数据科学家进行数据处理、模型训练、模型评估和部署等任务。当下比较流行的 AIGC 工具有讯飞星火认知大模型、通义大模型、腾讯混元大模型和文心大模型等。这些 AIGC 工具都能够辅助编程，让编程变得更简单。下面将分别对主流的 AIGC 工具予以介绍。

1.6.1 讯飞星火大模型

讯飞星火大模型是科大讯飞发布的大模型。该模型具有七大核心能力，即内容创作（商业文案、营销方案、英文写作、新闻通稿）、语言理解（机器翻译、文本摘要、语法检查、情感分析）、知识问答（生活常识、工作技能、医学知识、历史人文）、逻辑推理（思维推理、科学推理、常识推理）、数学能力（方程求解、几何问题、微积分、概率统计）、代码生成（代码生成、代码解释、代码纠错、单元测试）和多模生成（多模理解、视觉问答、多模生成、虚拟人视频）。

1.6.2 通义大模型

通义大模型是阿里云推出的人工智能模型。该模型提供了多个行业模型，如通义灵码（编码助手）、通义智文（阅读助手）、通义听悟（工作学习）、通义星尘（个性化角色创作平台）、通义点金（投研助手）、通义晓蜜（智能客服）、通义仁心（健康助手）和通义法睿（法律顾问）。

1.6.3 腾讯混元大模型

腾讯混元大模型是由腾讯研发的大语言模型。该模型提供了五大核心能力，即多轮对话（具备上下文理解和长文记忆能力）、内容创作（文学创作、文本摘要、角色扮演等）、逻辑推理（基于输入数据或信息进行推理、分析）、知识增强（有效解决事实性、时效性问题）和多模态（支持文字生成图像能力）。

1.6.4 文心大模型

文心大模型是百度研发的产业级知识增强大模型。该模型具有两大特色，一是知识增强，文心大模型从大规模知识图谱和海量无结构数据中学习，学习效率更高、效果更好，具有良好的可解释性；二是产业级，文心大模型的技术源于产业并且致力于推动产业智能化升级，提供全流程支持应用落地的工具和方法，营造激发创新的开放生态。

1.6.5 DeepSeek-R1 推理大模型

DeepSeek-R1 是杭州深度求索人工智能基础技术研究有限公司（DeepSeek）研发的开源免费推理模型。DeepSeek-R1 拥有卓越的性能，在数学、代码和推理任务上可与 OpenAI o1 媲美。DeepSeek-R1 采用的大规模强化学习技术，仅需少量标注数据即可显著提升模型性能。DeepSeek-R1 完全开源，采用 MIT 许可协议，并开源了多个小型模型，进一步降低了人工智能应用门槛，赋能开源社区发展。当前，很多的 AI 代码编写工具都已经接入了 DeepSeek-R1，如腾讯的腾讯云 AI 代码助手、豆包的 MarsCode 等。

直接在开发工具的插件对话框中安装"腾讯云 AI 代码助手"或者"MarsCode"，即可在编写代码时选择使用 DeepSeek-R1 辅助编程。

1.6.6　AIGC 工具解决问题示例

在学习 C 语言编程的过程中，使用 AIGC 工具可以提供有力的支持。以下是如何利用 AIGC 工具来帮助解决初学 C 语言时遇到的问题。以下是在 AIGC 工具中的一个可能的对话示例。

【问题】

我刚学习 C 语言，在学习时看到这样一段 C 语言代码，它的主要作用是什么，另外帮我加一下注释。

```c
#include <stdio.h>
int main() {
    double h = 1.73;
    double w = 51.6;
    double r;
    r = w / (h * h);
    printf("BMI: %.2f\n", r);
    return 0;
}
```

【AIGC 建议】

你提供的 C 语言代码是一个简单的程序，用于计算并打印一个人的体重指数（Body Mass Index，BMI）。BMI 是一种用来衡量一个人是否处于健康体重范围内的指标，它通过将个人的体重（以千克为单位）除以其身高（以米为单位）的平方来计算。

下面是带有详细注释的代码，解释了每一行的作用。

```c
#include <stdio.h>              // 包含标准输入输出库
int main() {
    double h = 1.73;           // 定义变量h并初始化为1.73，代表身高（单位：米）
    double w = 51.6;           // 定义变量w并初始化为51.6，代表体重（单位：千克）
    double r;                  // 定义变量r用于存储计算结果
    r = w / (h * h);           // 计算BMI，公式为体重除以身高的平方
    printf("BMI: %.2f\n", r);  // 输出BMI值，保留两位小数
    return 0;                  // 返回0表示程序正常结束
}
```

1.7　小结

本章首先介绍了 C 语言的发展史，可以看出 C 语言的重要性及重要地位；然后介绍了 C 语言的特点，通过这些特点进一步验证了 C 语言的重要地位；接下来通过一个简单的 C 语言程序将 C 语言的样貌呈现给读者，使读者对 C 语言编程有总体的认识；最后对主流的 C 语言开发工具 Dev-C++的使用进行了详细的讲解。

1.8 上机指导

第 1 章上机
指导

Dev-C++的下载和安装。

1．Dev-C++的下载

关于 Dev-C++的下载，读者可以在网上自行搜索并下载。本书使用的 Dev-C++的版本是 5.9.2，读者可以在搜索引擎中输入"dev-c++ 5.9.2 下载"等关键字来查找合适的安装包。

2．Dev-C++的安装

本书用到的 Dev-C++是免安装版，就是不需要安装可直接使用。图 1-11 所示为 Dev-C++所在的文件夹，双击此文件夹中的 devcpp.exe 文件，即可打开 Dev-C++。

图 1-11 Dev-C++所在的文件夹

Visual C++的
下载和安装

1.9 习题

1-1 编写程序，在屏幕上输出一句你喜欢的名言警句。

1-2 设计一个简单的求和程序。

1-3 设计一个程序，给变量 a 赋值，再将 a 的值输出到屏幕上。

1-4 已知正方形的边长为 4，计算正方形的周长，并将其输出。

1-5 使用输出语句输出一个正方形。

第2章 算法

本章要点

- 了解算法的特性。
- 了解如何用自然语言描述算法。
- 掌握如何用 3 种基本结构表示算法。
- 掌握 N-S 流程图。

通常，一个程序包含算法、数据结构、程序设计方法及语言工具和环境这 4 个方面，其中算法是核心。算法用于解决"做什么"和"如何做"的问题。因为算法非常重要，所以本章将介绍算法的基础知识。

2.1 算法的基本概念

算法、程序设计都和数据结构密切相关，算法是解决问题的完整的步骤描述，是解决问题的策略、规则、方法。算法的描述形式有很多种，如传统流程图、结构化流程图及计算机程序设计语言等，下面介绍算法的一些相关内容。

2.1.1 算法的特性

算法是为解决某一特定类型的问题而制定的实现过程，它具有下列特性。

算法的特性

1．有穷性

一个算法必须在执行有限步之后结束且每一步都可在有限时间内完成，不能无限地执行下去。例如编写一个由小到大整数累加的程序，这时要注意设置整数的上限，也就是加到哪个数为止。若没有设置上限，那么程序将无终止地运行下去，陷入常说的"死循环"。

2．确定性

算法的每一个步骤都应当是确定的，不能有二义性，对于将要执行的每个动作必须做出严格且清楚的规定。

3．可执行性

算法中的每一步都应当能有效地运行，也就是说算法是可执行的，并要求最终得到正确的结果。如下面一段代码：

```
int x,y,z;
scanf("%d,%d,%d",&x,&y,&z);
if(y==0)
z=x/y;
```

在这段代码中，"z=x/y；"就是一个无效的语句，因为 0 是不可以作分母的。

4．输入

一个算法应有 0 个或多个输入。输入是指在执行算法时需要从外界取得一些必要的信息，如初始量等。例如：

```
int a,b,c;
scanf("%d,%d,%d",&a,&b,&c);
```

这段代码有多个输入。又如：

```
main()
{
    printf("hello world!");
}
```

这段代码中需要 0 个输入。

5．输出

一个算法可以有 1 个或多个输出。输出就是算法最终所求的结果，编写程序的目的就是要得到结果，如果一个程序运行完后没有任何结果，那么这个程序本身就失去了意义。

2.1.2　算法的优劣

一个算法的优劣通常要从以下几个方面来分析。

（1）正确性

正确性是指所写的算法能满足具体问题的要求，即对任何合法的输入，算法都会得出正确的结果。

算法的优劣

（2）可读性

可读性是指算法被理解的难易程度。算法的可读性十分重要，如果一个算法比较抽象，难以理解，那么这个算法就不易于交流和推广使用，其日后的修改、扩展、维护都会十分不方便。因此在写一个算法时，要尽量将该算法写得简明、易懂。

（3）健壮性

用户在运行程序时对程序的理解各有不同，并不能保证每个用户都能按照要求进行输入。健壮性就是指当输入的数据非法时，算法也会做出相应判断，而不会因为错误的输入造成瘫痪。

（4）时间复杂度与空间复杂度

简单地说，时间复杂度就是算法运行所需要的时间。不同的算法具有不同的时间复杂度，当程序较小时，其时间复杂度的影响不是很明显；当程序特别大时，才会深刻感受到它对效率的影响。因此写出更高效的算法一直是程序员不断改进算法的目标。空间复杂度是指算法运行所需的存储空间。随着计算机硬件的发展，空间复杂度相对不那么重要。

2.2 算法的描述

算法包含算法设计和算法分析两方面内容。算法设计主要研究针对某一特定类型的问题设计出求解步骤，算法分析则主要讨论设计出的求解步骤的正确性和复杂性。

设计一些问题的求解步骤时，需要使用一种表达方式，即算法描述。他人可以通过算法描述来了解算法设计者的思路。表示一个算法可以用不同的方法，常用的表示方法有自然语言、流程图、N-S 流程图等。下面将对算法的描述进行介绍。

2.2.1 自然语言

自然语言就是人们日常用的语言，这种表示方法通俗易懂。下面通过实例具体介绍。

自然语言

【例 2-1】 求 n!。

（1）定义 3 个变量（i、n 及 mul），并为 i 和 mul 均赋初值为 1。

（2）从键盘中输入一个数并赋给 n。

（3）将 mul 乘以 i 的结果赋给 mul。

（4）i 的值加 1，判断 i 是否大于 n，如果 i 大于 n，则执行步骤（5），否则执行步骤（3）。

（5）将 mul 的值输出。

【例 2-2】 任意输入 3 个数，求这 3 个数中的最小值。

（1）定义 4 个变量分别为 x、y、z 以及 min。

（2）输入大小不同的 3 个数并分别赋给 x、y、z。

（3）判断 x 是否小于 y，如果 x 小于 y，则将 x 的值赋给 min，否则将 y 的值赋给 min。

（4）判断 min 是否小于 z，如果 min 小于 z，则执行步骤（5），否则将 z 的值赋给 min。

（5）将 min 的值输出。

例 2-1 和例 2-2 的算法实现过程就是采用自然语言来描述的。从上面的描述中会发现用自然语言进行算法描述的好处是易懂。但是采用自然语言进行算法描述也有很大的弊端，就是容易产生歧义。例如将例 2-1 中步骤（3）改为"mul 等于 i 乘以 mul"，这样就产生了歧义。并且用自然语言来描述比较复杂的算法不是很方便，因此一般情况下不采用自然语言来描述算法。

流程图

2.2.2 流程图

流程图是一种传统的算法表示方法，它用一些图框来代表各种不同性质的操作，用流程线来指示算法的执行方向。由于流程图直观、形象、易于理解，所以应用广泛，特别是在程序设计语言发展的早期阶段，只有通过流程图才能简明地表述算法。

1．流程图符号

表 2-1 所示为一些常见的流程图符号。其中，起止框用来表示算法的开始和结束；判断框的作用是对一个给定的条件进行判断，决定如何执行后续操作。

表 2-1　流程图符号

流程图符号	名称	功能
⬭	起止框	表示算法的开始或结束
▱	输入/输出框	表示算法中的输入或输出
◇	判断框	表示算法中对给定条件的判断
▭	处理框	表示算法中变量的计算或赋值
↓ 或 →	流程线	表示算法的执行方向
▭	注释框	表示算法的注释
◯	连接点	表示算法流向的出口或入口

下面通过一个实例来介绍如何使用流程图符号。

【例 2-3】　用流程图表示"把大象装进冰箱"，如图 2-1 所示。

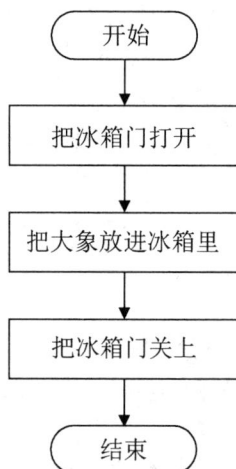

图 2-1　"把大象装进冰箱"流程图

2．3 种基本结构

任何一个算法均可由 3 种基本结构组成，即顺序结构、选择结构和循环结构。这 3 种基本结构可以并列，也可以相互包含，但不允许交叉，也不允许从一个结构直接转到另一个结构的内部。

因为算法都是由 3 种基本结构组成的，所以只要规定好 3 种基本结构的流程图的画法，就可以画出各种算法的流程图。

（1）顺序结构

顺序结构是简单的线性结构。在顺序结构的程序中，各操作是按照出现的先后顺序执行的，如图 2-2 所示。在执行完 A 框所指定的操作后，接着执行 B 框所指定的操作，这个结构中只有一个入口点 A 和一个出口点 B。

【例 2-4】 输入两个数并分别赋给变量 i 和 j，再将这两个变量的值分别输出。

本实例的流程图可以采用顺序结构来表示，如图 2-3 所示。

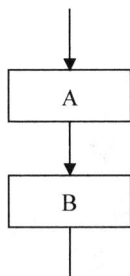

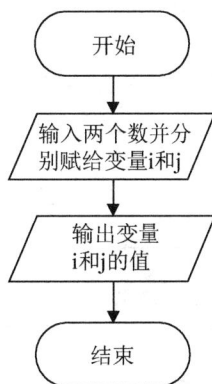

图 2-2 顺序结构   图 2-3 输入两个变量的值

（2）选择结构

选择结构也称为分支结构，如图 2-4 所示。

选择结构中必须包含一个判断框。图 2-4 的含义是根据给定的条件 P 是否成立来选择执行 A 框或者 B 框。

图 2-5 的含义是对给定的条件 P 进行判断，如果条件 P 成立则执行 A 框，否则什么也不做。

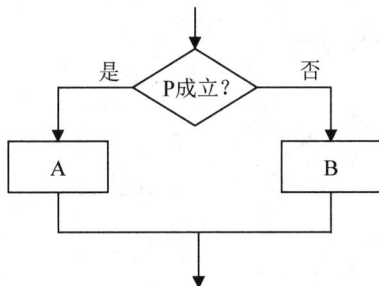

图 2-4 选择结构 1   图 2-5 选择结构 2

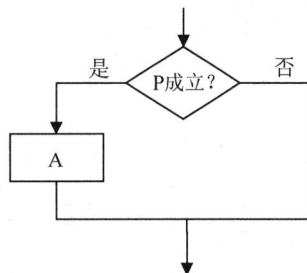

【例 2-5】 输入一个数，判断该数是否为偶数，并给出相应提示。

本实例的流程图可以采用选择结构来表示，如图 2-6 所示。

（3）循环结构

在循环结构中，反复地执行一系列操作，直到条件不成立时才终止循环。根据判断条件出现的位置，可将循环结构分为当型循环结构和直到型循环结构。

当型循环结构如图 2-7 所示。当型循环结构是先判断条件 P 是否成立，如果条件 P 成立，则执行 A 框；执行完 A 框后，再判断条件 P 是否成立，如果条件 P 成立，再执行 A 框；如此反复，直到条件 P 不成立为止，此时不执行 A 框，跳出循环。

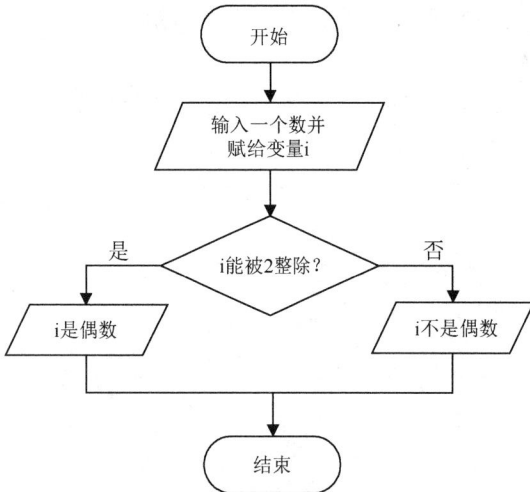

图 2-6　判断一个数是否为偶数

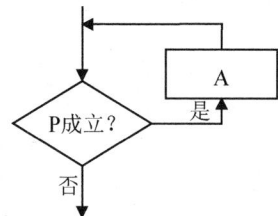

图 2-7　当型循环结构

直到型循环结构如图 2-8 所示。直到型循环结构是先执行 A 框，然后判断条件 P 是否成立，如果条件 P 成立则再执行 A 框；然后判断条件 P 是否成立，如果条件 P 成立，再执行 A 框；如此反复，直到条件 P 不成立，此时不执行 A 框，跳出循环。

【例 2-6】　求 1～100 内所有整数之和。

本实例的流程图可以用当型循环结构来表示，如图 2-9 所示；也可以用直到型循环结构来表示，如图 2-10 所示。

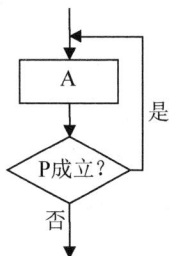

图 2-8　直到型循环结构

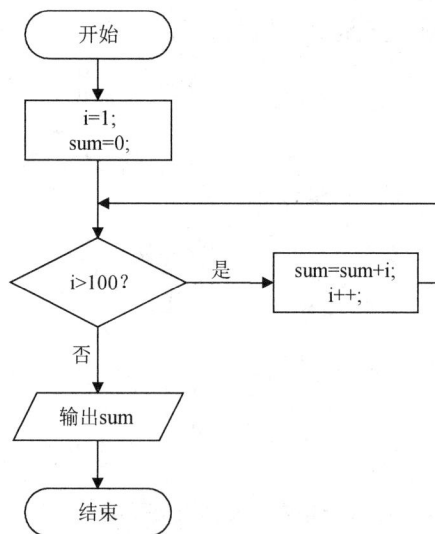

图 2-9　使用当型循环结构求和

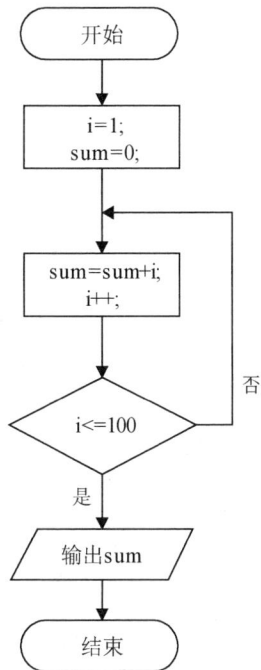

图 2-10　使用直到型循环结构求和

【例 2-7】 画出综合开发实例——趣味俄罗斯方块的流程图。

趣味俄罗斯方块的流程图如图 2-11 所示。

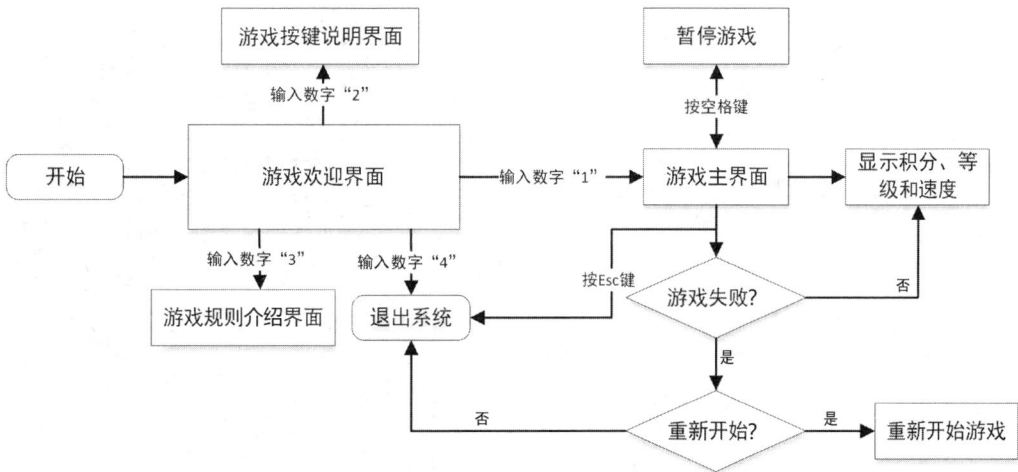

图 2-11　趣味俄罗斯方块的流程图

2.2.3　N-S 流程图

N-S 流程图是另一种算法表示方法，是由美国的 I. 纳西（I.Nassi）和 B.施奈德曼（B.Shneiderman）共同提出的，其依据是既然任何算法都由 3 种基本结构组成，那么各基本结构之间的流程线就是多余的，因此 N-S 流程图去掉了所有流程线，将全部算法写在一个矩形框内。N-S 流程图也是算法的一种结构化描述方法，同样有 3 种基本结构，下面分别进行介绍。

N-S 流程图

1．顺序结构

顺序结构的 N-S 流程图如图 2-12 所示。例 2-4 的 N-S 流程图如图 2-13 所示。

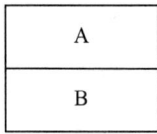

A
B

图 2-12　顺序结构

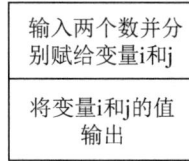

输入两个数并分别赋给变量i和j
将变量i和j的值输出

图 2-13　输出两个变量的值

2．选择结构

选择结构的 N-S 流程图如图 2-14 所示。例 2-5 的 N-S 流程图如图 2-15 所示。

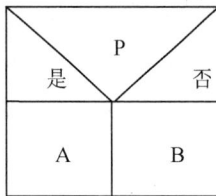

图 2-14　选择结构

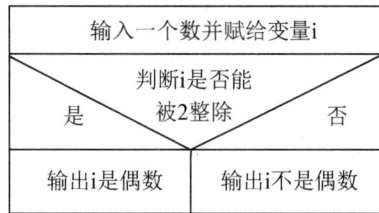

图 2-15　判断一个数是否为偶数

3．循环结构

（1）当型循环结构的 N-S 流程图如图 2-16 所示。例 2-6 的当型循环结构的 N-S 流程图如图 2-17 所示。

当 P 成立

图 2-16　当型循环结构

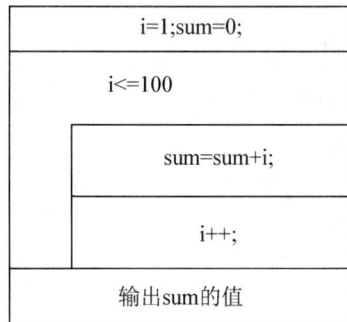

i=1;sum=0;
i<=100
sum=sum+i;
i++;
输出sum的值

图 2-17　使用当型循环结构求和

（2）直到型循环结构的 N-S 流程图如图 2-18 所示。例 2-6 的直到型循环结构的 N-S 流程图如图 2-19 所示。

> 📓 **说明：** 这 3 种基本结构都只有一个入口和一个出口，结构内的每一部分都有可能被执行，且不会出现无终止循环的情况。

【例 2-8】　从键盘中输入一个数 n，求 n!。

本实例的流程图如图 2-20 所示。本实例的 N-S 流程图如图 2-21 所示。

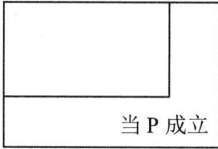

图 2-18　直到型循环结构

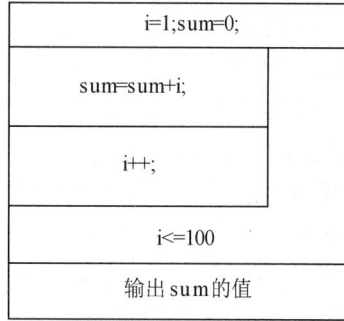

图 2-19　使用直到型循环结构求和

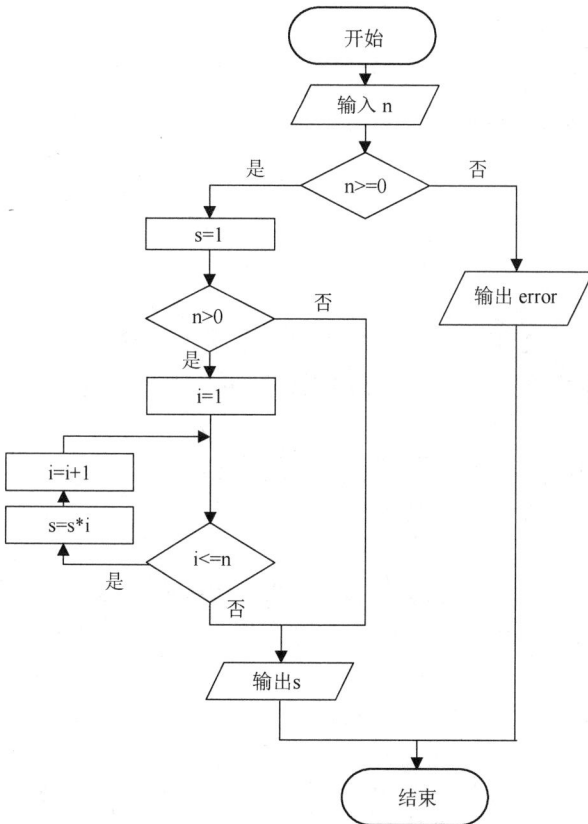

图 2-20　求 n!的流程图

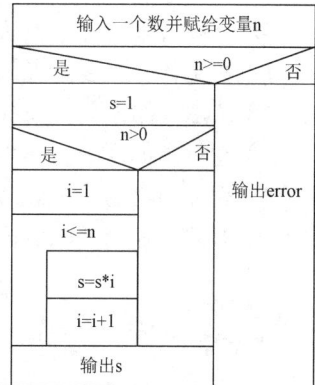

图 2-21　求 n!的 N-S 流程图

2.3　借助 AIGC 工具编写实例

在学习 C 语言编程的过程中，使用 AIGC 工具可以提供有力的支持。本节展示了如何利用 AIGC 工具来帮助巩固本章所学的知识，设计相应的实例。

2.3.1　借助 AIGC 工具描述判断偶数算法

以下是借助 AIGC 工具描述判断偶数算法的对话示例。

【问题】

判断一个数是否为偶数，请描述一下基本算法。

【AIGC 建议】

判断一个数是否为偶数的基本算法非常简单。在数学中，如果一个整数能被 2 整除，那么它就是偶数；否则，它是奇数。在编程中，我们可以通过使用模运算符%来实现这个判断。模运算符返回的是两个数相除后的余数。因此，我们用一个数对 2 取模（即计算该数除以 2 的余数），如果结果是 0，则说明这个数是偶数。

以下是 C 语言中实现这一算法的基本步骤。

（1）接受一个整数作为输入。

（2）使用模运算符%计算这个数除以 2 的余数。

（3）如果余数为 0，则该数是偶数；否则，该数是奇数。

（4）输出或返回相应的结果。

2.3.2　借助 AIGC 工具描述计算阶乘算法

以下是借助 AIGC 工具描述计算阶乘算法的对话示例。

【问题】

要计算一个数的阶乘，请描述一下基本实现算法。

【AIGC 建议】

计算一个数的阶乘（factorial）是指计算从 1 乘到该数的所有正整数的乘积。通常记作 $n!$，其中 n 是非负整数。0 的阶乘被定义为 1。对于任何正整数 $n, n! = n * (n-1) * \ldots * 2 * 1$。

实现计算阶乘的基本算法可以使用迭代方法。下面是具体的算法步骤。

（1）初始化一个变量 factorial 为 1，用于存储阶乘的结果。

（2）从 1 开始循环至目标数 n。

（3）在每次循环中，将当前循环变量的值乘以 factorial，并将结果存回 factorial。

（4）循环结束后，factorial 中即为 n 的阶乘值。

（5）返回或输出 factorial。

2.4　小结

本章主要介绍了算法的基本概念和算法的描述两方面的内容。算法的基本概念包括算法的特性和算法的优劣。算法的特性包括有穷性、确定性、可执行性、输入和输出这 5 方面，算法的优劣可从正确性、可读性、健壮性以及时间复杂度与空间复杂度这 4 个方面来考虑。算法的描述介绍了自然语言、流程图和 N-S 流程图 3 种算法表示方法，其中要重点掌握顺序结构、选择结构和循环结构这 3 种基本结构的流程图的画法。

2.5　上机指导

第 2 章上机指导

画出"求两个数 a 和 b 的最大公约数"程序的流程图和 N-S 流程图。

2.6 习题

2-1　算法的特性有哪些?

2-2　使用流程图表示求 1+2+3+4+5+6 的算法。

2-3　使用自然语言表示 2000—2500 年中的每一年是否为闰年的算法。

2-4　使用流程图表示求两个数 a 和 b 的最大公约数的算法。

2-5　使用流程图表示 2000—2500 年中的每一年是否为闰年的算法。

第3章 C 语言基础

本章要点

- 了解编程规范的重要性。
- 掌握如何使用常量。
- 掌握变量在程序编写中的作用及重要性。
- 能够区分变量的各种类型。

在所有程序设计语言中，C 语言是十分重要的，学好 C 语言就可以很容易地掌握其他任何一门程序设计语言，因为所有程序设计语言都会有一些共性。同时，一个好的程序员在编写代码时，一定要有规范性，清晰、整洁的代码才是有价值的。

本章致力于使读者掌握 C 语言中重要的知识，即常量与变量，只有理解这些知识才可以编写程序。

3.1 编程规范

编程规范

俗话说，没有规矩不成方圆。虽然在 C 语言中编写代码是自由的，但为了使编写的代码具有通用、良好的可读性。程序员应该尽量按照编程规范编写程序。

1. 代码缩进

代码缩进统一为 4 个字符。不用空格，而用 Tab 键制表位。

```
#include<stdio.h>
int main()                              /*主函数 main()*/
{
    int iResult=0;                      /*定义变量*/
    int i;
    printf("由 1 加到 100 的结果是: ");   /*输出语句*/
    for(i=1;i<100;i++)
    {
        iResult=i+iResult;       进行代码缩进
    }
    printf("%d\n",iResult);             /*输出结果*/
    return 0;                           /*结束返回*/
}
```

2．变量、常量命名规范

常量命名通常统一为大写字母。如果是成员变量，建议名称以 m_开始。如果是普通变量，通常取与实际意义相关的名称，要在名称前面添加变量类型的首字母，并且名称的首字母建议大写。如果是指针，则在其名称前添加字符 p，并且名称首字母要大写。例如：

```
#define AGE  20                    /*定义常量*/
int m_iAge;                        /*定义整型成员变量*/
int iNumber;                       /*定义整型普通变量*/
int *pAge;                         /*定义指针*/
```

3．函数的命名规范

在定义函数时，函数名的首字母要大写，其后的字母一般大小写混合。例如：

```
int AddTwoNum(int num1,int num2);
```

4．注释

尽量采用行注释。如果行注释与代码处于一行，则行注释应位于代码右方。如果连续出现多个行注释，并且代码较短，则应对齐行注释。例如：

```
int iLong;                         /*长度*/
int iWidth;                        /*宽度*/
int iHeight                        /*高度*/
```

3.2 关键字

关键字是定义数据类型的字符。C 语言中有 32 个关键字，如表 3-1 所示。

关键字

表 3-1   C 语言中的关键字

auto	double	int	struct
break	else	long	switch
case	enum	register	typedef
char	extern	union	return
const	float	short	unsigned
continue	for	signed	void
default	goto	sizeof	volatile
do	while	static	if

说明：在 C 语言中，关键字不允许作为标识符出现在程序中。

3.3 标识符

在 C 语言中，为了在程序的运行过程中可以使用变量、常量、函数、数组等，就要为它们设定名称，而设定的名称就是标识符。

在 C 语言中设定标识符是非常自由的，可以设定为自己喜欢、容易理解的名字，但是需要遵循一定的命名规则。下面介绍有关设定 C 语言标识符应该遵守的一些命名规则。

（1）所有标识符必须由字母或下画线开头，而不能使用数字或者符号开头。下面是一些正确的写法和错误的写法比较。

```
int !number;                    /*错误，标识符第一个字符不能为符号*/
int 2hao;                       /*错误，标识符第一个字符不能为数字*/
int number;                     /*正确，标识符第一个字符为字母*/
int _hao;                       /*正确，标识符第一个字符为下画线*/
```

（2）在设定标识符时，除开头外，其他位置可以由字母、下画线或数字组成。

① 标识符中有下画线的情况。

```
int good_way;                   /*正确，标识符中可以有下画线*/
```

② 标识符中有数字的情况。

```
int bus7;                       /*正确，标识符中可以有数字*/
int car6V;                      /*正确*/
```

（3）英文字母的大小写代表不同的标识符，也就是说，在 C 语言中是区分大小写字母的。下面是一些正确的标识符。

```
int mingri;                     /*全部是小写*/
int MINGRI;                     /*全部是大写*/
int MingRi;                     /*一部分是小写，另一部分是大写*/
```

从这些列出的标识符中可以看出，只要标识符中的字符有一项是不同的，它就是一个新的标识符。

（4）标识符不能是关键字。关键字是定义一种数据类型的字符，不能作为标识符使用。例如，在定义一个整型变量时，会使用 int 关键字，但是在定义标识符时不能使用 int。若将其中标识符的字母改写成大写字母，就可以通过编译。

```
int int;                        /*错误! */
int Int;                        /*正确，改变标识符中的字母为大写*/
```

（5）标识符最好具有相关的含义。将标识符设定成有一定含义的名称，可以方便程序的编写，也方便日后进行程序回顾或者他人阅读程序。例如，在定义一个长方体的长、宽和高时，可以进行如下定义。

```
int a;                          /*代表长度*/
int b;                          /*代表宽度*/
int c;                          /*代表高度*/
int iLong;
```

```
int iWidth;
int iHeight;
```

从上面列举的标识符可以看出，标识符如果不具有其功能含义，没有后面的注释就很难让人理解标识符的作用。如果标识符具有其功能含义，那么通过直观地查看就可以了解其具体的功能。

（6）ANSI 标准规定，标识符可以为任意长度，但外部名必须至少能由前 8 个字符唯一地区分。这是因为某些编译器（如微软公司为 IBM 个人计算机开发的 C 语言编译器）仅能识别前 8 个字符。

3.4 数据类型

数据类型

程序在运行时要执行的操作就是处理数据。程序要解决复杂的问题，就要处理不同类型的数据。数据都是以一种特定形式（如整型、实型、字符型等）存在的，不同的数据类型占用不同的存储空间。C 语言中有多种数据类型，包括基本类型、构造类型、指针类型和空类型。这里先通过图 3-1 了解数据类型的组织结构，然后对每一种数据类型进行相应的介绍。

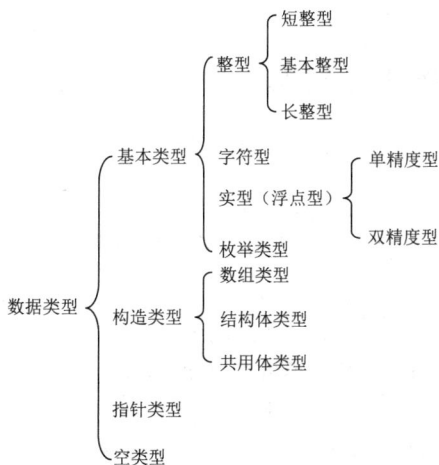

图 3-1　数据类型的组织结构

1．基本类型

基本类型是 C 语言中的基本数据类型，其中包括整型、字符型、实型（浮点型）、枚举类型。

2．构造类型

构造类型是使用基本类型的数据或者已经构造好的数据类型进行添加、设计而构造出的新的数据类型，以满足待解决问题的需要。

通过构造类型的定义可以看出，它并不像基本类型那样简单，它是由多种基本类型组合而成的，其中每一个组成部分称为构造类型的成员。构造类型包括数组类型、结构体类型和共用体类型 3 种。

3. 指针类型

C 语言的精髓是指针。指针类型的特殊性在于指针的值表示的是某个内存地址。

4. 空类型

空类型的关键字是 void，其主要作用有如下两点。
（1）对函数返回值的限定。
（2）对函数参数的限定。

也就是说，一般一个函数都具有一个返回值，返回值会返回给调用者。这个返回值应该是具有特定的数据类型的，如整型 int。但是当函数不必返回值时，就可以使用空类型设定返回值的类型。

3.5 常量

常量就是其值在程序运行过程中不可以改变的量。常量可以分为以下三大类。
（1）数值型常量。数值型常量又包括整型常量和实型常量。
（2）字符型常量。
（3）符号常量。
下面将对有关的常量进行详细的介绍。

3.5.1 整型常量

整型常量就是指可以直接使用的整数，如 123、−456 等。整型常量按照数值类型分类，可以分为长整型、短整型和基本整型；按照符号型分类，可以分为有符号整型和无符号整型。

整型常量

（1）无符号短整型常量的取值范围是 0～65535，而有符号短整型常量的取值范围是 −32768～+32767，这些都是 16 位整型常量的取值范围。
（2）如果整型常量是 32 位的，那么无符号整型常量的取值范围是 0～4294967295，而有符号整型常量的取值范围是 − 2147483648～+2147483647。如果整型常量是 16 位的，其取值范围就与短整型常量的取值范围相同。

> 说明：根据不同的编译器，整型常量的取值范围是不一样的。在字长为 16 位的计算机中整型常量就为 16 位，在字长为 32 位的计算机中整型常量就为 32 位。

（3）长整型常量是 32 位的，其取值范围可以参考上面有关整型常量的描述。
在定义整型常量时，可以在整型常量的后面加上符号 L 或者 U 进行修饰。L 表示该常量是长整型常量，U 表示该常量为无符号整型常量，例如：

```
LongNum= 1000L;                    /*L 表示长整型常量*/
UnsignLongNum=500U;                /*U 表示无符号整型常量*/
```

> 说明：表示长整型常量和无符号整型常量的符号 L 和 U 可以使用大写形式，也可以使用小写形式。

整型常量可以通过 3 种形式进行表示，分别为八进制、十进制和十六进制。下面分别

进行介绍。

1. 八进制整型常量

八进制整型常量是指用八进制数表示的整型常量，在整型常量前加 0 进行修饰。八进制使用数字 0~7 来表示数值。例如：

```
OctalNumber1=0123;          /*在整型常量前面加 0 来代表八进制*/
OctalNumber2=0432;
```

⚠️**注意**：以下关于八进制的写法是错误的。

```
OctalNumber3=356;           /*没有前缀 0*/
OctalNumber4=0492;          /*包含非八进制数 9*/
```

2. 十六进制整型常量

十六进制整型常量是指用十六进制数表示的整型常量，在整型常量前加 0x 进行修饰。十六进制使用数字 0~9 以及字母 A~F 来表示数值。例如：

```
HexNumber1=0x123;           /*加前缀 0x 表示为十六进制*/
HexNumber2=0x3ba4;
```

📖**说明**：十六进制字母 A~F 可以使用大写形式，也可以使用小写形式。

⚠️**注意**：以下关于十六进制的写法是错误的。

```
HexNumber1=123;             /*没有前缀 0x*/
HexNumber2=0x89j2;          /*包含非十六进制字母 j*/
```

3. 十进制整型常量

十进制整型常量不需要添加前缀修饰。十进制使用数字 0~9 来表示数值。例如：

```
AlgorismNumber1=123;
AlgorismNumber2=456;
```

整型数据都以二进制的方式存放在计算机的内存之中，其数值是以补码的形式表示的。正数的补码与其原码的形式相同，负数的补码是将该数绝对值的二进制形式按位取反再加 1。例如，十进制数 11 在计算机内存中的表示形式如图 3-2 所示。

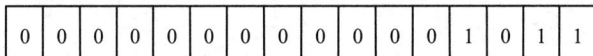

0	0	0	0	0	0	0	0	0	0	0	0	1	0	1	1

图 3-2　十进制数 11 在计算机内存中的表示形式

如果是-11，因为负数是以补码表示的，所以要先求出其绝对值的二进制数，如图 3-2 所示；然后进行取反操作，如图 3-3 所示。

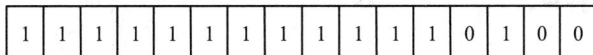

1	1	1	1	1	1	1	1	1	1	1	1	0	1	0	0

图 3-3　进行取反操作

取反之后还要进行加 1 操作，这样就得到最终的结果，如图 3-4 所示。

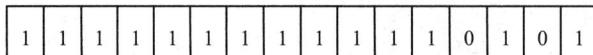

| 1 | 1 | 1 | 1 | 1 | 1 | 1 | 1 | 1 | 1 | 1 | 0 | 1 | 0 | 1 |

图 3-4　加 1 操作

> 说明：对于有符号的整数，其在计算机内存中存放的最左侧一位为符号位，如果该位为 0，则说明该数为正数；如果该位为 1，则说明该数为负数。

3.5.2　实型常量

实型常量也称为浮点型常量，是由整数部分和小数部分组成的，两部分之间用十进制的小数点隔开。实型常量的表示方式有以下两种。

实型常量

1．科学记数方式

科学记数方式就是使用十进制的小数表示实型常量，例如：

```
SciNum1=123.45;                    /*科学记数法*/
SciNum2=0.5458;
```

2．指数方式

有时实型常量非常大或者非常小，使用科学记数方式是不利于观察的，这时可以使用指数方式表示实型常量。其中，使用字母 e 或者 E 进行指数显示，如 45e2 表示的就是 4500，而 45e－2 表示的就是 0.45。再如上面的 SciNum1 和 SciNum2，使用指数方式表示这两个实型常量如下所示。

```
SciNum1=1.2345e2;                  /*指数方式表示*/
SciNum2=5.458e-1;
```

在定义实型常量时，可以在实型常量的后面加上符号 F 或者 L 进行修饰。F 表示该常量是 float 即单精度类型，L 表示该常量为 long double 即长双精度类型。例如：

```
FloatNum= 1.2345e2F                /*单精度类型*/
LongDoubleNum=5.458e-1L;           /*长双精度类型*/
```

如果不加后缀，那么在默认状态下，实型常量为 double 即双精度类型。例如：

```
DoubleNum= 1.2345e2;               /*双精度类型*/
```

⚠ 注意：后缀的大小写是通用的。

3.5.3　字符型常量

字符型常量与前面介绍的常量有所不同，字符型常量使用指定的定界符进行限制。字符型常量可以分成两种：一种是字符常量，另一种是字符串常量。下面分别对这两种字符型常量进行介绍。

字符型常量

1．字符常量

字符常量是指使用单引号（''）引起来的一个字符。例如'A'、'#'、'b'等都是字符常量。

这里需要注意以下几点有关使用字符常量的事项。

（1）字符常量中只能包括一个字符。例如，'A'是正确的，但是'AB'就是错误的。

（2）字符常量是区分字母大小写的。例如，'A'和'a'是不一样的，这两个字符代表不同的字符常量。

（3）单引号代表定界符，不属于字符常量中的一部分。

【例3-1】 字符常量的输出。

在本实例中，使用 putchar()函数将字符常量逐一输出，使得输出的字符形成一个单词Hello并显示在控制台中。

```c
#include<stdio.h>
int main()
{
    putchar('H');                    /*输出字符 H*/
    putchar('e');                    /*输出字符 e*/
    putchar('l');                    /*输出字符 l*/
    putchar('l');                    /*输出字符 l*/
    putchar('o');                    /*输出字符 o*/
    putchar('\n');                   /*进行换行*/
    return 0;
}
```

运行程序，显示结果如图3-5所示。

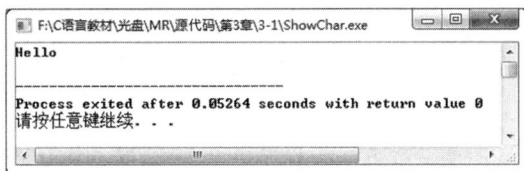

图 3-5　字符常量的输出

2．字符串常量

字符串常量是用一组双引号（ " " ）引起来的若干字符序列。如果在字符串中一个字符都没有，则将其称作空串，此时字符串的长度为 0。例如， " Have a good day! " 和 " beautiful day " 为字符串常量。

在 C 语言中存储字符串常量时，系统会在字符串的末尾自动加 "\0"作为字符串的结束符。例如，字符串 " welcome " 在内存中的存储形式如图3-6所示。

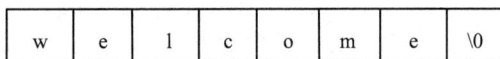

w	e	l	c	o	m	e	\0

图 3-6　字符串 " welcome " 在内存中的存储形式

⚠注意：在程序中定义字符串常量时，不必在字符串的末尾加上"\0"结束符，系统会自动添加结束符。

【例3-2】 输出字符串常量。

在本实例中，使用 printf()函数将字符串常量 " What a nice day! " 在控制台进行输出。

```c
#include<stdio.h>                          /*包含头文件*/
```

```
int main()
{
    printf("What a nice day!\n");          /*输出字符串*/
    return 0;                               /*程序结束*/
}
```

运行程序，显示结果如图 3-7 所示。

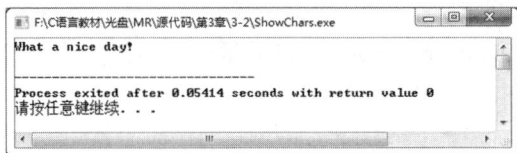

图 3-7　输出字符串常量

上文介绍了有关字符常量和字符串常量的内容，字符和字符串的不同点主要体现在以下方面。

（1）使用的定界符不同。字符常量使用的定界符是单引号（''），而字符串常量使用的定界符是双引号（" "）。

（2）长度不同。字符常量只能有一个字符，也就是说字符常量的长度是 1。当字符串常量中没有字符时，其长度是 0；当字符串常量中的字符只有 1 个时，其长度却不是 1。例如，字符串常量 "H"，其长度为 2，如图 3-8 所示。

H	\0

图 3-8　字符串常量 "H"

> 说明：在定义字符串常量时系统会自动在字符串的尾部添加一个结束符 "\0"，这就是 "H" 的长度是 2 的原因。

（3）存储的方式不同。在字符常量中存储的是字符的 ASCII 值；而在字符串常量中，不仅要存储有效的字符，还要存储末尾的结束符 "\0"。

在 C 语言中，被使用的字符被一一映射到一个表中，这个表称为 ASCII 表，如表 3-2 所示。

表 3-2　ASCII 表

ASCII 值	缩写/字符	解释
0	NUL（null）	空字符（\0）
1	SOH（start of headline）	标题开始
2	STX（start of text）	正文开始
3	ETX（end of text）	正文结束
4	EOT（end of transmission）	传输结束
5	ENQ（enquiry）	请求
6	ACK（acknowledge）	收到通知
7	BEL（bell）	响铃（\a）
8	BS（backspace）	退格（\b）
9	HT（horizontal tab）	水平制表符（\t）
10	LF（line feed）/NL（new line）	换行符（\n）
11	VT（vertical tab）	垂直制表符

ASCII 值	缩写/字符	解释
12	FF（form feed）/NP（new page）	换页符（\f）
13	CR（carriage return）	回车键（\r）
14	SO（shift out）	不用切换
15	SI（shift in）	启用切换
16	DLE（data link escape）	数据链路转义
17	DC1（device control 1）	设备控制 1
18	DC2（device control 2）	设备控制 2
19	DC3（device control 3）	设备控制 3
20	DC4（device control 4）	设备控制 4
21	NAK（negative acknowledge）	拒绝接收
22	SYN（synchronous idle）	同步空闲
23	ETB（end of trans.block）	传输块结束
24	CAN（cancel）	取消
25	EM（end of medium）	介质中断
26	SUB（substitute）	替补
27	ESC（escape）	溢出
28	FS（file separator）	文件分隔符
29	GS（group separator）	分组符
30	RS（record separator）	记录分离符
31	US（unit separator）	单元分隔符
……	……	……

3.5.4　转义字符

在例 3-1 和例 3-2 中都能看到"\n"符号，输出的结果中却不显示该符号，只是进行了换行操作，这种符号称为转义字符。

转义字符在字符常量中是一种特殊的字符。转义字符以反斜线"\"开头，后面跟一个或几个字符。常用的转义字符及其含义如表 3-3 所示。

转义字符

表 3-3　常用的转义字符及其含义

转义字符	含义	转义字符	含义
\n	换行	\\	反斜线"\"
\t	横向跳到下一个制表位	\'	单引号
\v	竖向跳格	\a	响铃
\b	退格	\ddd	1～3 位八进制数所代表的字符
\r	回车换行	\xhh	1～2 位十六进制数所代表的字符
\f	换页		

3.5.5　符号常量

在 C 语言中，可使用符号名代替固定的常量，这里使用的符号名被称为符号常量。使用符号常量的好处在于可以为编程和阅读带来方便。

符号常量

【例 3-3】　符号常量的使用。

本实例使用符号常量来表示圆周率，在控制台上显示文字提示用户输入数据，该数据是圆的半径。用户输入半径后，经过计算得到圆的面积，最后将结果显示。

```c
#include<stdio.h>
#define PAI 3.14                              /*定义符号常量*/
int main()
{
    double fRadius;                           /*定义半径变量*/
    double fResult=0;                         /*定义结果变量*/
    printf("请输入圆的半径:");                /*提示*/
    scanf("%lf",&fRadius);                    /*输入数据*/
    fResult=fRadius*fRadius*PAI;              /*进行计算*/
    printf("圆的面积为: %lf\n",fResult);      /*显示结果*/
    return 0;                                 /*程序结束*/
}
```

运行程序，显示结果如图 3-9 所示。

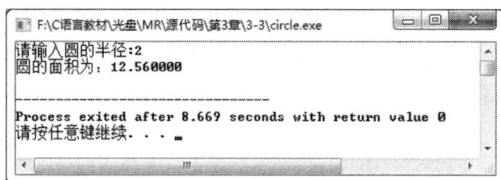

图 3-9　符号常量的使用

3.6　变量

前文已经多次提及变量。变量就是在程序运行期间其值可以变化的量。每一个变量都有一种特定的数据类型，每一种数据类型都定义了变量的格式和行为。因此变量有属于自己的名称，并且在内存中占有存储空间，其中变量所占存储空间的大小取决于变量的类型。C 语言中的变量有整型变量、实型变量和字符型变量。

3.6.1　整型变量

整型变量是用来存储整数的变量。整型变量有 6 种类型，如表 3-4 所示，其中基本整型使用 int 关键字，在此基础上可以根据需要加上一些关键字进行修饰，如 short 或 long。

整型变量

表 3-4　整型变量的类型

类型名称	关键字
有符号基本整型	[signed] int
无符号基本整型	unsigned [int]
有符号短整型	[signed] short [int]
无符号短整型	unsigned short [int]
有符号长整型	[signed] long [int]
无符号长整型	unsigned long [int]

说明：表 3-4 中的[]为可选部分。例如[signed] int，在编写程序时可以省略 signed 关键字。

1．有符号基本整型变量

有符号基本整型变量使用的关键字是 signed int，其值是基本整型常量。在编写程序时，常将关键字 signed 省略。有符号基本整型变量在内存中占 4 个字节，其取值范围是 −2147483648～2147483647。

💾 **说明**：通常我们说到的整型，都是指有符号基本整型。

定义有符号基本整型变量的方法是在变量前使用关键字 int。例如，定义一个有符号基本整型变量 iNumber，为其赋值 10 的方法如下。

```
int iNumber;                        /*定义有符号基本整型变量*/
iNumber=10;                         /*为变量赋值*/
```

或者在定义有符号基本整型变量的同时进行赋值。

```
int iNumber=10;                     /*定义有符号基本整型变量并赋值*/
```

【例 3-4】 使用有符号基本整型变量。

本实例是对有符号基本整型变量的使用，可使读者更直观地看到其作用。

```
#include<stdio.h>
int main()
{
    signed int iNumber;             /*定义有符号基本整型变量*/
    iNumber=10;                     /*为变量赋值*/
    printf("%d\n",iNumber);         /*输出变量的值*/
    return 0;                       /*程序结束*/
}
```

运行程序，显示结果如图 3-10 所示。

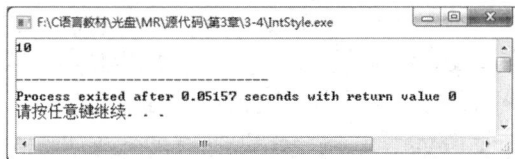

图 3-10　使用有符号基本整型变量

2．无符号基本整型变量

无符号基本整型变量使用的关键字是 unsigned int，其中关键字 int 在编写程序时是可以省略的。无符号基本整型变量在内存中占 4 个字节，其取值范围是 0～4294967295。

定义无符号基本整型变量的方法是在变量前使用关键字 unsigned。例如，定义一个无符号基本整型变量 iUnsignedNum，为其赋值 10 的方法如下。

```
unsigned iUnsignedNum;              /*定义无符号基本整型变量*/
iUnsignedNum=10;                    /*为变量赋值*/
```

3．有符号短整型变量

有符号短整型变量使用的关键字是 signed short int，其中关键字 signed 和 int 在编写程序时是可以省略的。有符号短整型变量在内存中占 2 个字节，其取值范围是 -32768～32767。

定义有符号短整型变量的方法是在变量前使用关键字 short。例如，定义一个有符号短整型变量 iShortNum，为其赋值 10 的方法如下。

```
short iShortNum;                    /*定义有符号短整型变量*/
iShortNum=10;                       /*为变量赋值*/
```

4．无符号短整型变量

无符号短整型变量使用的关键字是 unsigned short int，其中关键字 int 在编写程序时是可以省略的。无符号短整型变量在内存中占 2 个字节，其取值范围是 0～65535。

定义无符号短整型变量的方法是在变量前使用关键字 unsigned short。例如，定义一个无符号短整型变量 iUnsignedShtNum，为其赋值 10 的方法如下。

```
unsigned short iUnsignedShtNum;     /*定义无符号短整型变量*/
iUnsignedShtNum=10;                 /*为变量赋值*/
```

5．有符号长整型变量

有符号长整型变量使用的关键字是 signed long int，其中关键字 signed 和 int 在编写程序时是可以省略的。有符号长整型变量在内存中占 4 个字节，其取值范围是 -2147483648～2147483647。

定义有符号长整型变量的方法是在变量前使用关键字 long。例如，定义一个有符号长整型变量 iLongNum，为其赋值 10 的方法如下。

```
long iLongNum;                      /*定义有符号长整型变量*/
iLongNum=10;                        /*为变量赋值*/
```

6．无符号长整型变量

无符号长整型变量使用的关键字是 unsigned long int，其中关键字 int 在编写程序时是可以省略的。无符号长整型变量在内存中占 4 个字节，其取值范围是 0～4294967295。

定义无符号长整型变量的方法是在变量前使用关键字 unsigned long。例如，定义一个无符号长整型变量 iUnsignedLongNum，为其赋值 10 的方法如下。

```
unsigned long iUnsignedLongNum;     /*定义无符号长整型变量*/
iUnsignedLongNum=10;                /*为变量赋值*/
```

3.6.2　实型变量

实型变量也称为浮点型变量，是指用来存储实数的变量，其中实数是由整数和小数两部分组成的。实型变量根据精度可以分为单精度类型变量、双精度类型变量和长双精度类型变量 3 种，如表 3-5 所示。

实型变量

表 3-5　实型变量的类型

类型名称	关键字
单精度类型	float
双精度类型	double
长双精度类型	long double

1. 单精度类型变量

单精度类型变量使用的关键字是 float，它在内存中占 4 个字节，其取值范围是$-3.4 \times 10^{38} \sim$ 3.4×10^{38}。

定义单精度类型变量的方法是在变量前使用关键字 float。例如，定义一个单精度类型变量 fFloatStyle，为其赋值 3.14 的方法如下。

```
float fFloatStyle;                    /*定义单精度类型变量*/
fFloatStyle=3.14f;                    /*为变量赋值*/
```

【例 3-5】 使用单精度类型变量。

在本实例中，首先定义一个单精度类型变量，然后为其赋值 1.23，最后通过输出语句将其显示在控制台上。

```
#include<stdio.h>
int main()
{
    float fFloatStyle;                /*定义单精度类型变量*/
    fFloatStyle=1.23f;                /*为变量赋值*/
    printf("%f\n",fFloatStyle);       /*输出变量的值*/
    return 0;                         /*程序结束*/
}
```

运行程序，显示结果如图 3-11 所示。

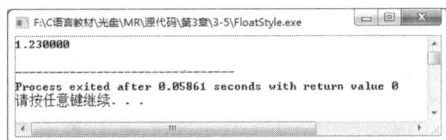

图 3-11　使用单精度类型变量

2. 双精度类型变量

双精度类型变量使用的关键字是 double，它在内存中占 8 个字节，其取值范围是$-1.8 \times$ $10^{308} \sim 1.8 \times 10^{308}$。

定义双精度类型变量的方法是在变量前使用关键字 double。例如，定义一个双精度类型变量 dDoubleStyle，为其赋值 5.321 的方法如下。

```
double dDoubleStyle;                  /*定义双精度类型变量*/
dDoubleStyle=5.321;                   /*为变量赋值*/
```

【例 3-6】 使用双精度类型变量。

在本实例中，首先定义一个双精度类型变量，然后为其赋值 61.458，最后通过输出语句将其显示在控制台上。

```
#include<stdio.h>
int main()
{
    double dDoubleStyle;              /*定义一个双精度类型变量*/
    dDoubleStyle=61.458;              /*为变量赋值*/
    printf("%f\n",dDoubleStyle);      /*输出变量的值*/
    return 0;                         /*程序结束*/
}
```

C语言基础 | 第3章

运行程序，显示结果如图 3-12 所示。

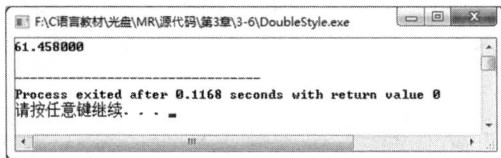

图 3-12　使用双精度类型变量

3．长双精度类型变量

长双精度类型变量使用的关键字是 long double，它在内存中占 8 个字节，其取值范围是$-1.8 \times 10^{308} \sim 1.8 \times 10^{308}$。

定义长双精度类型变量的方法是在变量前使用关键字 long double。例如，定义一个长双精度类型变量 fLongDouble，为其赋值 46.257 的方法如下。

```
long double fLongDouble;          /*定义长双精度类型变量*/
fLongDouble=46.257;               /*为变量赋值*/
```

【例 3-7】　使用长双精度类型变量。

在本实例中，首先定义一个长双精度类型变量，然后为其赋值 46.257，最后通过输出语句将其显示在控制台上。

```
#include<stdio.h>
int main()
{
    long double fLongDouble;      /*定义长双精度类型变量*/
    fLongDouble=46.257;           /*为变量赋值*/
    printf("%f\n",fLongDouble);   /*输出变量的值*/
    return 0;                     /*程序结束*/
}
```

运行程序，显示结果如图 3-13 所示。

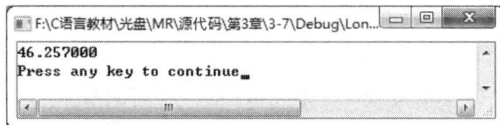

图 3-13　使用长双精度类型变量

⚠注意：本程序需要使用 Visual C++ 6.0 或者 VS Code 运行，因为 Dev-C++编译器不支持长双精度类型变量。

3.6.3　字符型变量

字符型变量是用来存储字符常量的变量。将一个字符常量存储到一个字符变量中，实际上是将该字符常量的 ASCII 值（无符号整型常量）存储到内存中。

字符型变量在内存中占 1 个字节，其取值范围是$-128 \sim 127$。

定义字符型变量的方法是在变量前使用关键字 char。例如，定义一个字符型变量 cChar，为其赋值'a'的方法如下。

```
char cChar;                       /*定义字符型变量*/
```

```
    cChar= 'a';                              /*为变量赋值*/
```

💾 说明：字符常量在内存中存储的是字符的 ASCII 值，即一个无符号整型常量，其存储形式与整数的存储形式一样，因此 C 语言允许字符型变量与整型变量之间通用。例如：

```
    char cChar1;                             /*定义字符型变量 cChar1*/
    char cChar2;                             /*定义字符型变量 cChar2*/
    cChar1='a';                              /*为变量赋值*/
    cChar2=97;

    printf("%c\n",cChar1);                   /*显示结果为 a*/
    printf("%c\n",cChar2);                   /*显示结果为 a*/
```

从上面的代码中可以看到，首先定义两个字符型变量，在为两个变量进行赋值时，一个变量赋值'a'，而另一个变量赋值 97。最后显示结果都是字符'a'。

【例 3-8】 使用字符型变量。

在本实例中，首先为定义的字符型变量和整型变量进行赋值，然后通过输出的结果来观察整型变量和字符型变量之间的转换。

```
#include<stdio.h>
int main()
{
    char cChar1;                             /*定义字符型变量 cChar1*/
    char cChar2;                             /*定义字符型变量 cChar2*/
    int iInt1;                               /*定义整型变量 iInt1*/
    int iInt2;                               /*定义整型变量 iInt2*/
    cChar1='a';                              /*为变量赋值*/
    cChar2=97;
    iInt1='a';
    iInt2=97;
    printf("%c\n",cChar1);                   /*显示结果为 a*/
    printf("%d\n",cChar2);                   /*显示结果为 97*/
    printf("%c\n",iInt1);                    /*显示结果为 a*/
    printf("%d\n",iInt2);                    /*显示结果为 97*/
    return 0;                                /*程序结束*/
}
```

运行程序，显示结果如图 3-14 所示。

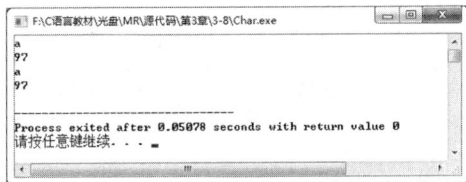

图 3-14 使用字符型变量

以上就是整型变量、实型变量和字符型变量的相关知识，在这里使用一个表格对这些知识进行总体的概括，如表 3-6 所示。

表 3-6 变量类型、对应关键字及所占字节数和取值范围

类型	关键字	字节	取值范围
有符号基本整型	[signed] int	4	−2147483648～2147483647
无符号基本整型	unsigned [int]	4	0～4294967295

类型	关键字	字节	取值范围
有符号短整型	[signed] short [int]	2	$-32768 \sim 32767$
无符号短整型	unsigned short [int]	2	$0 \sim 65535$
有符号长整型	[signed] long [int]	4	$-2147483648 \sim 2147483647$
无符号长整型	unsigned long [int]	4	$0 \sim 4294967295$
字符型	char	1	$-128 \sim 127$
无符号字符型	unsigned char	1	$0 \sim 255$
单精度类型	float	4	$-3.4 \times 10^{38} \sim 3.4 \times 10^{38}$
双精度类型	double	8	$-1.8 \times 10^{308} \sim 1.8 \times 10^{308}$
长双精度类型	long double	8	$-1.8 \times 10^{308} \sim 1.8 \times 10^{308}$

3.7 混合运算

混合运算

不同类型的数据之间可以进行混合运算，如 10+'a'-1.5+3.2*6。

在进行混合运算时，不同类型的数据要先转换成同一类型的数据，然后进行运算。不同类型的数据转换规律如图 3-15 所示。

【例 3-9】 混合运算。

在本实例中，首先将整型变量、字符型变量和单精度类型变量相加，然后将计算结果存放在双精度类型变量 result 中，最后使用 printf()函数将其输出。

```c
#include<stdio.h>
int main()
{
    int    iInt=1;                      /*定义整型变量*/
    char   cChar='A';                   /*定义字符型变量并赋值,ASCII 值为65*/
    float  fFloat=2.2f;                 /*定义单精度类型变量并赋值*/
    double result=iInt+cChar+fFloat;    /*得到计算结果*/
    printf("%f\n",result);              /*输出变量的值*/
    return 0;                           /*程序结束*/
}
```

运行程序，显示结果如图 3-16 所示。

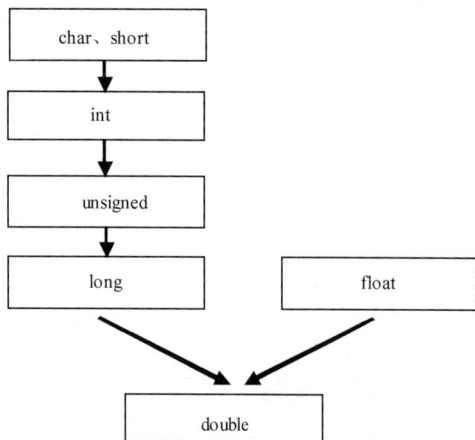

图 3-15 不同类型的数据转换规律

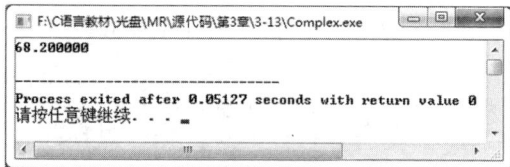

图 3-16 混合运算

3.8 借助 AIGC 工具编写实例

在学习 C 语言编程的过程中，使用 AIGC 工具可以提供有力的支持。本节展示了如何利用 AIGC 工具来帮助巩固本章所学的知识，设计相应的实例。

以下是在 AIGC 工具中的一个可能的对话示例。

【问题】

编写一个实例，巩固 C 语言中变量和常量的使用方法。

【AIGC 建议】

为了巩固 C 语言中变量和常量的使用方法，下面我们将编写一个简单的程序实例。这个程序将计算一个圆形的面积。

```c
#include <stdio.h>
// 定义常量 PI，用于圆的面积计算
#define PI 3.14159265358979323846
int main() {
    double radius = 5.0;        // 变量，存储圆的半径
    // 计算圆的面积（用到常量 PI）
    double circle_area = PI * radius * radius;
    // 输出结果
    printf("圆的面积是: %.2f\n", circle_area);
    return 0;
}
```

3.9 小结

本章首先介绍了编写程序的一些规范，这些规范虽然不是必需的，但是好的编程习惯应该是每一个程序员所必备的。然后通过实例对常量进行了介绍。在了解有关常量的内容后，引出了有关变量的知识，对变量赋值，使得在程序中可以使用变量存储常量。最后通过介绍变量的类型，进一步说明了变量的具体使用情况。

3.10 上机指导

第 3 章上机指导

求一元二次方程 $ax^2+bx+c=0$ 的根。求解一元二次方程的根，由键盘输入系数，输出方程的根。这种问题类似于给出公式计算，按照输入数据、计算、输出 3 步方案来设计程序。这里将用到数据类型、运算符及表达式等相关知识，对程序中的变量进行合理定义及运用。

问题中已知的数据为 a、b、c，待求的数据为方程的根，将其设为 x1、x2，数据的类型为双精度类型。已知的数据可以由键盘输入（赋值）取得。

已知一元二次方程的求根公式为 $\dfrac{-b+\sqrt{b^2-4ac}}{2a}$ 和 $\dfrac{-b-\sqrt{b^2-4ac}}{2a}$，因此可以根据求根公式直接求得方程的根。为了使求解的过程更简单，可以考虑使用中间变量来存放判别式

b^2-4ac 的值。最后使用标准输出函数把求得的结果输出。运行程序，输入方程的系数，计算出表达式的根，运行结果如图 3-17 所示。

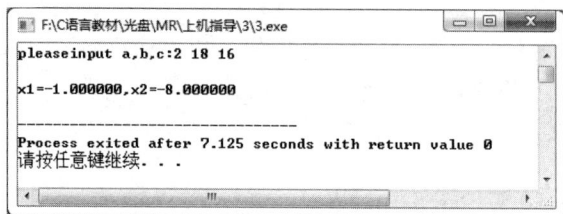

图 3-17　求一元二次方程 $ax^2+bx+c=0$ 的根

3.11　习题

3-1　对于任意一个圆，根据给定的半径 r，求圆的周长。

3-2　十进制数和二进制数之间可以直接转换，请编写代码进行进制转换。

3-3　编程求解一个小球从 100m 高度自由落下，每次落地后反弹回原高度的一半再落下。求小球在第 10 次落地时，共经过多少米？第 10 次反弹的高度是多少？

3-4　编程实现从键盘输入一个大写字母，然后将其转换成小写字母并输出。

3-5　求 100～200 的素数。

3-6　幼儿园老师由前向后给学生发糖果，每个学生得到的糖果数目成等差数列，前 4 个学生得到的糖果数目之和是 26，积是 880，编程求解前 20 名学生每人得到的糖果数目。

第4章 运算符与表达式

本章要点

- 了解表达式的使用方式。
- 掌握赋值运算符。
- 掌握算术运算符。
- 掌握关系运算符。
- 掌握逻辑运算符和位逻辑运算符。
- 掌握逗号运算符的使用方式。

  读者在了解程序中会用到的数据类型后，还要懂得如何使用这些数据。因此掌握 C 语言中各种运算符及表达式的应用是非常重要的。

  本章致力于使读者了解表达式的概念，掌握运算符及相关表达式的使用方法，其中包括赋值运算符、算术运算符、关系运算符、逻辑运算符、位逻辑运算符、逗号运算符和复合赋值运算符，并且通过实例进行相应的练习，及时加深对运算符与表达式的印象。

4.1 表达式

表达式

  表达式是 C 语言程序的主体。在 C 语言中，表达式由操作符和操作数组成。最简单的表达式可以只含有一个操作数。根据表达式所含操作符的个数，可以把表达式分为简单表达式和复杂表达式两种。简单表达式是只含有一个操作符的表达式，而复杂表达式是含有两个或两个以上操作符的表达式。例如：

```
5+5
iNumber+9
iBase+(iPay*iDay)
```

  表达式只用于返回结果。在程序不对返回值进行任何操作的情况下，返回值不起任何作用，也就是返回值将被忽略。

  表达式产生作用主要有以下两种情况。

（1）放在赋值语句的右侧。

（2）放在函数的参数中（将在第 9 章中进行介绍）。

表达式的返回值是有类型的。表达式的数据类型取决于组成表达式的变量和常量的类型。

【例 4-1】 表达式的使用。

本实例中声明了 3 个整型变量，其中将两个变量赋值常量，并将表达式的结果赋值给第 3 个变量，最后将各变量的值显示在屏幕上。

```c
#include<stdio.h>
int main()
{
    int iNumber1,iNumber2,iNumber3;                /*声明整型变量*/
    iNumber1=3;                                     /*为变量赋值*/
    iNumber2=7;

    printf("the first number is :%d\n",iNumber1);   /*输出变量的值*/
    printf("the second number is :%d\n",iNumber2);

    iNumber3=iNumber1+10;                           /*表达式中利用变量 iNumber1 加上一个常量*/
    printf("the first number add 10 is :%d\n",iNumber3);    /*输出 iNumber3 的值*/

    iNumber3=iNumber2+10;                           /*表达式中利用变量 iNumber2 加上一个常量*/
    printf("the second number add 10 is :%d\n",iNumber3);   /*输出 iNumber3 的值*/

    iNumber3=iNumber1+iNumber2;                     /*表达式中将两个变量相加*/
    printf("the result number of first add second is :%d\n",iNumber3);
                                                    /*输出 iNumber3 的值*/

    return 0;                                       /*程序结束*/
}
```

（1）在程序中，主函数 main()中的第 1 行代码是声明变量的表达式，可以看到使用逗号通过 1 个表达式声明 3 个变量。

```
        k=i+j;
    }
```

（2）第 2 行和第 3 行代码是使用常量为变量赋值的表达式，其中"iNumber1=3;"是将常量 3 赋值给变量 iNumber1，"iNumber2=7;"是将常量 7 赋值给变量 iNumber2。然后通过 printf()函数分别输出这两个变量的值。

（3）在"iNumber3=iNumber1+10;"中，表达式将变量 iNumber1 与常量 10 相加，然后将结果赋给变量 iNumber3，之后使用 printf()函数将变量 iNumber3 的值进行输出。接下来将变量 iNumber2 与常量 10 相加，进行相同的操作。

（4）在"iNumber3=iNumber1+iNumber2;"中，可以看到表达式是两个变量进行加法运算，同样返回相加的结果，并将值赋给变量 iNumber3，最后输出结果。

运行程序，显示结果如图 4-1 所示。

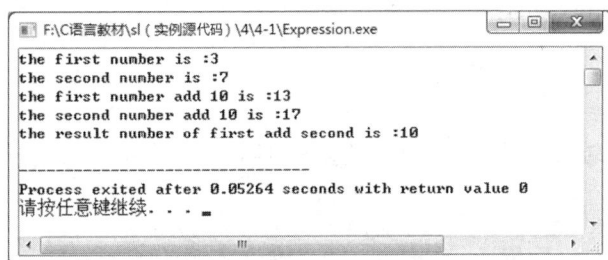

图 4-1　表达式的使用

4.2 赋值运算符与赋值表达式

在程序中常用的赋值符号"="就是赋值运算符，其作用就是将一个数据赋给一个变量。例如：

```
iAge=20;
```

这就是一次赋值操作，是将常量 20 赋给变量 iAge。同样可以将一个表达式的结果赋给一个变量。例如：

```
Total=Counter*3;
```

下面进行详细的介绍。

4.2.1　为变量赋初值

在声明变量时，可以为变量赋一个初值，就是将一个常量或者一个表达式的结果赋给一个变量，变量中存储的内容就是这个常量或者表达式的结果。

为变量赋初值

（1）为变量赋值常量。一般形式如下。

```
类型 变量名 = 常量;
```

其中变量名也称为变量的标识符。代码实例如下。

```
char cChar ='A';
int iFirst=100;
```

```
float fPlace=1450.78f;
```

（2）把一个表达式的结果赋给一个变量。一般形式如下。

```
类型 变量名 = 表达式;
```

可以看到，其一般形式与为变量赋值为常量的一般形式是相似的。例如：

```
int iAmount= 1+2;
float fPrice= fBase+Day*3;
```

在上面的举例中，得到值的变量 iAmount 和 fPrice 称为左值，因为它们出现的位置在赋值运算符的左侧；产生值的表达式称为右值，因为它们出现的位置在赋值运算符的右侧。

⚠️ **注意：** 并不是所有的表达式都可以作为左值，如常量只可以作为右值。

在声明变量时直接为其赋值称为赋初值，也称为变量的初始化。如果先声明变量，再进行变量的赋值操作也是可以的。例如：

```
int iMonth;                                 /*声明变量*/
iMonth= 12;                                 /*为变量赋值*/
```

【例 4-2】 模拟钟点工的计费情况，使用赋值运算符和赋值表达式计算钟点工工作 8h 后所得的工资。

```
#include<stdio.h>

int main()
{
    int iHoursWorked=8;                     /*声明变量，为变量赋初值，表示工作时间*/
    int iHourlyRate;                        /*声明变量，表示 1h 的工资*/
    int iGrossPay;                          /*声明变量，表示工作所得的工资*/

    iHourlyRate=13;                         /*为变量赋值*/
    iGrossPay=iHoursWorked*iHourlyRate;     /*将表达式的结果赋给变量*/

    printf("The HoursWorked is: %d\n",iHoursWorked);   /*输出工作时间*/
    printf("The HourlyRate is: %d\n",iHourlyRate);     /*输出 1h 的工资*/
    printf("The GrossPay is: %d\n",iGrossPay);         /*输出工作所得的工资*/

    return 0;                               /*程序结束*/
}
```

（1）钟点工的工资 = 1h 的工资×工作时间。因此在程序中需要 3 个变量来表示钟点工工资的计算过程。iHoursWorked 表示工作时间，一般工作时间都是固定的，在这里为其赋初值为 8，表示 8h。iHourlyRate 表示 1h 的工资。iGrossPay 表示钟点工工作 8h 后应该得到的工资。

（2）工资是可以变化的，在声明变量 iHourlyRate 之后，为其赋初值，设定 1h 的工资为 13 元。根据步骤（1）中钟点工工资的计算公式，得到总工资的表达式，将表达式的结果保存在变量 iGrossPay 中。

（3）通过 printf()函数将变量的值和计算结果都输出在屏幕上。

运行程序，显示结果如图 4-2 所示。

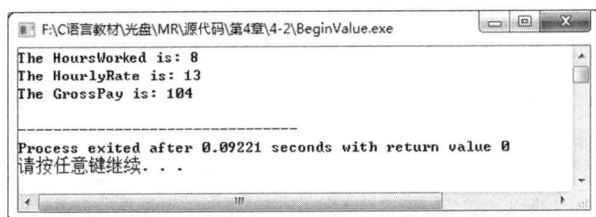

图 4-2　为变量赋初值

4.2.2　自动类型转换

数据类型有很多种，如字符型、整型和实型等，因为各种数据类型的变量、长度和符号的特性都不同，所以其取值范围也不同。混合使用数据类型时会出现什么情况呢？第 3 章已经对此有所介绍。

自动类型转换

C 语言中有一些特定的转换规则。根据这些转换规则，不同数据类型的变量可以混合使用。如果把比较短的数据类型变量的值赋给比较长的数据类型变量，那么比较短的数据类型变量的值会升级为比较长的数据类型，数据信息不会丢失。但是，如果把较长的数据类型变量的值赋给比较短的数据类型变量，那么数据就会降低级别，并且当数据大小超过比较短的数据类型变量的取值范围时，就会发生数据截断。

有些编译器遇到数据截断时就会发出警告，例如：

```
float i=10.1f;
int j=i;
```

此时编译器会发出警告，如图 4-3 所示。

```
warning C4244: 'initializing' : conversion from 'float ' to 'int ', possible loss of data
```

图 4-3　程序警告

4.2.3　强制类型转换

通过自动类型转换得知，如果数据类型不同，就可以根据不同情况自动进行类型转换，但此时编译器会发出警告。这时如果使用强制类型转换，编译器就不会出现警告。

强制类型转换

强制类型转换的一般形式为：

```
(类型名)　(表达式)
```

例如在上述不同类型变量转换时使用强制类型转换：

```
float i=10.1f;
int j= (int)i;                                    /*进行强制类型转换*/
```

从这段代码中可以看到在变量前使用包含要转换类型的括号，就可以对变量进行强制类型转换。

【例 4-3】　通过不同类型变量之间的赋值，将赋值后的结果进行输出，观察类型转换后的结果。

```
#include<stdio.h>
```

```
int main()
{
    char cChar;                                /*字符型变量*/
    short int iShort;                          /*短整型变量*/
    int iInt;                                  /*整型变量*/
    float fFloat=70000;                        /*单精度类型变量并赋值*/

    cChar=(char)fFloat;                        /*强制类型转换*/
    iShort=(short)fFloat;
    iInt=(int)fFloat;

    printf("the char is: %c\n",cChar);         /*输出字符型变量的值*/
    printf("the short is: %hd\n",iShort);      /*输出短整型变量的值*/
    printf("the int is: %d\n",iInt);           /*输出整型变量的值*/
    printf("the float is: %f\n",fFloat);       /*输出单精度类型变量的值*/

    return 0;                                  /*程序结束*/
}
```

本实例定义了一个单精度类型变量，然后通过强制类型转换将其赋给不同类型的变量。因为是由高级别向低级别转换，所以可能会出现数据丢失的情况。在使用强制类型转换时要注意此问题。

运行程序，显示结果如图 4-4 所示。

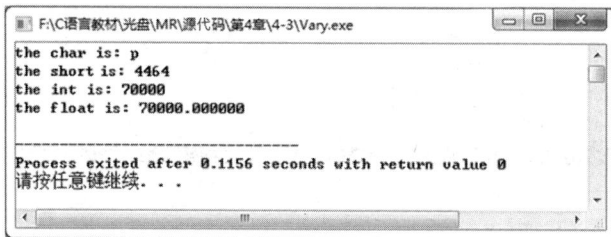

图 4-4　强制类型转换

4.3　算术运算符与算术表达式

4.3.1　算术运算符

C 语言的算术运算符包括 2 个单目运算符（正和负运算符）和 5 个双目运算符（即乘法、除法、取模、加法和减法运算符）。具体符号和对应的功能如表 4-1 所示。

算术运算符

表 4-1　算术运算符

符号	功能	符号	功能
+	单目正	%	取模
-	单目负	+	加法
*	乘法	-	减法
/	除法		

在算术运算符中，取模运算符 "%" 用于计算两个整数相除得到的余数，并且取模运算符的两侧均为整数，如 7%4 的结果是 3。

> 📖 **说明**：单目正运算符是冗余的，是为了与单目负运算符构成一对而存在的。单目正运算符不会改变任何数值，如不会将一个负值表达式改为正值表达式。

> ⚠️ **注意**：运算符 "−" 作为减法运算符时为双目运算符，如 5−3；作为单目负运算符时为单目运算符，如−5 等。

4.3.2 算术表达式

若在表达式中使用算术运算符，则将该表达式称为算术表达式。下面是一些算术表达式的例子，其中使用的运算符就是表 4-1 中的算术运算符。

算术表达式

```
Number=(3+5)/Rate;
Height= Top-Bottom+1;
Area=Height * Width;
```

需要说明的是，两个整数相除的结果为整数，如 7/4 的结果为 1，舍去的是小数部分。但是，如果其中一个数是负数时，系统会采取 "向零取整" 的方法，例如−5.8 取正后是 5.8，取整之后是 5 或者 6，采用 "向零取整"，那么要取 5。这种方法也称为 "向零去尾"，即把小数点后的数去掉。

> ⚠️ **注意**：如果用+、−、*、/进行运算的两个数中有一个为实数，那么结果是双精度类型，这是因为所有实数都按双精度类型进行运算。

【例 4-4】 使用算术表达式计算摄氏温度。

在本实例中，通过在表达式中使用算术运算符，计算摄氏温度，即把华氏温度换算为摄氏温度，然后输出。

```
#include<stdio.h>
int main()
{
    int iCelsius,iFahrenheit;                  /*声明两个整型变量*/
    printf("Please enter temperature :\n");    /*输出提示信息*/
    scanf("%d",&iFahrenheit);                  /*在键盘上输入华氏温度*/
    iCelsius=5*(iFahrenheit-32)/9;             /*通过算术表达式进行计算并赋值*/

    printf("Temperature is :");                /*输出提示信息*/
    printf("%d",iCelsius);                     /*输出摄氏温度*/
    printf(" degrees Celsius\n");              /*输出提示信息*/
    return 0;                                  /*程序结束*/
}
```

（1）在主函数 main()中声明两个整型变量，其中 iCelsius 表示摄氏温度，iFahrenheit 表示华氏温度。

（2）使用 printf()函数输出提示信息。然后使用 scanf()函数获得在键盘上输入的数据，其中%d 是格式字符，用来表示有符号的十进制整数，这里输入 80。

（3）利用算术表达式，将获得的华氏温度转换成摄氏温度。然后将转换的结果输出，可以看到 80 是用户输入的华氏温度，而 26 是计算后输出的摄氏温度。

运行程序，显示结果如图 4-5 所示。

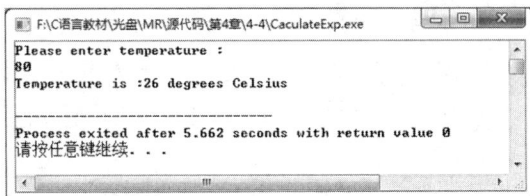

图 4-5　使用算术表达式计算摄氏温度

4.3.3　优先级与结合性

C 语言中规定了各种运算符的优先级和结合性，首先介绍算术运算符的优先级。

1．算术运算符的优先级

在使用表达式求值时，根据运算符的优先级高低按顺序执行。算术运算符中*、/、%的优先级高于+、-的优先级。例如，如果在算术表达式中同时出现*和+，那么先进行乘法运算：

```
R=x+y*z;
```

在上述算术表达式中，因为*的优先级比+的高，所以先进行 y*z 的运算，然后进行加 x 的运算。

> 📖 **说明**：在算术表达式中常会出现这样的情况，例如先计算 a+b 再将结果与 c 相乘，但将表达式写成了 a+b*c。由于*的优先级高于+的，因此就会先执行乘法运算，显然这不是期望得到的结果。这时可以使用括号 "( )" 将优先级提高，例如解决上述问题的方法是将表达式写成(a+b)*c。在算术运算符中括号的优先级是最高的。

2．算术运算符的结合性

当算术运算符的优先级相同时，结合方向为 "自左向右"。例如：

```
a-b+c
```

因为减法和加法的优先级是相同的，所以 b 先与减号结合，执行 a－b 的操作，然后执行加 c 的操作。这样的操作特性就称为 "自左向右的结合性"，在后文中还可以看到 "自右向左的结合性"。本章小结将给出有关运算符的优先级和结合性的表格（见表 4-5），读者可以进行参照。

【例 4-5】 算术运算符的优先级和结合性。

在本实例中，通过不同算术运算符的优先级和结合性，使用 printf()函数输出最终的计算结果，根据结果理解算术运算符的优先级和结合性的概念。

```
#include<stdio.h>

int main()
{
    int iNumber1,iNumber2,iNumber3,iResult=0;    /*声明整型变量并赋初值*/
    iNumber1=20;                                 /*为变量赋值*/
```

```
        iNumber2=5;
        iNumber3=2;

        iResult=iNumber1+iNumber2-iNumber3;              /*加法、减法表达式*/
        printf("the result is : %d\n",iResult);          /*输出结果*/

        iResult=iNumber1-iNumber2+iNumber3;              /*减法、加法表达式*/
        printf("the result is : %d\n",iResult);          /*输出结果*/

        iResult=iNumber1+iNumber2*iNumber3;              /*加法、乘法表达式*/
        printf("the result is : %d\n",iResult);          /*输出结果*/

        iResult=iNumber1/iNumber2*iNumber3;              /*除法、乘法表达式*/
        printf("the result is : %d\n",iResult);          /*输出结果*/

        iResult=(iNumber1+iNumber2)*iNumber3;            /*括号、加法、乘法表达式*/
        printf("the result is : %d\n",iResult);          /*输出结果*/

        return 0;
    }
```

（1）程序中先声明了 4 个整型变量，其中 iResult 的作用是存储计算结果，然后为其他变量赋值。

（2）使用算术运算符完成不同的操作，根据输出的结果观察算术运算符的优先级与结合性。

① 根据 "iResult=iNumber1+iNumber2-iNumber3;" 与 "iResult=iNumber1-iNumber2+iNumber3;" 的结果，可以看出相同优先级的运算符根据结合性由左向右进行运算。

② 将 "iResult=iNumber1+iNumber2*iNumber3;" 与上面的语句进行比较，可以看出不同优先级的算术运算符按照优先级高低进行运算。

③ "iResult=iNumber1/iNumber2*iNumber3;" 又体现出相同优先级的算术运算符按照结合性进行运算。

④ "iResult=(iNumber1+iNumber2)*iNumber3;" 中使用括号提高优先级，使括号中的表达式先进行运算，可以看出括号在算术运算符中具有最高优先级。

运行程序，显示结果如图 4-6 所示。

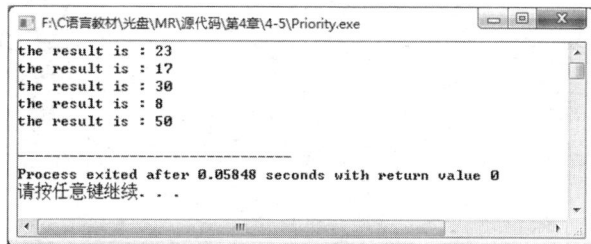

图 4-6　算术运算符的优先级和结合性

4.3.4　自增运算符和自减运算符

在 C 语言中有两个特殊的运算符，即自增运算符 "++" 和自减运算符 "－－"。自增运算符和自减运算符对变量的操作分别是增加 1 和减少 1。

自增运算符和自减运算符可以放在变量的前面或者后面，放在变量前面

自增运算符和
自减运算符

称为前缀，放在变量后面称为后缀，使用的一般方法如下。

```
--Counter;                              /*前缀自减运算符*/
Grade--;                                /*后缀自减运算符*/
++Age;                                  /*前缀自增运算符*/
Height++;                               /*后缀自增运算符*/
```

在上面这些例子中，自增运算符和自减运算符的位置不重要，因为得到的结果是一样的。

⚠️ **注意**：在表达式内部，自增/自减运算符作为运算的一部分，用法可能有所不同。如果自增/自减运算符放在变量前面，那么变量在参与表达式运算之前完成自增或者自减运算；如果自增/自减运算符放在变量后面，那么变量的自增或者自减运算在变量参加表达式运算之后完成。

【例 4-6】 比较自增、自减运算符作前缀与后缀的不同。

在本实例中，定义一些变量，为变量赋相同的值，然后通过相关操作来观察在表达式中自增、自减运算符作前缀和后缀的不同。

```c
#include<stdio.h>

int main()
{
    int iNumber1=3;                                  /*定义变量，赋值3*/
    int iNumber2=3;

    int iResultPreA,iResultLastA;                    /*声明变量，表示自增运算的结果*/
    int iResultPreD,iResultLastD;                    /*声明变量，表示自减运算的结果*/

    iResultPreA=++iNumber1;                          /*前缀自增运算*/
    iResultLastA=iNumber2++;                         /*后缀自增运算*/

    printf("The Addself ...\n");
    printf("the iNumber1 is :%d\n",iNumber1);        /*输出前缀自增运算后自身的数值*/
    printf("the iResultPreA is :%d\n",iResultPreA);  /*输出前缀自增表达式中的结果*/
    printf("the iNumber2 is :%d\n",iNumber2);        /*输出后缀自增运算后自身的数值*/
    printf("the iResultLastA is :%d\n",iResultLastA); /*输出后缀自增表达式中的结果*/

    iNumber1=3;                                      /*恢复变量的值为 3*/
    iNumber2=3;

    iResultPreD=--iNumber1;                          /*前缀自减运算*/
    iResultLastD=iNumber2--;                         /*后缀自减运算*/

    printf("The Deleteself ...\n");
    printf("the iNumber1 is :%d\n",iNumber1);        /*输出前缀自减运算后自身的数值*/
    printf("the iResultPreD is :%d\n",iResultPreD);  /*输出前缀自减表达式中的结果*/
    printf("the iNumber2 is :%d\n",iNumber2);        /*输出后缀自减运算后自身的数值*/
    printf("the iResultLastD is :%d\n",iResultLastD); /*输出后缀自减表达式中的结果*/

    return 0;                                        /*程序结束*/
}
```

（1）在程序中，定义 iNumber1 和 iNumber2 两个变量用来进行自增、自减运算。

（2）自增运算分为前缀自增运算和后缀自增运算。通过程序最终的输出结果可以看到，变量 iNumber1 和 iNumber2 的结果同为 4，但是表示表达式结果的两个变量 iResultPreA 和 iResultLastA 却不一样。其中，iResultPreA 的值为 4，iResultLastA 的值为 3，这是因为前缀自增运算使得变量 iResultPreA 先进行自增操作，然后进行赋值操作；后缀自增运算是先进行赋值操作，然后进行自增操作。

（3）在自减运算中，前缀自减运算和后缀自减运算与自增运算方式是相同的，前缀自减运算是先进行减 1 操作，然后进行赋值操作；而后缀自减运算是先进行赋值操作，再进行自减操作。

运行程序，显示结果如图 4-7 所示。

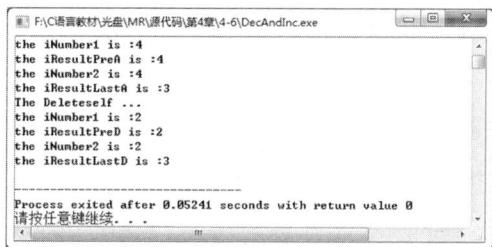

```
F:\C语言教材\光盘\MR\源代码\第4章\4-6\DecAndInc.exe

the iNumber1 is :4
the iResultPreA is :4
the iNumber2 is :4
the iResultLastA is :3
The Deleteself ...
the iNumber1 is :2
the iResultPreD is :2
the iNumber2 is :2
the iResultLastD is :3

Process exited after 0.05241 seconds with return value 0
请按任意键继续. . .
```

图 4-7　比较自增、自减运算符作前缀与后缀的不同

4.4　关系运算符与关系表达式

在数学中，经常会比较两个数的大小。在 C 语言中，关系运算符的作用就是判断两个操作数的大小。

4.4.1　关系运算符

关系运算符包括大于、大于等于、小于、小于等于、等于和不等于，如表 4-2 所示。

关系运算符

表 4-2　关系运算符

符号	功能	符号	功能
>	大于	<=	小于等于
>=	大于等于	==	等于
<	小于	!=	不等于

⚠ **注意**：符号 ">="（大于等于）与 "<="（小于等于）的意思分别是大于或等于、小于或等于。

4.4.2　关系表达式

关系运算符用于对两个表达式的值进行比较，返回真值或者假值。返回真值还是假值取决于表达式中的值和所用的关系运算符。其中真值为 1，假值为 0。真值表示指定的关系成立，假值则表示指定的关系不成立。例如：

关系表达式

```
7>5                /*因为 7 大于 5，所以该关系成立，表达式的结果为真值*/
7>=5               /*因为 7 大于 5，所以该关系成立，表达式的结果为真值*/
```

```
7<5                          /*因为 7 大于 5, 所以该关系不成立, 表达式的结果为假值*/
7<=5                         /*因为 7 大于 5, 所以该关系不成立, 表达式的结果为假值*/
7==5                         /*因为 7 不等于 5, 所以该关系不成立, 表达式的结果为假值*/
7!=5                         /*因为 7 不等于 5, 所以该关系成立, 表达式的结果为真值*/
```

关系运算符通常用来构造条件表达式, 用在程序流程控制语句中。例如 if 语句用于判断条件以执行相应语句块, 在其中使用关系表达式作为判断条件, 如果关系表达式返回的是真值则执行 if 语句下面的语句块。示例代码如下。

```
if(iCount<10)
{
    …                              /*若判断条件为真值, 则执行代码*/
}
```

其中, if(iCount<10)就是判断 iCount 小于 10 这个关系是否成立, 如果成立则为真, 如果不成立则为假。

⚠ **注意**: 在进行条件判断时, 一定要注意等于运算符 "==" 的使用, 千万不要与赋值运算符 "=" 弄混。例如在 if 语句中进行条件判断时, 使用了 "=":

```
if(Amount=100)
{
    …
}
```

上面的代码看上去是在检验变量 Amount 是否等于常量 100, 但是事实上没有起到这个作用。因为表达式使用的是赋值运算符 "=" 而不是等于运算符 "=="。赋值表达式 Amount=100 的返回值是 100, 是非零值, 也就是真值, 则该表达式的值始终为真值, 没有起到判断的作用。如果赋值运算符右侧不是常量 100 而是变量, 则赋值表达式的真值或假值就由这个变量的值决定。

这两个运算符在形式上的差别使得用其构造条件表达式时很容易出现错误, 初学者在编写程序时一定要注意。

4.4.3　优先级与结合性

关系运算符的结合方向都是自左向右的。使用关系运算符时常常会判断两个表达式的关系, 但是由于关系运算符存在优先级, 因此如果不小心处理则会出现错误。例如要进行这样的判断操作: 先对一个变量赋值, 然后判断这个变量是否不等于一个常量, 代码如下。

```
if(Number=NewNum!=10)
{
    …
}
```

因为 "!=" 的优先级比 "=" 的高, 所以 NewNum!=0 的判断操作会在赋值之前执行, 变量 Number 得到的就是关系表达式的真值或者假值, 这显然未按照要求执行。

由于括号的优先级最高, 因此使用括号来表示要优先计算的表达式, 例如:

```
if((Number=NewNum)!=10)
{
    …
}
```

由于这种写法比较精确、简洁，因此被多数程序员所接受。

【例 4-7】 关系运算符的使用。

在本实例中，定义两个变量表示两个学科的分数，使用 if 语句比较两个学科的分数大小，通过 printf()函数输出信息，得到比较的结果。

```c
#include<stdio.h>

int main()
{
    int iChinese,iEnglish;                          /*定义两个变量，用来保存分数*/
    printf("Enter Chinese score:");                 /*提示信息*/
    scanf("%d",&iChinese);                          /*输入分数*/
    printf("Enter English score:");                 /*提示信息*/
    scanf("%d",&iEnglish);                          /*输入分数*/

    if(iChinese>iEnglish)                           /*使用关系表达式进行比较*/
    {
        printf("Chinese is better than English\n");
    }
    if(iChinese<iEnglish)                           /*使用关系表达式进行比较*/
    {
        printf("English is better than Chinese\n");
    }
    if(iChinese==iEnglish)                          /*使用关系表达式进行比较*/
    {
        printf("Chinese equal English\n");
    }
    return 0;
}
```

为了可以从键盘上输入两个学科的分数，定义变量 iChinese 和 iEnglish。然后利用 if 语句进行判断，在判断条件中使用了关系表达式，判断分数是否使得关系表达式成立。如果关系表达式成立则返回真值；如果关系表达式不成立则返回假值。最后根据真值或假值选择执行语句。

运行程序，显示结果如图 4-8 所示。

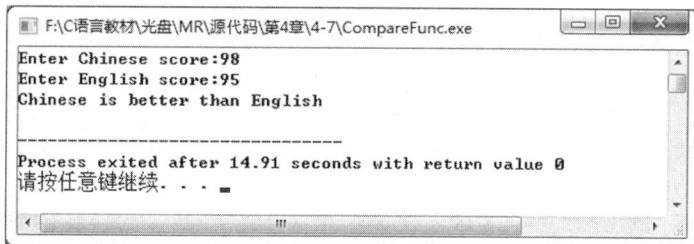

图 4-8　关系运算符的使用

4.5　逻辑运算符与逻辑表达式

逻辑运算符根据表达式的真或者假返回真值或假值。在 C 语言中，表达式的值非零，那么其值为真。非零的值用于逻辑运算时等价于 1；假值总是为 0。

4.5.1 逻辑运算符

逻辑运算符有 3 种,如表 4-3 所示。

表 4-3 逻辑运算符

符号	功能
&&	逻辑与
||	逻辑或
!	逻辑非

⚠ 注意:表 4-3 中的逻辑与运算符"&&"和逻辑或运算符"||"都是双目运算符。

4.5.2 逻辑表达式

关系运算符可用于对两个操作数进行比较,逻辑运算符则可以将多个关系表达式的结果合并在一起进行判断。其一般形式如下。

表达式 逻辑运算符 表达式

例如:

```
Result= Func1&&Func2;          /*Func1 和 Func2 都为真时,结果为真*/
Result= Func1||Func2;          /*Func1、Func2 其中一个为真时,结果为真*/
Result= !Func2;                /*如果 Func2 为真,则 Result 为假*/
```

需要重点强调的是,不要把逻辑与运算符"&&"和逻辑或运算符"||"与后文介绍的位与运算符"&"和位或运算符"|"混淆。

逻辑与运算符和逻辑或运算符可以用于相当复杂的表达式中。一般来说,逻辑运算符用来构造条件表达式,用在控制程序流程的语句中,例如在后文中要介绍的 if、for、while 语句等。

在程序中,通常使用逻辑非运算符"!"把变量的数值转换为相应的逻辑真值或者假值,也就是 1 或 0。

4.5.3 优先级与结合性

逻辑与运算符"&&"和逻辑或运算符"||"是双目运算符,要求有两个操作数,结合方向为自左向右;逻辑非运算符"!"是单目运算符,要求有一个操作数,结合方向为自左向右。

逻辑运算符的优先级从高到低依次为逻辑非运算符"!"、逻辑与运算符"&&"和逻辑或运算符"||"。

【例 4-8】 逻辑运算符的应用。

在本实例中,使用逻辑运算符构造条件表达式,通过 printf()函数输出条件表达式的结果,根据结果分析逻辑表达式的计算过程。

```
#include<stdio.h>

int main()
```

```
    {
        int iNumber1,iNumber2;                           /*声明变量*/
        iNumber1=10;                                     /*为变量赋值*/
        iNumber2=0;

        printf("the 1 is True , 0 is False\n");          /*输出提示信息*/
        printf("5< iNumber1&&iNumber2 is %d\n",5<iNumber1&&iNumber2);    /*输出逻辑与
表达式的结果*/
        printf("5< iNumber1||iNumber2 is %d\n",5<iNumber1||iNumber2);    /*输出逻辑或
表达式的结果*/
        iNumber2=!!iNumber1;
        printf("iNumber2 is %d\n",iNumber2);             /*输出逻辑值*/
        return 0;
    }
```

（1）在程序中，先声明两个变量用来进行下面的计算，然后为变量赋值，iNumber1 的值为 10，iNumber2 的值为 0。

（2）输出提示信息，说明 1 表示真值，0 表示假值。在 printf()函数中进行表达式的运算，并将结果输出。分析表达式 5<iNumber1&&iNumber2，由于"<"运算符的优先级高于"&&"运算符，因此先执行关系运算，然后进行逻辑与运算。iNumber1 的值为 10，5<iNumber1 成立，因此返回值为 1，然后 1 与 iNumber2 执行逻辑与运算，iNumber2 的值为 0，所以计算结果为 0。这个表达式的含义是 5 小于 iNumber1 的同时必须小于 iNumber2，很明显是不成立的，因此表达式返回的是假值。表达式 5<iNumber1||iNumber2 的含义是数值 5 小于 iNumber1 或者 iNumber2，此时表达式成立，返回值为真值。

（3）将 iNumber1 进行两次逻辑非运算，得到的是逻辑值。因为 iNumber1 的值是 10，所以得到的逻辑值为 1。

运行程序，显示结果如图 4-9 所示。

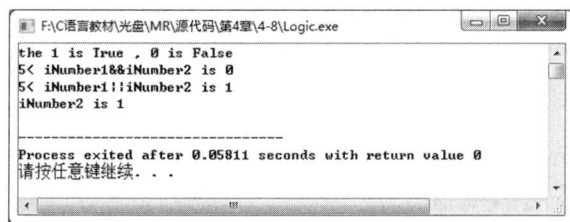

图 4-9　逻辑运算符的应用

4.6　位逻辑运算符与位逻辑表达式

位运算是 C 语言中比较有特色的操作。位逻辑运算符可实现位的设置、清零、取反等操作。利用位运算可以实现只有部分汇编语言才能实现的功能。

4.6.1　位逻辑运算符

位逻辑运算符包括位逻辑与运算符、位逻辑或运算符、位逻辑非运算符、按位取反运算符，如表 4-4 所示。

位逻辑运算符

表 4-4　位逻辑运算符

符号	功能
&	位逻辑与
|	位逻辑或
^	位逻辑非
~	按位取反

表 4-4 中除了按位取反运算符是单目运算符外，其他都是双目运算符。位逻辑运算符只能用于整型表达式。位逻辑运算符通常用于对整型变量进行位的设置、清零和取反，以及对某些选定的位进行检测。

4.6.2　位逻辑表达式

在程序中，位逻辑运算符一般被程序员用作开关标志。较低层次的硬件设备驱动程序经常需要对输入输出设备进行位运算。

如下为位逻辑与运算符的典型应用，即对某个变量的位进行检查。

位逻辑表达式

```
if(Field & BITMASK)
```

使用 if 语句对括号中的表达式进行检测。如果表达式返回的是真值，就执行其后面的语句块，否则跳过后面的语句块。其中位逻辑与运算符用来对变量 BITMASK 的位进行检测，判断其是否与变量 Field 的位有吻合之处。

4.7　逗号运算符与逗号表达式

在 C 语言中，可以用逗号将多个表达式分隔开。其中，用逗号分隔的表达式被分别计算，并且整个表达式的值是最后一个表达式的值。

逗号运算符也被称为顺序求值运算符。逗号表达式的一般形式如下。

逗号运算符与
逗号表达式

```
表达式 1, 表达式 2, …, 表达式 n
```

逗号表达式的求解过程是：先求解表达式 1，再求解表达式 2，一直求解到表达式 n。整个逗号表达式的值是表达式 n 的值。

观察下面使用逗号运算符的代码。

```
Value=2+5,1+2,5+7;
```

上面的代码中 Value 的值为 7，而非 12。这是由于赋值运算符的优先级比逗号运算符的优先级高，因此先执行赋值运算。如果要先执行逗号运算，则可以使用括号，代码如下。

```
Value=(2+5,1+2,5+7);
```

使用括号之后，Value 的值为 12。

【例 4-9】　用逗号运算符分隔的表达式。

本实例中，使用逗号运算符将其他运算符结合在一起形成表达式，再将表达式的结果赋给变量。由 printf()函数输出变量的值，分析逗号表达式的计算过程。

```
#include<stdio.h>
```

```
int main()
{
    int iValue1,iValue2,iValue3,iResult;             /*使用逗号运算符分隔声明变量*/

    /*为变量赋值*/
    iValue1=10;
    iValue2=43;
    iValue3=26;
    iResult=0;

    iResult=iValue1++,--iValue2,iValue3+4;           /*计算逗号表达式*/
    printf("the result is :%d\n",iResult);           /*将结果输出*/

    iResult=(iValue1++,--iValue2,iValue3+4);          /*计算逗号表达式*/
    printf("the result is :%d\n",iResult);           /*将结果输出*/
    return 0;                                          /*程序结束*/
}
```

（1）在程序的开始处，使用了逗号运算符分隔声明变量。

（2）为变量赋值。在第一个逗号表达式中，赋值后的变量各自进行计算，变量 iResult 得到表达式的结果。这里需要注意的是，通过输出可以看到变量 iResult 的值为 10，这是因为逗号表达式没有使用括号，所以变量 iResult 得到第一个表达式的值。在第一个逗号表达式中，变量 iValue1 进行的是后缀自增操作，因此变量 iResult 先得到 iValue1 的值，iValue1 再进行自增操作。

（3）在第二个逗号表达式中，由于使用了括号，因此变量 iResult 得到的是第三个表达式 iValue3+4 的值，即变量 iResult 的值为 30。

运行程序，显示结果如图 4-10 所示。

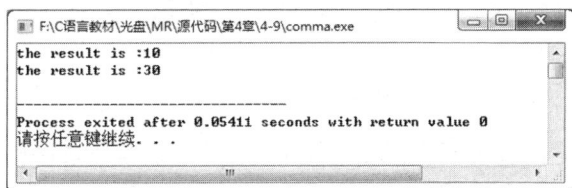

图 4-10　用逗号运算符分隔的表达式

4.8　复合赋值运算符

复合赋值运算符是 C 语言中独有的，实际上这是一种缩写形式，可使得变量操作的描述方式更加简洁。例如：

复合赋值运算符

```
Value=Value+3;
```

这个语句是对一个变量进行赋值操作，其值为变量本身与一个整数常量 3 相加的结果。使用复合赋值运算符可以实现同样的操作。例如上面的语句可以改写成：

```
Value+=3;
```

这种描述更加简洁。赋值运算符和复合赋值运算符的区别如下。

（1）使用赋值运算符时，需要先进行计算，再进行赋值，代码较长；而使用复合赋值

运算符时，计算和赋值合并成一步操作，代码更简洁。

（2）使用赋值运算符时，表达式清晰，容易理解；而使用复合赋值运算符，表达式简洁，但可能需要一定的熟悉度才能快速理解。

（3）使用赋值运算符时，需要多次访问变量，可能会稍微影响性能；而使用复合赋值运算符时，编译器通常会对其进行优化，减少不必要的中间变量和内存访问，从而提高性能。

对于赋值运算符，如 Func=Func+1 中，表达式计算两次；对于复合赋值运算符，如 Func+=1 中，表达式仅计算一次。一般来说，这种区别对于程序的运行没有太大的影响，但是如果表达式中存在某个函数的返回值，那么这个函数会被调用两次。

【例 4-10】 使用复合赋值运算符简化赋值运算。

```c
#include<stdio.h>

int main()
{
    int iTotal,iValue,iDetail;            /*声明变量*/
    iTotal=100;                           /*为变量赋值*/
    iValue=50;
    iDetail=5;

    iValue*=iDetail;                      /*计算得到变量 iValue 的值*/
    iTotal+=iValue;                       /*计算得到变量 iTotal 的值*/
    printf("Value is: %d\n",iValue);      /*输出计算结果*/
    printf("Total is: %d\n",iTotal);
    return 0;
}
```

从程序中可以看到"iValue*=iDetail;"中使用了复合赋值运算符，表示的是 iValue 的值等于 iValue*iDetail 的结果。而"iTotal+=iValue;"表示的是 iTotal 的值等于 iTotal+iValue 的结果。最后将结果输出。

运行程序，显示结果如图 4-11 所示。

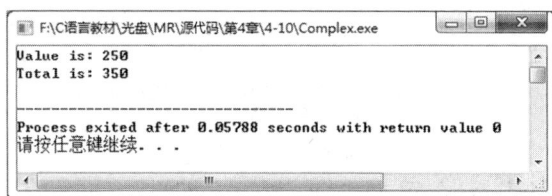

图 4-11　使用复合赋值运算符简化赋值运算

4.9 借助 AIGC 工具编写实例

在学习 C 语言编程的过程中，使用 AIGC 工具可以提供有力的支持。本节展示了如何利用 AIGC 工具来帮助巩固本章所学的知识，设计相应的实例。以下是在 AIGC 工具中的一个可能的对话示例。

【问题】

已知：

```c
int a = 10, b = 3, c = 5, d = 2;
```

```
int result;
```

求下面表达式的结果：

```
result = (a + b) * c - (d << 2) + (b > a ? a : b) && !(c % d);
```

【AIGC 建议】

根据给定的变量值和表达式，我们可以逐步解析这个复杂的表达式，以确定 result 的最终值。以下是详细的计算过程：

（1）加法 (a + b)：a + b = 10 + 3 = 13。

（2）乘法 * c：(a + b) * c = 13 * 5 = 65。

（3）左移位运算 d << 2。

① d << 2 表示将 d 的二进制表示向左移动两位。

② d = 2 的二进制表示是 0000 0010。

③ 向左移动两位后变为 0000 1000，即十进制的 8。

④ 因此，d << 2 = 8。

（4）减法 -(d << 2)：(a + b) * c - (d << 2) = 65 - 8 = 57。

（5）条件运算符（三元运算符）(b > a ? a : b)。

① b > a 是假的，因为 3 不大于 10。

② 因此，(b > a ? a : b) = b = 3。

（6）取模运算 c % d：c % d = 5 % 2 = 1。

（7）逻辑非!(c % d)：!(c % d) = !1 = 0。

（8）逻辑与&&：(b > a ? a : b) && !(c % d) = 3 && 0 = 0。

（9）加法+：57 + 0 = 57。

因此，result 的最终值是 57。

4.10 小结

本章介绍了 C 语言中的各种运算符与表达式。首先介绍了表达式的概念，帮助读者了解后续内容所需要的知识。然后分别介绍了赋值运算符、算术运算符、关系运算符、逻辑运算符、位逻辑运算符和逗号运算符及对应表达式。最后介绍了如何使用复合赋值运算符简化程序。

为了方便读者，表 4-5 中列出了运算符的优先级。优先级从上到下依次递减，最上面的运算符具有最高的优先级，逗号运算符具有最低的优先级。表达式的结合方向取决于表达式中各种运算符的优先级。优先级高的运算符先结合，优先级低的运算符后结合。

表 4-5　运算符优先级

优先级	运算符	名称	形式	结合方向
1	后缀++	后缀自增运算符	变量名++	从左到右
	后缀－－	后缀自减运算符	变量名－－	
	[]	数组下标	数组名[整型表达式]	
	()	圆括号	函数名(形式参数表)	
	.	成员选择（对象）	对象.成员名	
	－>	成员选择	对象指针－>成员名	

优先级	运算符	名称	形式	结合方向
2	–	负运算符	– 表达式	从右到左
	(类型)	强制类型转换	（数据类型）表达式	
	前缀++	前缀自增运算符	++变量名	
	前缀 – –	前缀自减运算符	– – 变量名	
	*	取值运算符	*指针表达式	
	&	取地址运算符	&左值表达式	
	!	逻辑非运算符	!表达式	
	~	按位取反	~表达式	
	sizeof	长度运算符	sizeof 表达式或 sizeof（类型）	
3	/	除	表达式/表达式	从左到右
	*	乘	表达式*表达式	
	%	取模	整型表达式%整型表达式	
4	+	加	表达式+表达式	从左到右
	–	减	表达式 – 表达式	
5	<<	左移	表达式<<表达式	从左到右
	>>	右移	表达式>>表达式	
6	>	大于	表达式>表达式	从左到右
	>=	大于等于	表达式>=表达式	
	<	小于	表达式<表达式	
	<=	小于等于	表达式<=表达式	
7	==	等于	表达式==表达式	从左到右
	!=	不等于	表达式!=表达式	
8	&	位逻辑与	整型表达式&整型表达式	从左到右
9	^	位逻辑非	整型表达式^整型表达式	从左到右
10	|	位逻辑或	整型表达式|整型表达式	从左到右
11	&&	逻辑与	表达式&&表达式	从左到右
12	||	逻辑或	表达式||表达式	从左到右
13	?:	条件运算符	表达式 1?表达式 2:表达式 3	从右到左
14	=	赋值运算符	变量=表达式	从右到左
	/=	除后赋值	变量/=表达式	
	*=	乘后赋值	变量*=表达式	
	%=	取模后赋值	变量%=表达式	
	+=	加后赋值	变量+=表达式	
	–=	减后赋值	变量 – =表达式	
	<<=	左移后赋值	变量<<=表达式	
	>>=	右移后赋值	变量>>=表达式	
	&=	位逻辑与后赋值	变量&=表达式	
	^=	位逻辑非后赋值	变量^=表达式	
	|=	位逻辑或后赋值	变量|=表达式	
15	,	逗号运算符	表达式,表达式,...	从左到右

从键盘上输入一个表示年份的整数，判断该年份是否为闰年，并将结果输出在屏幕上，如图 4-12 所示。

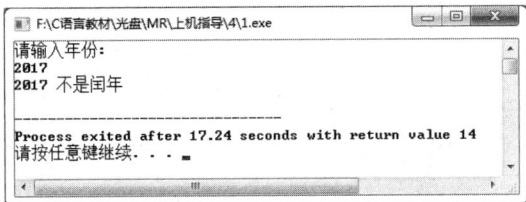

第 4 章上机指导

图 4-12 判断闰年

程序开发步骤如下。

（1）在 Dev-C++中创建一个 C 文件。

（2）引用头文件，代码如下。

```
#include <stdio.h>
```

（3）定义数据类型，本实例中定义 year 为基本整型变量，使用 scanf()函数从键盘中获得表示年份的整数。

（4）使用 if 语句进行条件判断，如果满足括号内的条件则输出是闰年，否则输出不是闰年。

4.12 习题

4-1   使用复合赋值运算符计算 a+=a*=a/=a-6。

4-2   定义一个变量并赋值 6，经过前缀自增运算、后缀自增运算、前缀自减运算和后缀自减运算，得到每一次运算的结果。

4-3   求满足 $abcd=(ab+cd)^2$ 的数。

4-4   编程求解：假设在你面前有一盘花生米，如果你每次吃 2 颗，那么最后剩 1 颗；如果你每次吃 3 颗，那么最后剩 2 颗；如果你每次吃 5 颗，那么最后剩 4 颗；如果你每次吃 6 颗，那么最后剩 5 颗；只有当你每次吃 7 颗时，最后才正好吃完，一颗也不剩，求符合条件的所有三位数花生米数。

4-5   编程求在 10～100 内满足各位数字的乘积大于各位数字的和的所有数，并将结果以每行 5 个的形式输出。

4-6   编程求在 100～1000 内满足各位数字之和是 5 的所有数，并以 5 个数字一行的形式输出。

第5章 常用的数据输入输出函数

本章要点

- 了解语句的概念。
- 掌握字符数据的输入输出操作。
- 掌握如何输入输出字符串。
- 掌握操作数据的格式化输入和输出。

与其他高级语言一样，C 语言程序中的语句是用来向计算机系统发出操作命令的。当程序按照要求执行操作时，先要使用向程序输入数据的方式给程序发送命令。当程序解决了一个问题之后，还要使用输出数据的方式将计算的结果输出。

本章致力于使读者了解语句的概念，掌握程序的输入和输出操作。

5.1 语句

C 语言的语句用来向计算机系统发出操作命令。一条语句编写完成后经过编译产生若干条机器命令。实际程序中包含若干条语句，每条语句完成一定的操作任务。语句执行过程如图 5-1 所示。

语句

图 5-1　语句执行过程

> ⚠️ **注意：** 程序通常包括声明部分和执行部分，其中执行部分由语句组成。声明部分不能算作语句。例如，"int iNumber;"就不是一条语句，因为其不涉及计算机的操作，只是对变量的提前声明。

5.2 字符数据的输入输出

前面的实例中常常使用 printf()函数进行输出，以及使用 scanf()函数获取键盘的输入。本节将介绍 C 标准输入输出函数库中十分简单且十分容易理解的字符输入、输出函数——getchar()和 putchar()。

5.2.1 字符数据的输出

输出字符数据使用的是 putchar()函数，其作用是向显示设备输出一个字符。使用 putchar()函数时要添加头文件 stdio.h。其语法格式如下。

字符数据的
输出

```
int putchar(int ch);
```

其中参数 ch 为要输出的字符，可以是字符型变量或整型变量，也可以是常量。例如输出字符 A 的代码如下。

```
putchar('A');
```

使用 putchar()函数也可以输出转义字符，例如输出字符 A 的代码如下。

```
putchar('\101');
```

【例 5-1】 使用 putchar()函数输出字符串 "Hello"，并且在字符串输出完成之后进行换行。

```
#include<stdio.h>
int main()
{
    char cChar1,cChar2,cChar3,cChar4;        /*声明变量*/
    cChar1='H';                              /*为变量赋值*/
    cChar2='e';
    cChar3='l';
    cChar4='o';
    putchar(cChar1);                         /*输出字符*/
    putchar(cChar2);
    putchar(cChar3);
    putchar(cChar3);
    putchar(cChar4);
    putchar('\n');                           /*输出转义字符*/
    return 0;
}
```

（1）要使用 putchar()函数，首先要添加头文件 stdio.h，然后声明字符型变量，用来保存要输出的字符。

（2）为变量赋值。因为 putchar()函数一次只能输出一个字符，所以如果要输出字符串就需要多次调用 putchar()函数。

（3）当字符串输出完成之后，使用 putchar()函数输出转义字符 "\n" 进行换行操作。

运行程序，显示结果如图 5-2 所示。

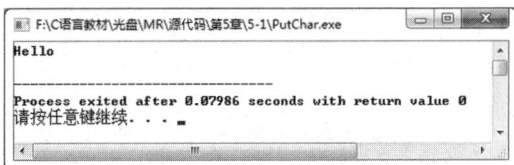

图 5-2 使用 putchar()函数输出字符串

说明：现在国内的 AIGC 工具大多提供了代码助手工具，比如百度的文心快码、腾讯云 AI 代码助手、阿里巴巴的通义灵码等。在开发工具中使用这些代码助手工具，可以让我们在开发时更加有效地编写代码，提高开发效率。例如，在开发工具中可以使用代码助手工具解释代码、为代码添加注释、智能预测代码等，如图 5-3 所示。

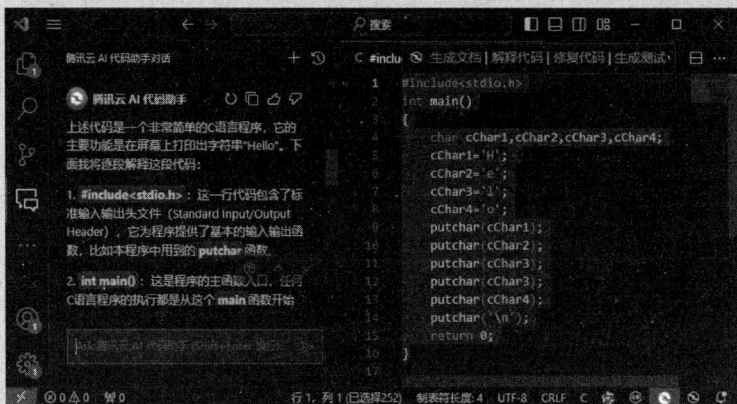

图 5-3 在开发工具中使用代码助手工具解释代码

5.2.2 字符数据的输入

输入字符数据使用的是 getchar()函数，其作用是从终端（输入设备）输入一个字符。getchar()与 putchar()函数的区别在于 getchar()没有参数。getchar()函数的语法格式如下。

字符数据的输入

```
int getchar();
```

使用 getchar()函数时也要添加头文件 stdio.h，函数的值就是从输入设备得到的字符。例如，从输入设备得到一个字符并赋给字符变量 cChar，代码如下。

```
cChar=getchar();
```

⚠️ 注意：getchar()函数只能接收一个字符，getchar()函数得到的字符可以赋给一个字符变量或整型变量，也可以不赋给任何变量，还可以作为表达式的一部分，例如"putchar(getchar());"，getchar()函数作为 putchar()函数的参数，getchar()函数从输入设备得到字符，然后 putchar()函数将字符输出。

【例 5-2】 使用 getchar()函数实现字符数据的输入。

在本实例中，使用 getchar()函数获取在键盘上输入的字符，再利用 putchar()函数进行输出。本实例演示了将 getchar()函数作为 putchar()函数表达式的一部分进行输入和输出字符的方式。

```
#include<stdio.h>
int main()
{
    char cChar1;                    /*声明变量*/
    cChar1=getchar();               /*从输入设备得到字符*/
    putchar(cChar1);                /*输出字符*/
    putchar('\n');                  /*输出转义字符换行*/
    getchar();                      /*得到回车符*/
```

```
    putchar(getchar());                              /*得到输入的字符，并直接输出*/
    putchar('\n');                                   /*换行*/
    return 0;                                         /*程序结束*/
}
```

（1）要使用 getchar()函数，首先要添加头文件 stdio.h。

（2）声明变量 cChar1，再通过 getchar()函数得到输入的字符，并赋值给变量 cChar1。
然后使用 putchar()函数将变量 cChar1 的值进行输出。

（3）使用 getchar()函数得到输入的回车符。

（4）在 putchar()函数的参数位置调用 getchar()函数，将得到的回车符输出。

运行程序，显示结果如图 5-4 所示。

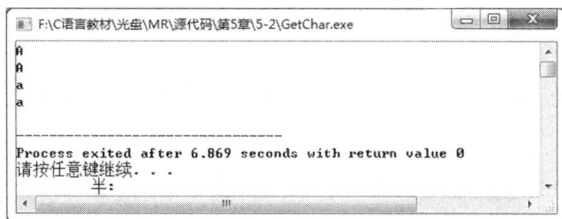

图 5-4　使用 getchar()函数实现字符数据的输入

在上面的程序分析中，有一步是使用了 getchar()函数获取回车符，这是因为当输入字符
A 后，要按 Enter 键确定输入完毕，其中的回车符也是字符，如果不进行获取，那么下一次
使用 getchar()函数时将得到回车符，如例 5-3 所示。

【例 5-3】 取消使用 getchar()函数获取回车符。

```
#include<stdio.h>
int main()
{
    char cChar1;                                      /*声明变量*/
    cChar1=getchar();                                 /*从输入设备得到字符*/
    putchar(cChar1);                                  /*输出字符*/
    putchar('\n');                                    /*输出转义字符换行*/
    putchar(getchar());                               /*得到输入的字符，并直接输出*/
    putchar('\n');                                    /*换行*/
    return 0;                                          /*程序结束*/
}
```

该程序将使用 getchar()函数获取回车符的语句去掉了。运行程序，显示结果如图 5-5
所示。从本实例程序的显示结果可以发现，程序没有获取第二次输入的字符，而是进行了
两次回车操作。

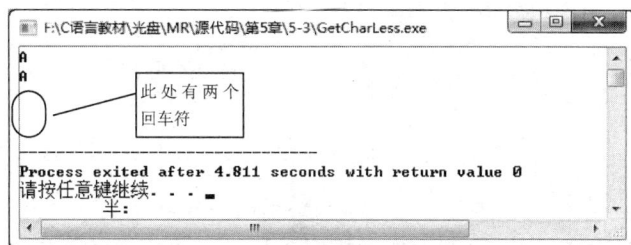

图 5-5　取消使用 getchar()函数获取回车符

5.3 字符串的输入输出

从 5.2 节可以看到，putchar()和 getchar()函数都只能对一个字符进行操作，如果进行字符串的输入输出操作则会很麻烦。C 语言提供了两个函数用来对字符串进行输入输出操作，分别为 gets()和 puts()函数。

5.3.1 字符串的输出函数

输出字符串使用的是 puts()函数，其作用是输出一个字符串到屏幕上。使用 puts()函数时，先要在程序中添加头文件 stdio.h。其语法格式如下。

```
int puts(char *str);
```

其中，形式参数 str 是字符指针类型，可以用来接收要输出的字符串。例如使用 puts()函数输出一个字符串：

```
puts("I LOVE CHINA!");                               /*输出一个字符串*/
```

这条语句的作用是输出一个字符串，然后自动进行换行操作。这与 printf()函数有所不同，在前面的实例中使用 printf()函数进行换行时，要在其中添加转义字符 "\n"。puts()函数会在字符串中判断结束符 "\0"，遇到结束符时，不再输出后面的字符并且自动换行。例如：

```
puts("I LOVE\0 CHINA!");                             /*输出一个字符串*/
```

在上面的语句中加上结束符 "\0" 后，puts()函数输出的字符串就变成 "I LOVE"。

📖 **说明**：第 3 章介绍过，编译器会在字符串常量的末尾添加结束符 "\0"，这也说明了 puts()函数会在输出字符串时进行换行操作的原因。

【例 5-4】 使用 puts()函数输出字符串。

在本实例中，使用 puts()函数对字符串常量和字符串变量进行操作，在这些操作的过程中观察使用 puts()函数的方式。

```
#include<stdio.h>
int main()
{
    char *Char="ILOVECHINA";               /*定义字符串指针变量*/
    puts("ILOVECHINA!");                    /*输出字符串常量*/
    puts("I\0LOVE\0CHINA!");                /*输出字符串常量，其中加入结束符 "\0"*/
    puts(Char);                             /*输出字符串变量的值*/
    Char="ILOVE\0CHINA!";                   /*改变字符串变量的值*/
    puts(Char);                             /*输出字符串变量的值*/
    return 0;                               /*程序结束*/
}
```

（1）程序将字符串常量赋值给字符串指针变量，有关指针的内容将在第 10 章进行介绍。此时可以将其看作整型变量，为其赋值后，就可以使用该变量。

（2）在第一次使用 puts()函数输出的字符串常量中，由于该字符串中没有结束符 "\0"，所以输出的字符会一直到编译器为字符串添加的结束符 "\0"，然后进行换行操作。

（3）在第二次使用 puts()函数输出的字符串常量中，为其添加了两个结束符 "\0"。输出的结果表明，在检测字符时遇到第一个结束符便不再输出字符并且进行换行操作。

（4）第三次使用 puts()函数输出的是字符串变量的值。因为字符串变量的值中没有结束符，所以会一直将字符输出到编译器为其添加的结束符，然后进行换行操作。

（5）改变字符串变量的值，再使用 puts()函数输出字符串变量的值时，由于字符串变量的值中有结束符 "\0"，因此输出的结果到结束符后停止，然后进行换行操作。

运行程序，显示结果如图 5-6 所示。

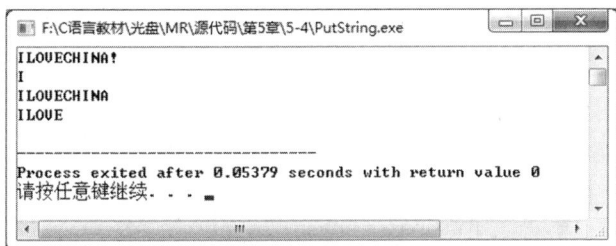

图 5-6　使用 puts()函数输出字符串

5.3.2　字符串的输入函数

输入字符串使用的是 gets()函数，其作用是将获取的字符串保存在形式参数 str 中，读取过程直到出现新的一行为止。其中新的一行的换行符将被转换为字符串中的结束符 "\0"。在使用 gets()函数输入字符串前，要为程序添加头文件 stdio.h。gets()函数的语法格式如下。

字符串的输入函数

```
char *gets(char *str);
```

其中字符串指针变量 str 为形式参数。例如定义字符数组 cString，然后使用 gets()函数获取输入的字符，代码如下。

```
gets(cString);
```

在上面的代码中，字符数组 cString 获取到字符串，并将换行符转换成了结束符。

【例 5-5】　使用 gets()函数获取输入信息。

```
#include<stdio.h>
int main()
{
    char cString[30];                    /*定义一个字符数组*/
    gets(cString);                       /*获取字符串*/
    puts(cString);                       /*输出字符串*/
    return 0;                            /*程序结束*/
}
```

（1）因为要获取输入的字符串，所以要定义一个可以接收字符串的变量。在程序中，定义 cString 为字符数组的标识符。关于字符数组的内容将在第 8 章中进行介绍，此处知道字符数组可以接收字符串即可。

（2）调用 gets()函数，其中函数的形式参数为字符数组 cString。调用 gets()函数时，程序会等待用户输入字符，当用户输入字符完毕后按 Enter 键确定时，gets()函数获取字符结束。

（3）使用 puts() 函数输出获取的字符串。

运行程序，显示结果如图 5-7 所示。

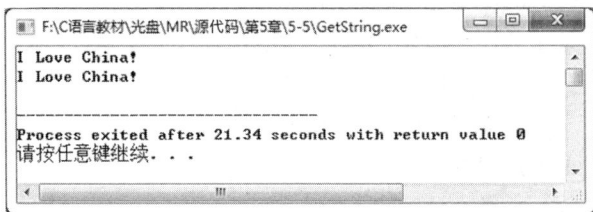

图 5-7　使用 gets() 函数获取输入信息

5.4　格式输出函数

printf() 函数是用于格式输出的函数，也称为格式输出函数。
printf() 函数的作用是向终端（输出设备）输出任意类型的数据，其语法格式如下。

```
printf(格式控制,输出列表)
```

1. 格式控制

格式控制是用双引号括起来的字符串，也称为转换控制字符串，其包括格式字符和普通字符两种字符。

（1）格式字符用来进行格式说明，其作用是将输出的数据转换为指定的格式输出。格式字符是以"%"开头的字符。

（2）普通字符是需要原样输出的字符，其中包括双引号内的逗号、空格和换行符。

2. 输出列表

输出列表中列出的是要进行输出的数据，可以是变量和表达式。

例如，输出一个整型变量，代码如下。

```
int iInt=10;
printf("this is %d",iInt);
```

执行上面的语句后输出的字符是"this is 10"。在格式控制双引号中的字符是"this is %d"，其中"this is"字符串是普通字符，而"%d"是格式字符，表示输出的数据是 iInt 的值。

由于在 printf() 函数中，格式控制和输出列表都是函数的参数，因此 printf() 函数的一般形式也可以表示为：

```
printf(参数1,参数2,…,参数n)
```

printf() 函数中的每一个参数按照给定的格式和顺序依次输出。例如，输出一个字符型变量和整型变量，代码如下。

```
printf("the Int is %d,the Char is %c",iInt,cChar);
```

表 5-1 列出了 printf() 函数的格式字符。

表 5-1　printf()函数的格式字符

格式字符	功能说明
%d、%i	以有符号的十进制形式输出整数（正数不输出符号）
%o	以无符号的八进制形式输出整数
%x、%X	以无符号的十六进制形式输出整数。用%x 时，在输出十六进制数的 a~f 时以小写字母输出；用%X 时，则以大写字母输出
%u	以无符号的十进制形式输出整数
%c	以字符形式输出，只输出一个字符
%s	输出字符串
%f	以小数形式输出
%e、%E	以指数形式输出实数。用%e 时指数以"e"表示；用%E 时指数以"E"表示
%g、%G	选用"%f"或"%e"中输出宽度较短的格式，不输出无意义的 0。若以指数形式输出，则指数以大写字母表示

另外，在格式控制中，在"%"和上述格式字符间可以插入几种附加格式说明字符，如表 5-2 所示。

表 5-2　printf()函数的附加格式说明字符

字　符	功 能 说 明
字母 l	用于长整型常量，可加在格式字符%d、%o、%x、%u 前面
m（代表一个整数）	数据最小宽度
n（代表一个整数）	对于实数，表示输出 n 位小数；对于字符串，表示截取的字符个数
-	输出的数字或字符在域内向左靠

⚠ 注意：在使用 printf()函数时，除%X、%E、%G 外其他格式字符必须用小写字母，如"%d"不能写成"%D"。

如果想输出"%"，则在格式控制处使用"%%"即可。

【例 5-6】 使用 printf()函数输出字符画。

在本书第 16 章的趣味俄罗斯方块的欢迎界面中有一幅漂亮的字符画，如图 5-8 所示。

输出一幅字符画是有绘制技巧的，那就是输出时从上至下、从左至右算好空行和空格的数量。具体代码如下。

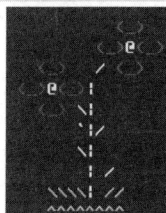

图 5-8　字符画

```
#include <stdio.h>
#include <windows.h>
HANDLE hOut;        //控制台句柄
/**
 * 获取屏幕中光标位置
 */
void gotoxy(int x, int y)
{
    COORD pos;
    pos.X = x;   //横坐标
```

```
        pos.Y = y;    //纵坐标
        SetConsoleCursorPosition(GetStdHandle(STD_OUTPUT_HANDLE), pos);
}
/**
 * 文字颜色函数。此函数的局限性：只能在Windows操作系统下使用；不能改变背景颜色
 */
int color(int c)
{
    SetConsoleTextAttribute(GetStdHandle(STD_OUTPUT_HANDLE), c);    //更改文字颜色
    return 0;
}
/**
 * 主函数
 */
int main()
{
    gotoxy(66,11);              //确定字符画在屏幕上输出的位置
    color(12);                  //设置颜色
    printf("(_)");              //红花的上边花瓣
    gotoxy(64,12);
    printf("(_)");              //红花的左边花瓣
    gotoxy(68,12);
    printf("(_)");              //红花的右边花瓣
    gotoxy(66,13);
    printf("(_)");              //红花的下边花瓣
    gotoxy(67,12);              //红花花蕊
    color(6);
    printf("@");
    gotoxy(72,10);
    color(13);
    printf("(_)");              //粉色花的右边花瓣
    gotoxy(76,10);
    printf("(_)");              //粉色花的左边花瓣
    gotoxy(74,9);
    printf("(_)");              //粉色花的上边花瓣
    gotoxy(74,11);
    printf("(_)");              //粉色花的下边花瓣
    gotoxy(75,10);
    color(6);
    printf("@");                //粉色花的花蕊
    gotoxy(71,12);
    printf("|");                //花与茎的连接
    gotoxy(72,11);
    printf("/");                //花与茎的连接
    gotoxy(70,13);
    printf("\\|");              //注意，想要输入\，必须在前面加\
    gotoxy(70,14);
    printf("`|/");
    gotoxy(70,15);
```

```
        printf("\\|");
        gotoxy(71,16);
        printf("| /");
        gotoxy(71,17);
        printf("|");
        gotoxy(67,17);
        color(10);
        printf("\\\\\\\\\");        //草地，含专义字符
        gotoxy(73,17);
        printf("//");
        gotoxy(67,18);
        color(2);
        printf("^^^^^^^^");
}
```

其中，gotoxy()函数用来设置控制台界面的位置；color()函数用来设置控制台界面中文字的颜色。在输出文字之前，首先调用 gotoxy()函数来设置文字在控制台界面上输出的位置，然后调用 color()函数设置文字的颜色。

运行程序，显示结果如图 5-9 所示。

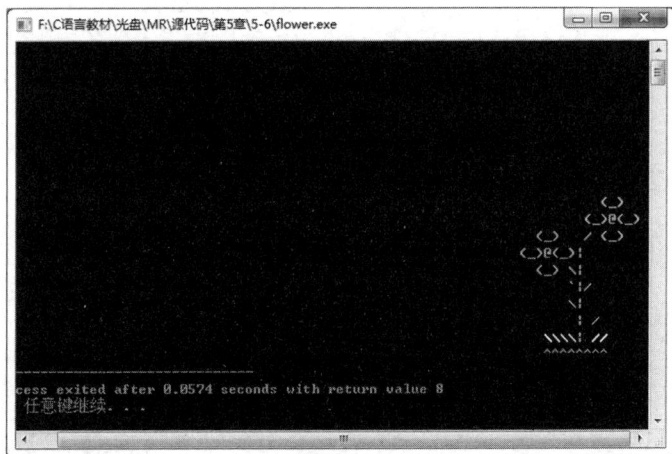

图 5-9　使用 printf()函数输出字符画

5.5　格式输入函数

与格式输出函数 printf()对应的是格式输入函数 scanf()。scanf()函数的功能是指定格式，并且按照指定的格式接收用户在键盘上输入的数据，最后将数据存储在指定的变量中。

scanf()函数的语法格式如下。

```
scanf(格式控制,地址列表)
```

通过 scanf()函数的语法格式可以看出，其格式控制与 printf()函数相同，如 "%d" 表示十进制的整数，"%c" 表示单个字符；而在地址列表中应该给出用来接收数据的变量的地址。例如得到一个整型数据，代码如下。

```
scanf("%d",&iInt);                                    /*得到一个整型数据*/
```

在上面的代码中，"&iInt"表示取变量 iInt 的地址。因此不用关心变量的地址具体是多少，只要在代码中的变量前加"&"，就表示取该变量的地址。

⚠ **注意**：编写程序时，在 scanf()函数的地址列表处一定是变量的地址而不是变量的标识符，否则编译器会提示错误。

表 5-3 中列出了 scanf()函数中常用的格式字符。

表 5-3   scanf()函数中常用的格式字符

格式字符	功能说明
%d、%i	用来输入有符号的十进制整数
%u	用来输入无符号的十进制整数
%o	用来输入无符号的八进制整数
%x、%X	用来输入无符号的十六进制整数（大小写字母的作用是相同的）
%c	用来输入单个字符
%s	用来输入字符串
%f	用来输入实型常量，可以用小数形式或指数形式
%e、%E、%g、%G	与%f 作用相同，%e 与%f、%g 之间可以相互替换（大小写字母的作用相同）

📖 **说明**：格式字符"%s"用来输入字符串。

【例 5-7】 使用 scanf()函数得到用户输入的数据。

在本实例中，利用 scanf()函数得到用户输入的两个整型数据，因为 scanf()函数只能用于输入操作，所以在屏幕上输出信息时需要使用 printf()函数。

```
#include<stdio.h>
int main()
{
    int iInt1,iInt2;                        /*定义两个整型变量*/
    puts("Please enter two numbers:");      /*使用 puts()函数输出提示信息*/
    scanf("%d%d",&iInt1,&iInt2);            /*使用 scanf()函数得到输入的数据*/
    printf("The first is : %d\n",iInt1);    /*输出第一个输入的数据*/
    printf("The second is : %d\n",iInt2);   /*输出第二个输入的数据*/
    return 0;
}
```

（1）为了接收用户输入的整型数据，在程序中定义了两个整型变量 iInt1 和 iInt2。

（2）因为 scanf()函数只能接收用户输入的数据而不能输出信息，所以先使用 puts()函数输出一段提示信息。puts()函数在输出字符串之后会自动进行换行，这样就可以不使用换行符。

（3）调用 scanf()函数，从函数参数可以看到，在格式控制的位置，使用双引号将格式字符括起来，"%d"表示输入的是十进制的整数；在地址列表位置，"&"表示取变量的地址。

（4）调用 printf()函数将变量的值输出。这里要注意的是，printf()函数使用的是变量的标识符，而不是变量的地址；scanf()函数使用的是变量的地址，而不是变量的标识符。

运行程序，显示结果如图 5-10 所示。

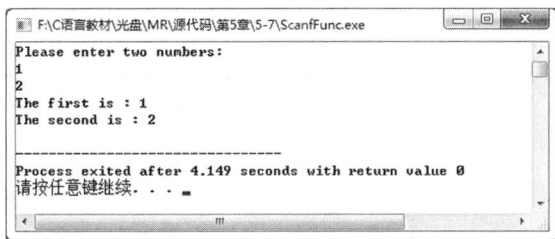

图 5-10　使用 scanf()函数得到用户输入的数据

> 💻 **说明**：程序是怎样将输入的数据分别保存到指定的两个变量中的呢？scanf()函数使用空字符分隔输入的数据，这些空字符包括空格、换行符、制表符。例如在本程序中，使用换行符作为空字符。

在 printf()函数中，除了格式字符，还有附加格式用于更加具体的格式说明。相应地，scanf()函数中也有附加格式用于更加具体的格式说明，如表 5-4 所示。

表 5-4　scanf()函数的附加格式

字符	功能说明
l	用于输入长整型数据（如"%ld""%lo""%lx""%lu"）以及 double 型数据（如"%lf"或"%le"）
h	用于输入短整型数据（如"%hd""%ho""%hx"）
n（整数）	指定输入数据所占宽度
*	表示指定的输入项在读入后不赋给相应的变量

【例 5-8】　使用附加格式说明 scanf()函数的格式输入。

在本实例中，使用所有 scanf()函数的附加格式进行格式输入，通过输入指定格式的数据，对比输入前后的结果，观察附加格式的效果。

```
#include<stdio.h>

int main()
{
    long iLong;                                      /*定义长整型变量*/
    short iShort;                                    /*定义短整型变量*/
    int iNumber1=1;                                  /*定义整型变量，为其赋值1*/
    int iNumber2=2;                                  /*定义整型变量，为其赋值2*/
    char cChar[10];                                  /*定义字符数组*/
    printf("Enter the long integer\n");              /*输出提示信息*/
    scanf("%ld",&iLong);                             /*输入长整型数据*/
    printf("Enter the short integer\n");             /*输出提示信息*/
    scanf("%hd",&iShort);                            /*输入短整型数据*/
    printf("Enter the number:\n");                   /*输出提示信息*/
    scanf("%d*%d",&iNumber1,&iNumber2);              /*输入整型数据*/
    printf("Enter the string but only show three character\n");   /*输出提示信息*/
    scanf("%3s",cChar);                              /*输入字符串*/
    printf("the long interger is: %ld\n",iLong);     /*输出长整型变量的值*/
    printf("the short interger is: %hd\n",iShort);   /*输出短整型变量的值*/
    printf("the Number1 is: %d\n",iNumber1);         /*输出变量 iNumber1 的值*/
    printf("the Number2 is: %d\n",iNumber2);         /*输出变量 iNumber2 的值*/
    printf("the three character are: %s\n",cChar);   /*输出字符串*/
    return 0;
}
```

（1）为了使程序中的 scanf()函数能接收数据，定义了要使用的变量。为了演示不同格式说明的情况，定义变量的类型有长整型、短整型和字符数组。

（2）使用 printf()函数输出一串字符，提示输入的数据为长整型，调用 scanf()函数使变量 iLong 得到用户输入的数据。在 scanf()函数的格式控制部分，使用附加格式字符"l"表示长整型。

（3）使用 printf()函数输出提示信息，提示输入的数据为短整型。调用 scanf()函数时，使用附加格式字符"h"表示短整型。

（4）附加格式字符"*"的作用是指定的输入项在读入后不赋给相应的变量。在代码中，第一个"%d"是输入的变量 iNumber1，第二个"%d"是输入的变量 iNumber2，但是在第二个"%d"前有一个附加格式字符"*"，这样第二个输入的值被忽略，也就是说，变量 iNumber2 不保存输入的值。

（5）"%s"是用来表示字符串的格式字符，将整数 n 放到"%""s"之间，就指定了数据的宽度。在程序中，scanf()函数中默认的数据宽度为 3，那么在输入字符串时，只接收前 3 个字符。

（6）利用 printf()函数将输入的数据输出。

运行程序，显示结果如图 5-11 所示。

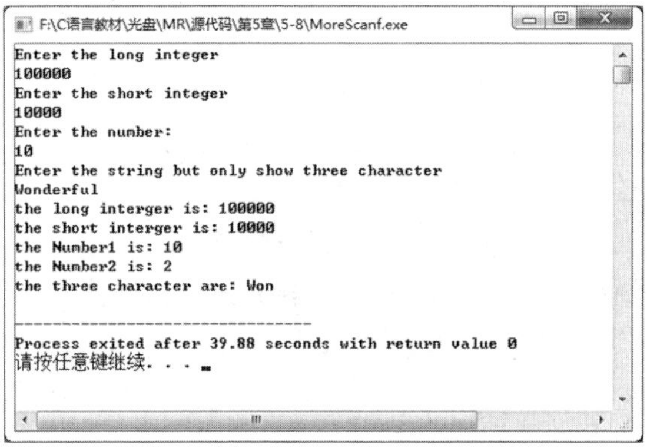

图 5-11　使用附加格式说明 scanf()函数的格式输入

5.6 借助 AIGC 工具编写实例

在学习 C 语言编程的过程中，使用 AIGC 工具可以提供有力的支持。本节展示了如何利用 AIGC 工具来帮助巩固本章所学的知识，设计相应的实例。

以下是在 AIGC 工具中的一个可能的对话示例。

【问题】

在 C 语言中如何一次输入多个数字，并且以金额格式格式化输出。

【AIGC 建议】

在 C 语言中，可以使用 scanf 函数一次输入多个数字，并且通过 printf 函数以金额格式进行格式化输出。为了实现这个功能，我们可以利用 scanf 的格式化字符串来读取多个数值，并使用 printf 的格式化选项来控制输出的格式，包括千位分隔符和小数点后的位数。

下面是一个示例程序，它演示了如何从用户那里一次输入多个数字，并将它们以金额格式输出：

```
#include <stdio.h>
#include <locale.h>  // 用于设置区域信息
int main() {
    double num1, num2, num3;
    // 设置区域信息为本地环境（这会影响金额格式化）
    setlocale(LC_ALL, "");  // 使用系统默认的区域设置
    // 提示用户输入三个数字
    printf("请输入三个数字（用空格分隔）: ");
    if (scanf("%lf %lf %lf", &num1, &num2, &num3) != 3) {
        printf("错误: 请输入三个有效的数字。\n");
        return 1;
    }
    // 以金额格式输出这些数字
    printf("\n 您输入的数字以金额格式如下:\n");
    printf("数字 1: %'.2f\n", num1);  // 使用'作为千位分隔符，.2f 表示保留两位小数
    printf("数字 2: %'.2f\n", num2);
    printf("数字 3: %'.2f\n", num3);
    return 0;
}
```

【运行结果】

```
输入:
请输入三个数字（用空格分隔）: 1234.56 7890.123 456.789
输出:
您输入的数字以金额格式如下:
数字 1: 1,234.56
数字 2: 7,890.12
数字 3: 456.79
```

5.7 小结

本章主要介绍了 C 语言中常用的数据输入输出函数。熟练使用输入输出函数是学习 C 语言必须要掌握的技能。在很多情况下，为了证实一项操作的正确性，可以将输入和输出的数据进行对比，从而得到结论。

其中，单个字符的输入输出使用的是 getchar()和 putchar()函数，而 gets()和 puts()函数用于输入输出字符串，并且 puts()函数在遇到结束符时会进行自动换行。为了能输出其他类型的数据，可以使用格式输出函数 printf()和格式输入函数 scanf()。在这两个格式函数中，利用格式字符和附加格式字符可以更加具体地进行格式说明。

5.8 上机指导

求回文素数。

第 5 章上机指导

对于任意整数 i，当从左向右的读法与从右向左的读法相同且为素数时，则称该数为回文素数，求 1000 以内的所有回文素数。运行结果如图 5-12 所示。

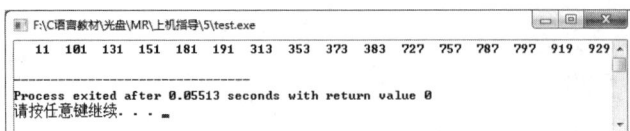

图 5-12　求回文素数

程序开发步骤如下。

（1）在 Dev-C++中创建一个 C 文件。

（2）引用头文件。

（3）自定义 ss()函数，函数类型为基本整型，其作用是判断一个数是否为回文素数。

（4）对 10～1000 内的数进行穷举，找出符合条件的数并将其输出。

5.9 习题

5-1　使用 printf()函数的附加格式说明字符，对输出的数据进行更加精准的格式设计。

5-2　使用 printf()函数对不同类型的变量进行输出，并对 printf()函数所用到的输出格式进行分析。

5-3　模拟工资计算器，计算销售人员的月工资（月工资=基本工资+提成，提成=售出商品数×1.5）。

5-4　利用格式输出函数 printf()将"MR"的图案用"*"号输出。

5-5　利用各种特殊符号输出图 5-13 所示的字符画。

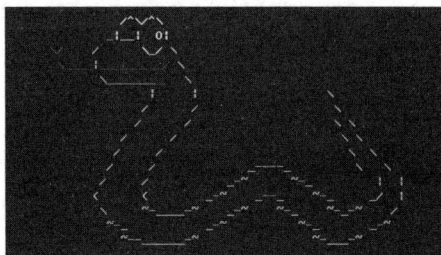

图 5-13　字符画

第 **6** 章 选择结构程序设计

本章要点

- 掌握使用 if 语句编写判断语句。
- 掌握 switch 语句的编写方式。
- 区分 if...else 语句与 switch 语句。
- 通过应用程序了解选择结构的具体使用方法。

步入程序设计领域的第一步是学会设计、编写程序,其中顺序结构程序设计是最简单的程序设计,而选择结构程序设计用到了一些用于条件判断的语句,增加了程序的功能,也增强了程序的逻辑性与灵活性。

本章致力于使读者掌握使用 if 语句进行条件判断的方法,以及 switch 语句的使用方式。

6.1 if 语句

在日常生活中,为了使交通畅通、有序,一般会在路口设置交通信号灯。当信号灯为绿灯时车辆可以行驶通过,当信号灯转变为红灯时车辆就要停止

if 语句

行驶。可见,信号灯给出信号,人们通过不同的信号进行判断,然后根据判断的结果进行相应的操作。

在 C 语言程序中,想要完成条件判断操作,利用的是 if 语句。if 语句的功能就像交通信号灯一样,根据条件判断的结果,决定是否进行操作。

程序员将决策表示成对条件的检验,即判断表达式的真假。除了没有任何返回值的函数和无法判断真假的结构函数,几乎所有表达式的返回值都可以用于判断真假。

下面具体介绍 if 语句的有关内容。

6.2 if 语句的基本形式

if 语句用于判断表达式的值(真或假),然后根据该值的情况控制程序流程。表达式的值不等于 0,就是真值;否则,就是假值。if 语句有 if、if...else 和 else if 这 3 种形式,下面介绍这 3 种形式的具体使用方式。

6.2.1 if 语句形式

if 语句首先对表达式进行判断,然后根据判断的结果决定是否进行相应的操作。if 语句的一般形式为:

```
if(表达式) 语句
```

if 语句形式

if 语句的执行流程图如图 6-1 所示。

图 6-1 if 语句的执行流程图

括号中的表达式是要进行判断的条件,而语句是对应的操作。如果括号中的表达式为真值,就执行后面的语句;如果表达式为假值,就不执行后面的语句。例如下面的代码:

```
if(iNum)printf("The true value");
```

该代码判断变量 iNum 的值,如果变量 iNum 的值为真值,则执行后面的输出语句;如果变量的值为假值,则不执行后面的输出语句。

if 语句不仅可以判断变量的值是否为真,也可以判断表达式,例如:

```
if(iSignal==1) printf("the Signal Light is%d:",iSignal);
```

这行代码的含义是:判断表达式 iSignal==1 是否成立,如果表达式成立,那么判断的结果是真值,则执行后面的输出语句;如果表达式不成立,那么判断的结果为假值,则不执行后面的输出语句。

从这些代码中可以看到 if 语句的执行部分只调用了一条语句,如果调用两条语句,可以使用大括号使之成为语句块,例如:

```
if(iSignal==1)
{
    printf("the Signal Light is:%d\n",iSignal);
    printf("Cars can run");
}
```

将要执行的语句都放在大括号中,这样当 if 语句判断条件为真时,就可以全部执行。使用这种方式的好处是可以很规范、清楚地表达出 if 语句所包含的语句的范围,所以建议读者使用 if 语句时都使用大括号将执行语句包括在内。

【例 6-1】 使用 if 语句模拟信号灯指挥车辆行驶。

在本实例中,为了模拟十字路口上的信号灯指挥车辆行驶,要使用 if 语句判断信号

灯的状态。如果信号灯为绿灯，则说明车辆可以行驶通过，通过输出语句说明车辆的行驶状态。

```c
#include<stdio.h>

int main()
{
    int iSignal;                                        /*定义变量，表示信号灯的状态*/
    printf("the Red Light is 0,the Green Light is 1\n");/*输出提示信息*/
    scanf("%d",&iSignal);                               /*输入变量 iSignal 的值*/
    if(iSignal==1)                                      /*使用 if 语句进行判断*/
    {
        printf("the Light is green,cars can run\n");    /*判断结果为真时输出*/
    }
    return 0;
}
```

（1）为了模拟信号灯指挥交通，要根据信号灯的状态进行判断，这样就需要一个变量表示信号灯的状态。在程序中，定义变量 iSignal 表示信号灯的状态。

（2）输出提示信息，输入变量 iSignal 的值，表示此时信号灯的状态。此时用键盘输入"1"，表示信号灯是绿灯。

（3）使用 if 语句判断变量 iSignal 的值，如果为真，则表示信号灯为绿灯；如果为假，则表示信号灯为红灯。在程序中，此时变量 iSignal 的值为 1，表达式 iSignal==1 成立，因此判断的结果为真值，从而执行 if 语句后面大括号中的语句。

运行程序，显示结果如图 6-2 所示。

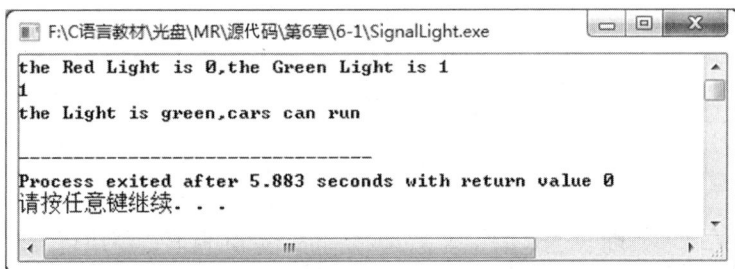

图 6-2　使用 if 语句模拟信号灯指挥车辆行驶

if 语句不是只可以使用一次，而是可以连续进行判断，继而根据不同的判断结果执行相应的操作。

例如在例 6-1 的程序中，可以看到虽然使用 if 语句判断信号灯状态变量 iSignal，但是只给出了判断结果是绿灯时执行的操作，并没有给出判断结果是红灯时执行的操作。为了使得在红灯情况下也执行相应操作，需要再使用一次 if 语句判断信号灯为红灯时的情况。下面对例 6-1 进行完善。

初学者在程序中使用 if 语句时，常常会将下面的两个判断弄混。

```c
if(value){…}                                            /*判断变量的值*/
if(value==0){…}                                         /*判断表达式的值*/
```

这两行代码中都有变量 value，value 的值虽然相同，但是判断结果不同。第一行代码表示判断 value 的值,第二行代码表示判断 value 的值等于 0 这个表达式是否成立。假设 value 的值为 0,那么在第一个 if 语句中,value 的值为 0 说明判断的结果为假,所以不会执行 if 后的语句。但是在第二个 if 语句中,判断的是 value 的值是否等于 0,因为假设 value 的值为 0,所以表达式成立,那么判断的结果为真,执行 if 后的语句。

6.2.2 if...else 语句形式

C 语言中除了可以指定在条件为真时执行某些语句外,还可以在条件为假时执行另外一些语句,这可利用 if...else 语句来完成,其一般形式为:

```
if(表达式)
    语句块1;
else
    语句块2;
```

if...else 语句的执行流程图如图 6-3 所示。

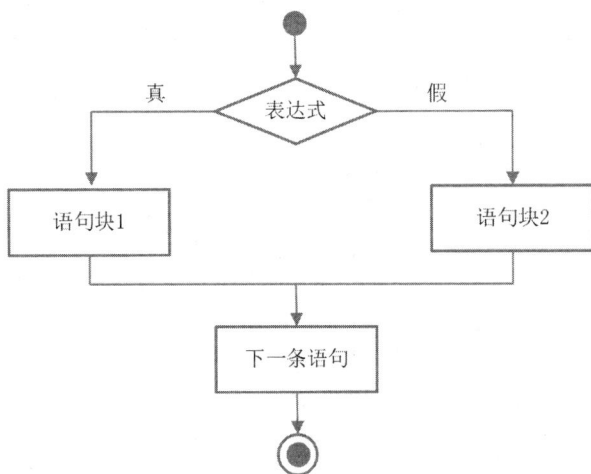

图 6-3 if...else 语句的执行流程图

在 if 后的括号中判断表达式的结果,如果判断结果为真值,则执行紧跟在 if 语句后的语句块;如果判断结果为假值,则执行 else 后的语句块。也就是说,当 if 语句检验的条件为假时,就执行相应的 else 后面的语句或者语句块。例如:

```
if(value)
{
    printf("the value is true");
}
else
{
    printf("the value is false");
}
```

在上面的代码中,如果 if 语句判断变量 value 的值为真,则执行 if 语句后面的语句块;如果 if 语句判断的结果为假,则执行 else 语句后面的语句块。

⚠ 注意:else 语句必须跟在 if 语句的后面。

【例 6-2】 使用 if...else 语句进行选择判断。

在本实例中，使用 if...else 语句判断用户输入的数字，如果输入的数字为 0 表示结果为假；如果输入的数字非 0 表示结果为真。

```
#include<stdio.h>

int main()
{
    int iNumber;                                    /*定义变量*/

    printf("Enter a number\n");                     /*输出提示信息*/
    scanf("%d",&iNumber);                           /*输入数字*/

    if(iNumber)                                     /*判断变量的值*/
    {
                                                    /*判断为真时执行输出*/
        printf("the value is true and the number is: %d\n",iNumber);
    }
    else                                            /*判断为假时执行输出*/
    {
        printf("the value is false and the number is: %d\n",iNumber);
    }
    return 0;
}
```

（1）在程序中定义变量 iNumber，用来保存输入的数据，然后通过 if...else 语句判断变量的值。

（2）假设用户输入的数字为 0，if 语句会判断变量 iNumber 的值，也就是判断输入的数字。因为 0 表示的是假，所以不会执行 if 语句后面的语句块，而会执行 else 后面的语句块，输出一条信息并将数字输出。

（3）从程序的运行结果中可以看出，当 if 语句检验的条件为假时，就执行相应的 else 后面的语句或者语句块。

运行程序，显示结果如图 6-4 所示。

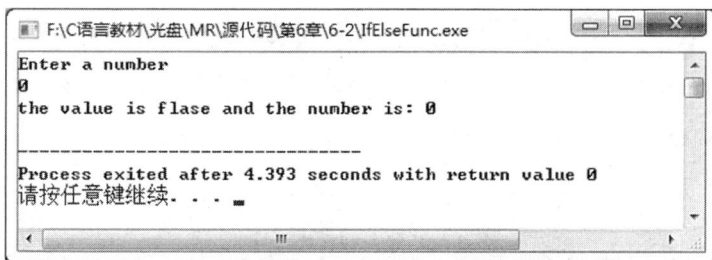

图 6-4 使用 if...else 语句进行选择判断

if...else 语句也可以用来判断表达式，根据表达式的结果执行不同的操作。

6.2.3 else if 语句形式

利用关键字 if 和 else 可以实现 else if 语句，这是对一系列互斥的条件进行检验，其一般形式如下。

```
if(表达式1) 语句块1
else if(表达式2) 语句块2
    …
else if(表达式m) 语句块m
else 语句块n
```

else if 语句形式

else if 语句的执行流程图如图 6-5 所示。

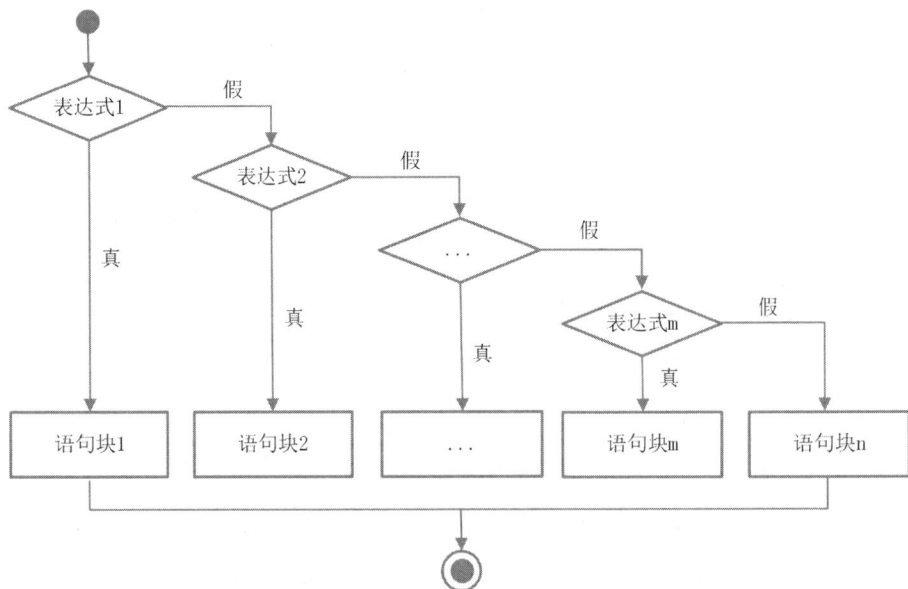

图 6-5　else if 语句的执行流程图

根据图 6-5 所示的流程图可知，首先对 if 语句中的表达式 1 进行判断，如果结果为真，则执行语句块 1，然后跳过 else if 语句和 else 语句；如果结果为假，则判断 else if 语句中的表达式 2。如果表达式 2 为真，那么执行语句块 2 而不执行后面的 else if 语句或者 else 语句后的语句块。当所有表达式都不成立也就是都为假时，执行 else 后的语句块 n。例如：

```
if(iSelection==1)
    {…}
else if(iSelection==2)
    {…}
else if(iSelection==3)
    {…}
else
    {…}
```

上述代码的含义是，使用 if 语句判断变量 iSelection 的值是否为 1，如果为 1 则执行后面的语句块，然后跳过后面的 else if 语句和 else 语句；如果 iSelection 的值不为 1，那么第一个 else if 语句判断 iSelection 的值是否为 2，如果为 2，则执行后面紧跟着的语句块，执行完后跳过后面的 else if 语句和 else 语句；如果 iSelection 的值也不为 2，那么第二个 else if 语句判断 iSelection 的值是否为 3，如果为 3 则执行后面的语句块，否则执行 else 语句中的语句块。也就是说，当前面所有判断都不成立（为假值）时，执行 else 语句中的语句块。

【例 6-3】 使用 else if 语句编写屏幕菜单程序。

在本实例中要对菜单进行选择，那么首先要输出菜单。利用 printf() 函数将菜单中所需要的信息输出。

```c
#include<stdio.h>

int main()
{
    int iSelection;                          /*定义变量，表示菜单的选项*/

    printf("---Menu---\n");                   /*输出菜单*/
    printf("1 = Load\n");
    printf("2 = Save\n");
    printf("3 = Open\n");
    printf("other = Quit\n");

    printf("enter selection\n");              /*输出提示信息*/
    scanf("%d",&iSelection);                  /*用户输入选项*/

    if(iSelection==1)                         /*选项为1*/
    {
        printf("Processing Load\n");
    }
    else if(iSelection==2)                    /*选项为2*/
    {
        printf("Processing Save\n");
    }
    else if(iSelection==3)                    /*选项为3*/
    {
        printf("Processing Open\n");
    }
    else                                      /*选项为其他数值*/
    {
        printf("Processing Quit\n");
    }
    return 0;
}
```

（1）程序中使用 printf() 函数将可以进行选择的菜单输出，然后输出提示信息，提示用户输入选项，选择一个菜单选项进行操作。

（2）假设输入的数字为 3，变量 iSelection 将输入的数字保存，用来执行后续判断。

（3）判断 iSelection 的值，可以看到使用 if 语句判断 iSelection 的值是否等于 1，使用 else if 语句判断 iSelection 的值等于 2 或 3 的情况，如果都不满足则会执行 else 语句后的语句块。因为 iSelection 的值为 3，所以表达式 iSelection==3 为真，执行相应 else if 语句后的语句块，输出提示信息。

运行程序，显示结果如图 6-6 所示。

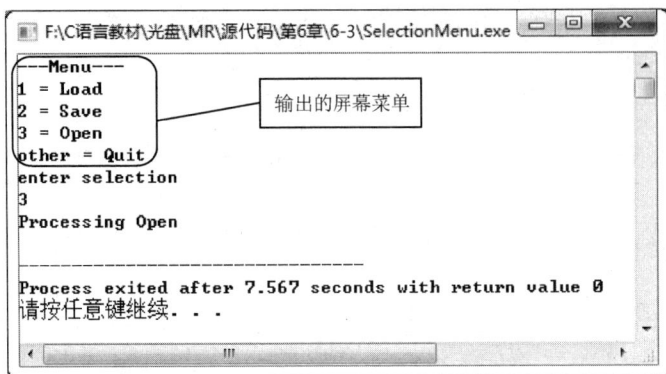

图 6-6　使用 else if 语句编写屏幕菜单程序

6.3　if 语句的嵌套形式

若 if 语句中包含一个或多个 if 语句，此种情况称为 if 语句的嵌套。其一般形式如下。

if 语句的嵌套形式

```
if(表达式1)
    if(表达式2)      语句块1
    else             语句块2
else
    if(表达式3)      语句块3
    else             语句块4
```

if 语句的嵌套功能是对判断的条件进行细化，然后进行相应的操作。

这就好比人们在生活中，每天早上醒来的时候想一下今天是星期几，如果是周末就休息，如果不是周末就要上班；同时，休息日可能是星期六或者是星期日，星期六就和朋友去逛街，星期日就在家陪家人。

用 if 语句的嵌套的一般形式表示：if 语句判断表达式 1 就像判断今天是星期几，假设判断结果为真，则用 if 语句判断表达式 2，这就像判断出今天是休息日，然后判断今天是不是星期六，如果 if 语句判断表达式 2 为真，那么执行语句块 1；如果不为真，那么执行语句块 2。例如，如果为星期六就和朋友逛街，如果为星期日就在家陪家人。外层的 else 语句表示今天不为休息日时的相应操作。代码如下。

```
if(iDay>Friday)                          /*判断是否为休息日*/
{
    if(iDay==Saturday)                   /*判断是否为星期六*/
    { }
    else                                 /*为星期日时的操作*/
    { }
}
else                                     /*不为休息日的情况*/
{
    if(iDay==Monday)                     /*为星期一时的操作*/
    { }
    else
```

```
        { }
    }
```

上面的代码表示整个 if 语句嵌套的操作过程，首先判断是否为休息日，然后根据判断的结果选择相应的操作。

前面介绍过，使用 if 语句时，如果只有一条语句则可以不用大括号。修改上面的代码，让其先判断是否为工作日，然后在工作日中只判断星期一的情况。例如：

```
if(iDay<Friday)                          /*判断是否为工作日*/
    if(iDay==Monday)                     /*判断是否为星期一*/
    { }
else
    if(iDay==Saturday)                   /*判断是否为星期六*/
    { }
    else
    { }
```

原本这段代码的作用是先判断是否为工作日，如果是工作日则判断是否为星期一，如果不是工作日则判断是否是星期六，否则就是星期日。但是因为 else 总是与其上面最近的未配对的 if 进行配对，所以第一个 else 与第二个 if 配对，形成内嵌 if 语句块，这样就无法满足设计的要求。如果为 if 语句后的语句块加上大括号，就可以避免出现这种情况。因此建议读者即使是一条语句也要使用大括号。

【例 6-4】 使用 if 嵌套语句选择日程安排。

在本实例中，使用 if 嵌套语句对输入的数据逐步进行判断，最终选择执行相应的操作。

```
#include<stdio.h>

int main()
{
    int iDay=0;                          /*定义变量，表示输入的日期*/
    /*定义变量，代表一周中的每一天*/
    int Monday=1,Tuesday=2,Wednesday=3,Thursday=4,
        Friday=5,Saturday=6,Sunday=7;

    printf("enter a day of week to get course:\n"); /*输出提示信息*/
    scanf("%d",&iDay);                   /*输入日期*/

    if(iDay>Friday)                      /*判断是否为休息日*/
    {
        if(iDay==Saturday)               /*为星期六时*/
        {
            printf("Go shopping with friends\n");
        }
        else                             /*为星期日时*/
        {
            printf("At home with families\n");
```

选择结构程序设计 **第6章**

```
        }
    }
    else                                    /*为工作日的情况*/
    {
        if(iDay==Monday)                    /*为星期一时*/
        {
            printf("Have a meeting in the company\n");
        }
        else                                /*为其他日期时*/
        {
            printf("Working with partner\n");
        }
    }
    return 0;
}
```

（1）在程序中定义变量 iDay 用来存储输入的数值，而其他变量表示一周中的每一天。

（2）在程序运行时，假设输入"6"，代表选择星期六。

（3）if 语句判断表达式 iDay>Friday，如果表达式成立则表示输入的是休息日，否则执行 else 语句中的语句块。如果判断为真，则再利用 if 语句判断变量 iDay 的值是否等于变量 Saturday 的值，如果等于则执行后面的语句，输出信息表示星期六和朋友去逛街，否则执行 else 语句，输出信息表示星期日在家陪家人。

（4）因为变量 iDay 存储的数值为 6，大于 Friday 的值，并且变量 iDay 的值等于变量 Saturday 的值，所以输出信息表示星期六和朋友去逛街。

运行程序，显示结果如图 6-7 所示。

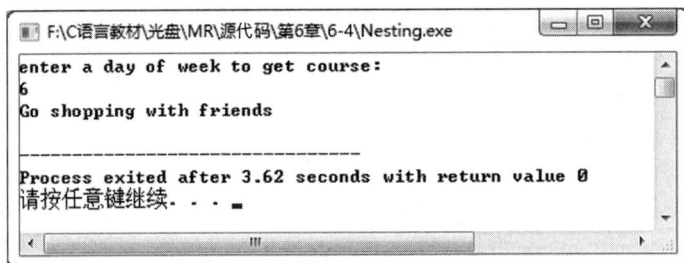

图 6-7　使用 if 嵌套语句选择日程安排

6.4　条件运算符

在使用 if 语句时，可以通过判断表达式为真或假而执行相应的操作。例如：

条件运算符

```
if(a>b)
    {max=a;}
else
    {max=b;}
```

上面的代码可以用条件运算符"? :"进行简化，例如：

```
max=(a>b)?a:b;
```

条件运算符的作用是对一个表达式的真值或假值结果进行检验，然后根据检验结果返回另外两个表达式中的一个。条件运算符的一般形式如下。

表达式 1?表达式 2:表达式 3;

在运算过程中，首先对表达式 1 的值进行检验。如果表达式 1 的值为真，则返回表达式 2 的结果；如果值为假，则返回表达式 3 的结果。例如上面使用条件运算符的代码，首先判断表达式 a>b 是否成立，成立则说明结果为真，将变量 a 的值赋给变量 max；否则说明结果为假，将变量 b 的值赋给变量 max。

【例 6-5】 使用条件运算符计算欠款金额。

本实例要求在还欠款时，如果还钱的时间过期，则会在欠款金额的基础上增加 10%的罚款。其中使用条件运算符进行判断、选择。

```c
#include<stdio.h>

int main()
{
    float fDues;                        /*定义变量，表示欠款金额*/
    float fAmount;                      /*定义变量，表示要还的总欠款金额*/
    int iOntime;                        /*定义变量，表示是否按时归还欠款*/
    char cChar;                         /*定义变量，用来接收用户输入的字符*/

    printf("Enter dues amount:\n");     /*输出提示信息，提示输入欠款金额*/
    scanf("%f",&fDues);                 /*用户输入数据*/
    printf("On Time? (y/n)\n");         /*输出提示信息，提示是否按时还款*/
    getchar();                          /*得到回车符*/
    cChar=getchar();                    /*得到输入的字符*/
    iOntime=(cChar=='y')?1:0;           /*使用条件运算符根据字符进行选择操作*/
    fAmount=iOntime?fDues:(fDues*1.1);  /*使用条件运算符根据变量 iOntime 的值进行选择操作*/
    printf("the Amount is:%.2f\n",fAmount);/*将应还的总欠款金额输出*/
    return 0;
}
```

（1）在程序中，定义变量 fDues 表示欠款金额，变量 fAmount 表示应该还款的金额，变量 iOntime 表示是否按时还款，变量 cChar 用来接收用户输入的字符。

（2）通过运行程序时的提示信息，用户输入数据。假设用户输入的欠款金额为 100，然后提示是否按时还款。用户输入 "y" 表示按时还款，输入 "n" 表示没有按时还款。

（3）假设用户输入 "n"，表示没有按时还款。接下来使用条件运算符判断表达式 cChar=='y'是否成立，当表达式成立时，将 "?" 后的 1 赋给变量 iOntime；当表达式不成立时，将 0 赋给变量 iOntime。此时因为表达式 cChar=='y'不成立，所以变量 iOntime 的值为 0。

（4）使用条件运算符对变量 iOntime 的值进行判断，如果变量 iOntime 的值为真，则说明还款金额为原来的欠款金额，返回变量 fDues 的值给变量 fAmount。若变量 iOntime 的值为假，则说明没有按时还款，要加上 10%的罚金，返回表达式 fDues*1.1 的值给变量 fAmount。此时因为变量 iOntime 的值为 0，所以变量 fAmount 的值为表达式 fDues*1.1 的值。

运行程序，显示结果如图 6-8 所示。

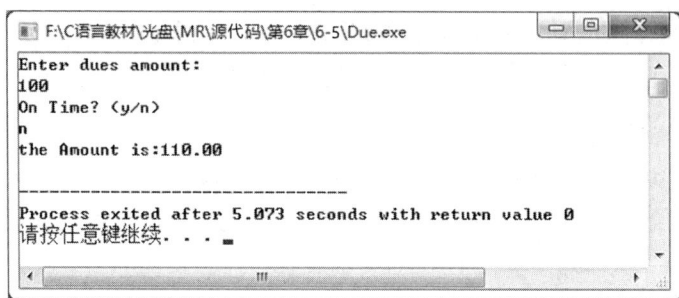

图 6-8　使用条件运算符计算欠款金额

6.5　switch 语句

从前文可知，if 语句只有两个分支可供选择，而在实际问题中常需要用到多分支的选择。当然，使用嵌套的 if 语句可以实现多分支的选择，但是如果分支较多，就会使得嵌套的 if 语句层数较多，程序冗余并且可读性不高。C 语言中可以使用 switch 语句直接处理多分支选择的情况，将程序的代码可读性提高。

6.5.1　switch 语句的基本形式

switch 语句是多分支选择语句。例如，检验某一个整型变量的可能取值，那么可以用 switch 语句。switch 语句的一般形式如下。

switch 语句的
基本形式

```
switch(表达式)
{
    case 情况1:
        语句块1;
    case 情况2:
        语句块2;
    …
    case 情况n:
        语句块n;
    default:
        默认情况语句块;
}
```

switch 语句的程序流程图如图 6-9 所示。

通过流程图分析 switch 语句的一般形式，switch 后面括号中的表达式就是要进行检验的条件。在 switch 语句中，使用 case 关键字表示符合检验条件的各种情况，其后的语句块是相应的操作。其中还有一个 default 关键字，其作用是如果没有符合检验条件的情况，那么执行 default 后的默认情况语句块。

> 说明：switch 语句检验的条件必须是整型表达式，这意味着其中可以包含运算符和函数。而 case 语句检验的值必须是整型常量，也可以是常量表达式或者常量运算。

通过如下代码分析 switch 语句的使用方法。

```
switch(selection)
```

```
{
case 1:
    printf("Processing Receivables\n");
    break;
case 2:
    printf("Processing Payables\n");
    break;
case 3:
    printf("Quitting\n");
    break;
default:
    printf("Error\n");
    break;
}
```

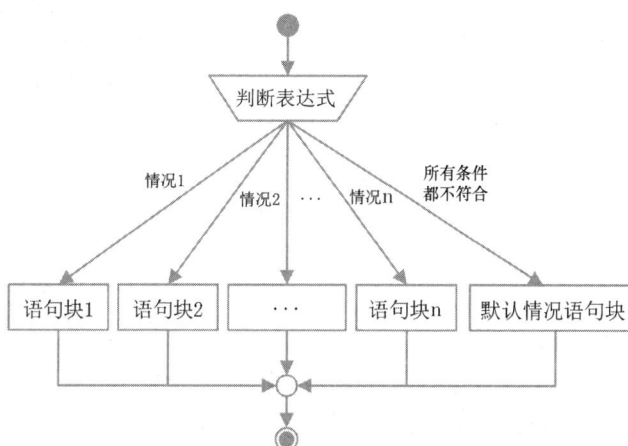

图 6-9 switch 语句的程序流程图

其中 switch 语句判断变量 selection 的值，利用 case 语句检验 selection 的值的不同情况。假设 selection 的值为 2，那么执行 case 为 2 时的操作，执行后跳出 switch 语句。如果 selection 的值不是 case 语句中列出的情况，那么执行 default 中的语句。在每一个 case 或 default 语句后都有一个 break 语句，用于跳出 switch 语句，不再执行 switch 下面的代码。

⚠️注意：在使用 switch 语句时，如果没有一个 case 语句后面的值能匹配 switch 语句的条件，就执行 default 语句后面的代码。其中任意两个 case 语句不能使用相同的常量；并且每一个 switch 语句只能有一个 default 语句，而且 default 可以省略。

【例 6-6】 使用 switch 语句输出分数段。

在本实例中，要求按照考试成绩的等级输出分数段，并使用 switch 语句来判断分数的情况。

```
#include<stdio.h>

int main()
{
    char cGrade;                              /*定义变量，表示分数的等级*/
    printf("please enter your grade\n");      /*输出提示信息*/
    scanf("%c",&cGrade);                      /*输入分数的等级*/
```

```
        printf("Grade is about:");                      /*输出提示信息*/
        switch(cGrade)                                    /*使用switch语句判断*/
        {
        case 'A':                                         /*分数等级为A的情况*/
            printf("90~100\n");                          /*输出分数段*/
            break;                                        /*跳出*/
        case 'B':                                         /*分数等级为B的情况*/
            printf("80~89\n");                           /*输出分数段*/
            break;                                        /*跳出*/
        case 'C':                                         /*分数等级为C的情况*/
            printf("70~79\n");                           /*输出分数段*/
            break;                                        /*跳出*/
        case 'D':                                         /*分数等级为D的情况*/
            printf("60~69\n");                           /*输出分数段*/
            break;                                        /*跳出*/
        case 'F':                                         /*分数等级为F的情况*/
            printf("<60\n");                             /*输出分数段*/
            break;                                        /*跳出*/
        default:                                          /*默认情况*/
            printf("You enter the char is wrong!\n");   /*输出提示错误的信息*/
            break;                                        /*跳出*/
        }
        return 0;
}
```

（1）在程序中，定义变量 cGrade，用来存储用户输入的等级。

（2）使用 switch 语句判断变量 cGrade，其中使用 case 关键字检验可能出现的等级情况，并且在每一个 case 语句的最后都会有 break 语句进行跳出。如果没有符合的情况，则会执行 default 后的默认语句。

⚠ **注意**：在 case 语句中的条件后有一个冒号 "："，在编写程序时不要忘记。

（3）假设用户输入的分数等级为 B，在 case 中检验分数等级为 B 的情况，执行该 case 后的语句块，将分数段输出。

运行程序，显示结果如图 6-10 所示。

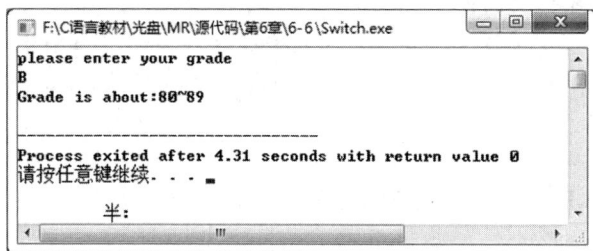

图 6-10　使用 switch 语句输出分数段

在使用 switch 语句时，每一个 case 中都要使用 break 语句。如果不使用 break 语句会出现什么情况呢？break 的作用是使程序在执行完 case 语句后跳出 switch 语句，如果没有 break 语句，后面的语句可能都会被执行。例如，将上面程序中的 break 注释掉，还是输入字符 "B"，运行程序，显示结果如图 6-11 所示。

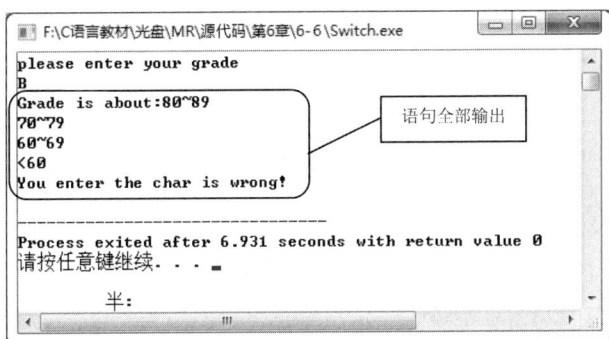

图 6-11 不加 break 的情况

从运行结果可以看出，当去掉 break 语句后，会将 case 检验相符情况后的所有语句输出。因此，break 语句在 case 语句中是不能缺少的。

【例 6-7】 修改日程安排程序。

在例 6-8 中，使用嵌套的 if 语句编写了日程安排程序，这里要求使用 switch 语句对程序进行修改。

```c
#include<stdio.h>

int main()
{
    int iDay=0;                                  /*定义变量，表示输入的日期*/

    printf("enter a day of week to get course:\n"); /*输出提示信息*/
    scanf("%d",&iDay);                           /*输入日期*/

    switch(iDay)
    {
    case 1:                                      /*iDay 的值为 1 时*/
        printf("Have a meeting in the company\n");
        break;
    case 6:                                      /*iDay 的值为 6 时*/
        printf("Go shopping with friends\n");
        break;
    case 7:                                      /*iDay 的值为 7 时*/
        printf("At home with families\n");
        break;
    default:                                     /*iDay 的值为其他情况时*/
        printf("Working with partner\n");
        break;
    }
    return 0;
}
```

在程序中，使用 switch 语句将原来的 if 语句都替换掉，使得程序的结构更加清晰，易于观察。在使用 case 进行检验时，case 检验的条件只能是常量或者常量表达式，因此在这里不能对变量进行检验。

运行程序，显示结果如图 6-12 所示。

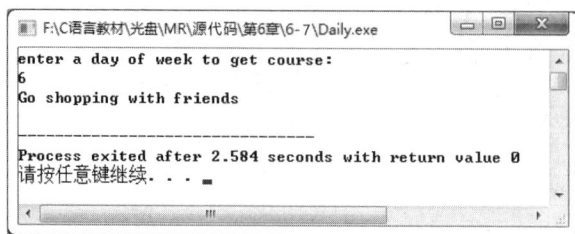

图 6-12 修改日程安排程序

6.5.2 多路开关模式的 switch 语句

在例 6-6 中，将 break 语句去掉之后，会将符合检验条件后的所有语句都输出。利用这个特点，可以设计多路开关模式的 switch 语句，其一般形式如下。

多路开关模式的
switch 语句

```
switch(表达式)
{
    case 1:
        语句1
        break;
    case 2:
    case 3:
        语句2
        break;
    …
    default:
        默认语句
        break;
}
```

可以看到如果在 case 2 后不使用 break 语句，那么符合 case 2 检验时的效果与符合 case 3 检验时的效果是一样的。也就是说，使用多路开关模式的 switch 语句使得多种检验条件使用一种解决方式。

【例 6-8】 使用 switch 语句设计欢迎界面的菜单选项。

在第 14 章的综合开发实例——趣味俄罗斯方块中，设计了一个游戏的欢迎界面，在此界面中可以进行功能选择，如图 6-13 所示。

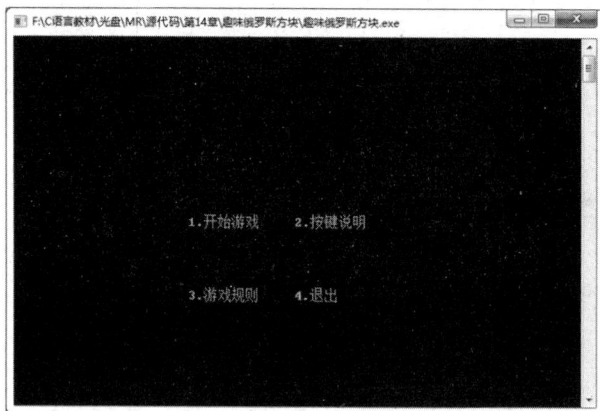

图 6-13 欢迎界面

本实例要求使用 switch 语句输出 4 种选择，如果选择"1"，则输出"您选择了'1. 开始游戏'选项"；如果选择"2"，则输出"您选择了'2. 按键说明'选项"；如果选择"3"，则输出"您选择了'3. 游戏规则'选项"；如果选择"4"，则输出"您选择了'4. 退出'选项"。另外不必输出文字颜色。代码如下。

```
#include <stdio.h>
#include <conio.h>

int main()
{
    int n;
    printf("\n\n\t1.开始游戏");
    printf("\t2.按键说明\n");
    printf("\t3.游戏规则");
    printf("\t4.退出\n\n");
    printf("\t 请选择[1 2 3 4]:[ ]\b\b");
    scanf("%d", &n);                    //输入选项
    switch (n)
    {
        case 1:
        printf("\n\t 您选择了'1.开始游戏'选项");
            break;
        case 2:
            printf("\n\t 您选择了'2.按键说明'选项");
            break;
        case 3:
            printf("\n\t 您选择了'3.游戏规则'选项");
            break;
        case 4:
            printf("\n\t 您选择了'4.退出'选项");
            break;
    }
}
```

在程序中，使用了转义字符，如\n 表示换行；\t 表示一个制表符的距离；\b 表示退格。运行程序，显示结果如图 6-14 所示。

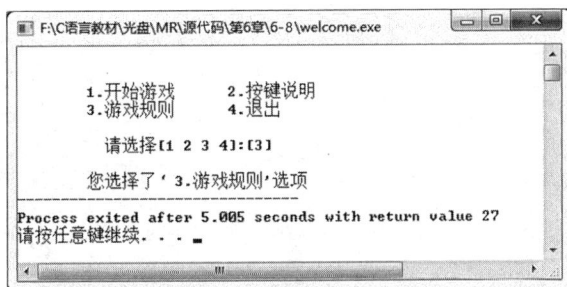

图 6-14　使用 switch 语句设计欢迎界面的菜单选项

6.6　if…else 语句和 switch 语句的区别

if…else 语句和 switch 语句都用于根据不同的检验条件做出相应的判断。那么 if…else 语句和 switch 语句有什么区别呢？下面从两者的语法和效率的比较进行介绍。

if…else 语句和
switch 语句的区别

1. 语法的比较

在 if...else 语句中，if 是配合 else 使用的，而在 switch 语句中，switch 是配合 case 使用的；if...else 语句先对条件进行判断，而 switch 语句后对条件进行判断。

2. 效率的比较

在 if...else 语句中，对少量的条件判断的检验速度比较快，但是随着检验量的增加会逐渐变慢，其中默认情况是最慢的。使用 if...else 语句可以判断表达式，但是不能减缓随着选择深度的增加检验速度变慢的趋势，并且不容易进行后续的扩充。

在 switch 语句中，每一项 case 的检验速度都是相同的，而默认情况比其他情况都快。

当判定的情况占少数时，if...else 语句的检验速度比 switch 语句的检验速度快。也就是说，如果分支在 3 个或者 4 个以下，用 if...else 语句比较好，否则选择 switch 语句。

【例 6-9】 if...else 语句和 switch 语句的综合应用。

在本实例中，要求设计程序通过输入月份得到这个月所包含的天数。根据判断数量的情况选择使用 if...else 语句或 switch 语句。

```c
#include<stdio.h>

int main()
{
    int iMonth=0,iDay=0;                              /*定义变量*/
    printf("enter the month you want to know the days\n");  /*输出提示信息*/
    scanf("%d",&iMonth);                             /*输入数据*/
    switch(iMonth)                                    /*检验变量*/
    {
    /*使用多路开关模式的switch语句进行检验*/
    case 1:                                           /*1表示1月*/
    case 3:
    case 5:
    case 7:
    case 8:
    case 10:
    case 12:
        iDay=31;                                      /*为iDay赋值31*/
        break;                                        /*跳出switch语句*/
    case 4:
    case 6:
    case 9:
    case 11:
        iDay=30;                                      /*为iDay赋值30*/
        break;                                        /*跳出switch语句*/
    case 2:
        iDay=28;                                      /*为iDay赋值28*/
        break;                                        /*跳出switch语句*/
    default:                                          /*默认情况*/
        iDay=-1;                                      /*为iDay赋值-1*/
        break;                                        /*跳出switch语句*/
    }
```

```
        if(iDay==-1)                                    /*使用 if...else 语句判断 iDay 的值*/
        {
            printf("there is an error with your enter\n");
        }
        else                                            /*默认情况*/
        {
            printf("2010.%d has %d days\n",iMonth,iDay);
        }
        return  0;
}
```

因为要判断 12 个月所包含的天数，所以要对 12 种不同的情况进行检验。由于检验数量比较多，所以使用 switch 语句判断月份比较合适，并且可以使用多路开关模式的 switch 语句，使得程序更加简洁。其中 case 语句用来判断 iMonth 的情况，并且为 iDay 赋值。default 语句为输入的月份不符合检验条件时，为 iDay 赋值-1。

switch 检验完成之后，要输出得到的天数，因为有可能天数为-1，也就是出现月份错误的情况。这时需要判断的情况只有两种，就是 iDay 是否为-1，检验的条件少，所以使用 if...else 语句更加方便。

运行程序，显示结果如图 6-15 所示。

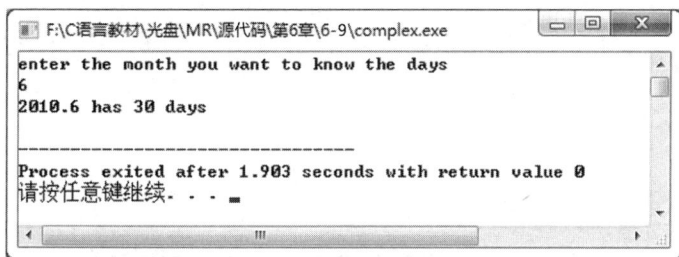

图 6-15   if...else 语句和 switch 语句的综合应用

6.7 借助 AIGC 工具编写实例

在程序设计和代码优化的过程中，使用 AIGC 工具可以提供有力的支持。本节展示了如何利用 AIGC 工具来改进和优化程序的示例。

6.7.1 借助 AIGC 工具进一步优化日程安排

以下是借助 AIGC 工具进一步优化日程安排的对话示例。
【问题】
如何改进优化 6.3 节的【例 6-8】使用 if 嵌套语句选择日程安排的代码？
（此处给出具体的代码）
【AIGC 建议】
优化这段代码可以从多个方面入手，包括简化逻辑、增强可读性、减少重复代码以及改进输入验证。此外，我们还可以通过使用 switch 语句来替代多重 if...else 结构，使代码更加简洁和易于维护。以下是优化后的代码：

```
#include <stdio.h>
int main() {
    int iDay = 0;   // 定义变量表示输入的星期
    // 提示用户输入星期几
    printf("请输入一个数字 (1-7) 表示星期几 (1=周一, 2=周二, ..., 7=周日): ");
    // 检查输入是否为有效整数
    if (scanf("%d", &iDay) != 1 || iDay < 1 || iDay > 7) {
        printf("错误: 请输入 1 到 7 之间的有效数字。\n");
        return 1;
    }
    // 使用 switch 语句处理不同的星期几
    switch (iDay) {
        case 1:  // 周一
            printf("周一: 公司开会\n");
            break;
        case 2:  // 周二
        case 3:  // 周三
        case 4:  // 周四
        case 5:  // 周五
            printf("工作日: 与同事一起工作\n");
            break;
        case 6:  // 周六
            printf("周六: 和朋友一起去购物\n");
            break;
        case 7:  // 周日
            printf("周日: 在家与家人共度时光\n");
            break;
        default:
            // 这个分支理论上不会到达, 因为我们在前面已经检查了输入有效性
            printf("未知的星期几\n");
            break;
    }
    return 0;
}
```

6.7.2 借助 AIGC 工具获取 3 个数中的最大值

以下是借助 AIGC 工具获取 3 个数中的最大值的对话示例。

【问题】

使用 C 语言设计一个实例, 获取 3 个数中的最大值, 要求使用选择结构语句。

【AIGC 建议】

为了设计一个使用选择结构语句 (如 if...else 或 switch) 来获取 3 个数中最大的一个的实例, 我们可以编写一个简单的 C 语言程序。这个程序将从用户那里接收 3 个整数输入, 并通过比较这些数值来确定其中的最大值。我们将使用 if...else 语句来实现逻辑判断, 因为 switch 语句在这种情况下不太适用 (switch 通常用于离散值的匹配, 而不是范围或条件比较)。

```
#include <stdio.h>
int main() {
```

```
        int num1, num2, num3;
        int max;
        // 提示用户输入 3 个整数
        printf("请输入 3 个整数 (用空格分隔): ");
        if (scanf("%d %d %d", &num1, &num2, &num3) != 3) {
            printf("错误: 请输入 3 个有效的整数。\n");
            return 1;
        }
        // 使用 if…else 语句比较 3 个数, 找出最大值
        if (num1 >= num2 && num1 >= num3) {
            max = num1;
        } else if (num2 >= num1 && num2 >= num3) {
            max = num2;
        } else {
            max = num3;
        }
        // 输出最大值
        printf("3 个数中最大的是: %d\n", max);
        return 0;
    }
```

6.8 小结

本章首先介绍了 if 语句, 同时对 if…else 语句和 else if 语句进行了介绍, 为选择结构程序提供了更多的控制方式。然后介绍了 switch 语句, switch 语句用在检验的条件较多的情况, 如果使用嵌套的 if 语句也是可以实现的, 不过会降低程序的可读性。最后介绍了两种选择语句的区别。

掌握选择结构的程序设计方法是必要的, 这是程序设计中的重点。

第 6 章上机
指导

6.9 上机指导

制作简单计算器。

从键盘上输入数据进行加、减、乘、除等四则运算 (以 "a 运算符 b" 的形式输入), 判断输入的数据是否可以进行计算, 若能计算, 将计算结果输出。运行结果如图 6-16 所示。

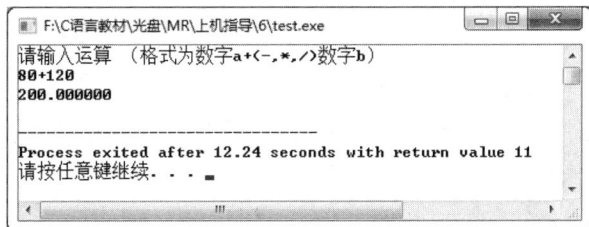

图 6-16　制作简单计算器

编程思路如下。

根据输入格式可以看出, 具体的数据是两个数值型、一个字符型, 字符型数据是四则运算的符号 "+" " – " "*" "/"。由于运算符的个数是固定的, 可以作为 case 后面的常量,

所以本实例可用 switch 语句来解决问题。

6.10 习题

6-1 使用多路开关模式的 switch 语句编写日程安排程序。

6-2 利用选择结构设计一个程序，使其能计算如下函数。

$$\begin{cases} y=x & (x<1) \\ y=2x-1 & (1 \leqslant x < 10) \\ y=3x-11 & (x \geqslant 10) \end{cases}$$

当输入 x 值时，计算并输出 y 值。

6-3 设计一个程序，要求通过键盘输入 3 个整数，并输出其中的最大值。

6-4 已知某公司员工的底薪为 3500 元，员工的销售额与提成率如下。

销售额≤2000 元　　　　　　　没有提成

2000 元＜销售额≤5000 元　　　提成 8%

5000 元＜销售额≤10000 元　　 提成 10%

销售额＞10000 元　　　　　　 提成 12%

利用 switch 语句编写程序，求员工的工资。

6-5 检查字符类型，要求用户输入一个字符，通过对 ASCII 值范围的判断，输出判断的结果。

第7章 循环控制

本章要点

- 了解循环语句的概念。
- 掌握 while 语句的使用方法。
- 掌握 do...while 语句的使用方法。
- 掌握 for 语句的使用方法。
- 能够区分 3 种循环语句的特点和嵌套使用方法。
- 掌握使用转移语句控制程序的流程。

日常生活中有许多简单重复但又必要的工作，为完成这些工作需要花费很多时间。编写程序的目的就是使工作变得简单，使用计算机来处理这些重复的工作。

本章致力于使读者了解循环语句的特点，分别介绍 while 语句、do...while 语句和 for 语句 3 种循环语句，并且对这 3 种循环语句的区别进行介绍，最后介绍转移语句的相关内容。

7.1 循环语句

从第 6 章中我们了解到，程序在运行时可以通过判断、检验条件做出选择。此外，程序还必须能够重复实现某种功能，也就是反复执行一段命令，直到满足某个条件为止。

循环语句

这个重复的过程就称为循环。C 语言中有 3 种循环语句，即 while 语句、do...while 语句和 for 语句。循环结构是结构化程序设计的基本结构之一，因此熟练掌握循环结构是程序设计的基本要求。

7.2 while 语句

while 语句

while 语句可以执行循环结构，其一般形式如下。

while(表达式)语句块

while 语句的执行流程图如图 7-1 所示。

while 语句首先判断条件，也就是括号中的表达式。当条件为真时，就执行紧跟其后的语句块。每执行一遍循环，程序都将回到 while 语句开始处，重新判断条件。如果一开始条件就为假，则跳过循环体中的语句，直接执行后面的程序代码。如果第一次判断时条件为真，那么在其后的循环过程中，必须有使得条件为假的操作，否则循环无法终止。

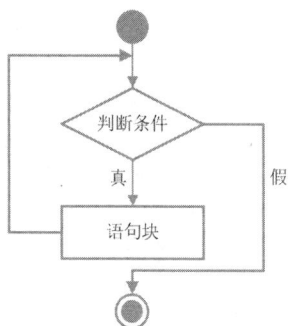

图 7-1　while 语句的执行流程图

📖 **说明**：无法终止的循环常被称为死循环或者无限循环。

例如下面的代码。

```c
while(iSum<100)
{
    iSum+=1;
}
```

在这段代码中，while 语句首先判断变量 iSum 的值是否小于常量 100，如果小于 100，为真，那么执行紧跟其后的语句块；如果不小于 100，为假，那么跳过语句块直接执行下面的程序代码。在语句块中，可以看到对变量 iSum 进行加 1 运算，这里的加 1 运算就是在循环过程中使条件为假的操作，也就是使得变量 iSum 不小于 100，否则程序会一直循环下去。

【例 7-1】 计算从 1 累加到 100 的结果。

本实例计算 1～100 所有数字的总和，使用循环语句可以将 1～100 的数字进行逐次加运算，直到 while 判断条件为假为止。

```c
#include<stdio.h>

int main()
{
    int iSum=0;                              /*定义变量并赋初值，表示计算的结果*/
    int iNumber=1;                           /*定义变量并赋初值，表示 1～100 的数字*/

    while(iNumber<=100)                      /*使用 while 语句*/
    {
        iSum=iSum+iNumber;                   /*进行累加*/
        iNumber++;                           /*数字自增*/
    }
    printf("the result is: %d\n",iSum);      /*将结果输出*/
```

```
        return 0;
    }
```

（1）在程序中，因为要计算 1～100 的数字的累加结果，所以要定义两个变量，其中 iSum 表示计算的结果，iNumber 表示 1～100 的数字。并为 iSum 赋值 0，为 iNumber 赋值 1。

（2）使用 while 语句判断 iNumber 的值是否小于等于 100，如果条件为真，则执行其后的语句块；如果条件为假，则跳过语句块执行后面的代码。由于 iNumber 的初始值为 1，判断条件为真，因此执行语句块。

（3）在语句块中，iSum 等于先前计算的结果加上现在 iNumber 的值，完成累加操作。iNumber++ 表示自身加 1 操作。语句块执行结束后，while 语句再次判断新的 iNumber 的值是否小于等于 100。也就是说，"iNumber++;"可以使得循环停止。

（4）当 iNumber 的值大于 100 时，循环结束，将 iSum 输出。

运行程序，显示结果如图 7-2 所示。

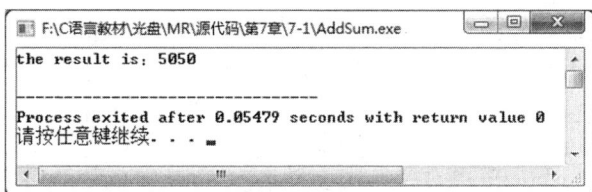

图 7-2　计算从 1 累加到 100 的结果

7.3　do...while 语句

有些情况下，不论条件是否满足，必须至少执行一次循环，这时可以采用 do...while 语句。do...while 语句的特点就是先执行循环语句，然后判断循环条件是否成立。do...while 语句的一般形式为：

do...while 语句

```
do
    循环语句
while(表达式);
```

do...while 语句的执行流程图如图 7-3 所示。

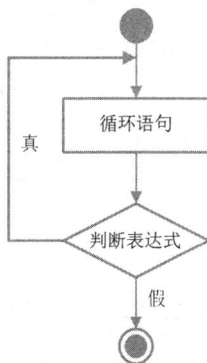

图 7-3　do...while 语句的执行流程图

循环控制／第 7 章

do...while 语句首先执行循环语句，然后判断表达式，当表达式的值为真时，重新执行循环语句，直到表达式的值为假时循环结束。

> **说明**：while 语句和 do...while 语句的区别：while 语句在每次循环之前检验条件，do...while 语句在每次循环之后检验条件。这可以从两种循环结构的代码上看出来，while 语句中的 while 语句出现在循环体的前面，do...while 语句中的 while 语句出现在循环体的后面。

例如下面的代码。

```
do
{
    iNumber++;
}
while(iNumber<100);
```

在上面的代码中，首先执行 iNumber++ 的操作，也就是说，不管 iNumber 的值是否小于 100 都会执行一次循环语句。然后判断 while 后括号中的表达式，如果 iNumber 的值小于 100，则再次执行循环语句，大于等于 100 时执行下面的程序。

> ⚠️ **注意**：在使用 do...while 语句时，表达式要放在 while 关键字后面的括号中，最后必须加上一个分号，这是许多初学者容易忘记的。

【例 7-2】 使用 do...while 语句计算 1～100 的累加结果。

在 7.2 节中，计算 1～100 所有数字的累加结果使用的是 while 语句，在本实例中使用 do...while 语句实现相同的功能。在程序运行过程中，虽然两者的运行结果是相同的，但是要了解其中的区别。

```
#include<stdio.h>

int main()
{
    int iNumber=1;                         /*定义变量并赋初值，表示 1～100 的数字*/
    int iSum=0;                            /*定义变量并赋初值，表示计算的总和*/

    do
    {
        iSum=iSum+iNumber;                 /*计算累加结果*/
        iNumber++;                         /*进行自身加 1 操作*/
    }
    while(iNumber<=100);                   /*检验条件*/

    printf("the result is: %d\n",iSum);    /*输出计算结果*/
    return 0;
}
```

（1）在程序中，定义变量 iNumber 表示 1～100 的数字，而变量 iSum 表示计算的总和。

（2）do 关键字之后是循环语句，其中进行累加操作，并对变量 iNumber 进行自增操作。

循环语句下方是 while 语句，如果表达式为真，则继续执行循环语句；为假，则执行下面的代码。

（3）在循环操作完成之后，将计算结果输出。

运行程序，显示结果如图 7-4 所示。

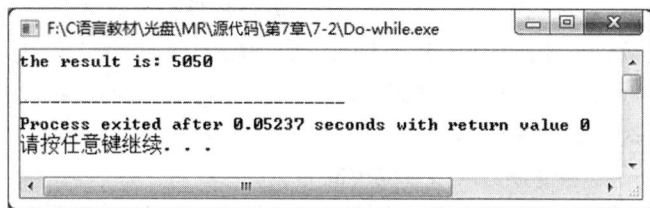

图 7-4　使用 do...while 语句计算 1～100 的累加结果

7.4　for 语句

C 语言中，使用 for 语句也可以控制循环，并且可以在每一次循环时修改循环变量。在循环语句中，for 语句十分灵活，不仅可以用于循环次数已经确定的情况，而且可以用于循环次数不确定且只给出循环结束条件的情况。下面将对 for 语句进行详细的介绍。

7.4.1　for 语句的使用

for 语句的一般形式为：

```
for(表达式 1;表达式 2;表达式 3)
    循环语句
```

每条 for 语句包含 3 个用分号隔开的表达式。这 3 个表达式用一对圆括号括起来，其后紧跟着循环语句或语句块。当执行到 for 语句时，程序首先计算表达式 1 的值，接着判断表达式 2 的值。如果表达式 2 的值为真，程序就执行循环语句，并计算表达式 3 的值，然后判断表达式 2 的值，如果表达式 2 的值仍为真，则执行循环语句，如此反复，直到表达式 2 的值为假，退出循环。

for 语句的执行流程图如图 7-5 所示。

for 语句的执行过程如下。

（1）计算表达式 1 的值。

（2）判断表达式 2 的值，若其值为真，则执行循环语句，然后执行步骤（3）；若其值为假，则结束循环，执行步骤（5）。

（3）计算表达式 3 的值。

（4）继续执行步骤（2）。

（5）循环结束，执行 for 语句下面的语句。

for 语句简单的应用形式如下。

图 7-5　for 语句的执行流程图

```
for(为循环变量赋初值;循环条件;修改循环变量) 循环语句
```

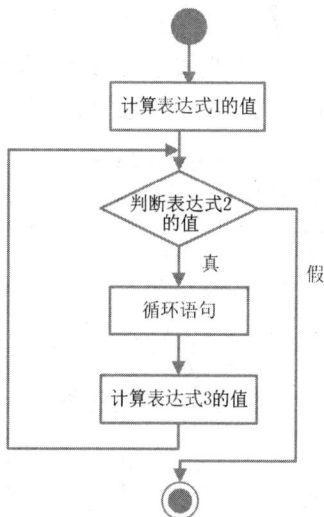

循环控制　第 7 章

例如实现一个循环操作：

```
for(i=1;i<100;i++)
{
    printf("the i is:%d",i);
}
```

在上面的代码中，表达式 1 是对循环变量 i 进行赋值操作，表达式 2 是判断循环条件是否为真。因为变量 i 的初值为 1，小于 100，所以执行循环语句。表达式 3 是在每一次循环后对循环变量执行的操作，然后再判断表达式 2 的值：为真时，继续执行循环语句；为假时，循环结束，执行后面的代码。

【例 7-3】 输出趣味俄罗斯方块游戏的边框。

在第 14 章的综合开发实例——趣味俄罗斯方块中，设计了俄罗斯方块的游戏窗口。在游戏窗口中，显示了游戏边框，如图 7-6 所示。

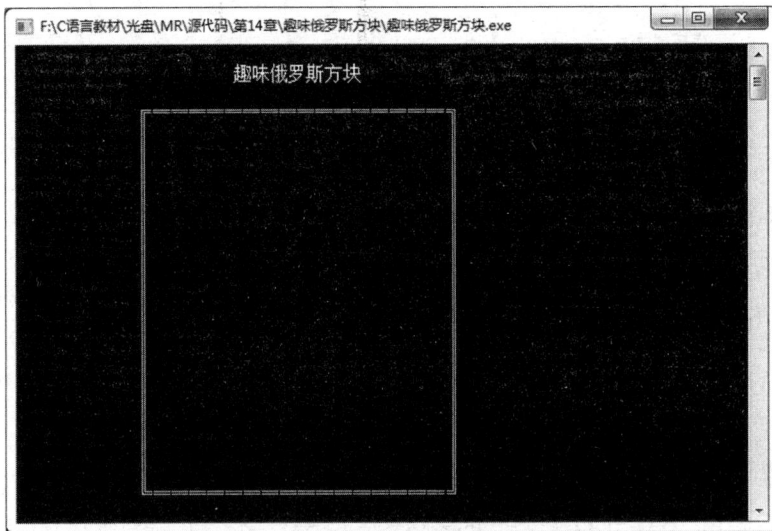

图 7-6　趣味俄罗斯方块中的游戏边框

本实例要求使用 for 语句输出游戏边框，不必输出彩色文字，设置控制台的背景颜色为白色，文字颜色为黑色。

```
#include <stdio.h>
#include <conio.h>
#include <windows.h>

HANDLE hOut;                                            //控制台句柄

/**
 * 获取屏幕光标的位置
 */
void gotoxy(int x, int y)
{
    COORD pos;
    pos.X = x;    //横坐标
    pos.Y = y;    //纵坐标
```

```
        SetConsoleCursorPosition(GetStdHandle(STD_OUTPUT_HANDLE), pos);
}

int main()
{
    int i,j;
    int FrameY = 3;
    int FrameX = 13;
    int Frame_width = 18;
    int Frame_height = 20;

    gotoxy(FrameX+Frame_width-7,FrameY-2);          //设置游戏名称的位置
    printf("趣味俄罗斯方块");                          //输出游戏名称

    gotoxy(FrameX,FrameY);
    printf("╔");                                    //输出框角
    gotoxy(FrameX+2*Frame_width-2,FrameY);
    printf("╗");
    gotoxy(FrameX,FrameY+Frame_height);
    printf("╚");
    gotoxy(FrameX+2*Frame_width-2,FrameY+Frame_height);
    printf("╝");

    for(i=2;i<2*Frame_width-2;i+=2)
    {
        gotoxy(FrameX+i,FrameY);
        printf("=");                                //输出上横框
    }
    for(i=2;i<2*Frame_width-2;i+=2)
    {
        gotoxy(FrameX+i,FrameY+Frame_height);
        printf("=");                                //输出下横框
    }
    for(i=1;i<Frame_height;i++)
    {
        gotoxy(FrameX,FrameY+i);
        printf("║");                                //输出左竖框
    }
    for(i=1;i<Frame_height;i++)
    {
        gotoxy(FrameX+2*Frame_width-2,FrameY+i);
        printf("║");                                //输出右竖框
    }
    printf("\n\n");
}
```

在程序中，分别输出游戏边框的上横框、下横框、左竖框和右竖框，其中每一条边框都使用一个 for 语句来输出。

运行程序，显示结果如图 7-7 所示。

图 7-7　输出趣味俄罗斯方块中的游戏边框

7.4.2　for 语句的变体

通过 7.4.1 节可知 for 语句的一般形式中有 3 个表达式。在实际编写程序的过程中，对这 3 个表达式可以根据实际情况进行省略，接下来对不同情况进行介绍。

for 语句的变体

（1）for 语句中省略表达式 1

for 语句中表达式 1 的作用是对循环变量赋初值。如果 for 语句中省略了表达式 1，程序就会跳过这一步操作。因此，应在 for 语句之前给循环变量赋初值。例如：

```
for(;iNumber<10;iNumber++)
```

⚠️ 注意：当省略表达式 1 时，其后的分号不能省略。

【例 7-4】　省略 for 语句中的表达式 1。

在本实例中，同样实现 1~100 的累加计算，不过将 for 语句中表达式 1 省略。

```
#include<stdio.h>

int main()
{
    int iNumber=1;                    /*定义变量，为变量赋初值*/
    int iSum=0;                       /*保存计算结果*/
    /*使用 for 语句*/
    for(;iNumber<=100;iNumber++)
    {
        iSum=iNumber+iSum;            /*累加计算*/
    }
    printf("the result is:%d\n",iSum); /*输出计算结果*/
    return 0;
}
```

在程序中可以看到，在定义变量 iNumber 时直接为其赋初值。这样在使用 for 语句时就不用为变量 iNumber 赋初值，从而省略了表达式 1。

运行程序，显示结果如图 7-8 所示。

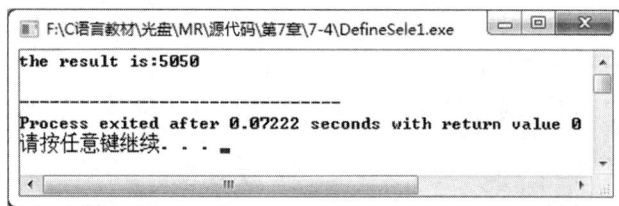

图 7-8　省略 for 语句中的表达式 1

（2）for 语句中省略表达式 2

如果省略表达式 2，即不判断循环条件，则循环会无终止地进行下去，即默认表达式 2 始终为真。例如：

```
for(iCount=1; ;iCount++)
{
    iSum=iSum+iCount;
}
```

在括号中，表达式 1 为赋值表达式，而表达式 2 是空缺的，这样就相当于使用如下 while 语句。

```
iCount=1;
while(1)
{
    iSum=iSum+iCount;
    iCount++;
}
```

⚠ **注意**：如果省略表达式 2，则程序将无限循环。

（3）for 语句中省略表达式 3

如果省略表达式 3，则程序员应该另外设法保证循环能正常结束，否则程序会无终止地循环下去。例如：

```
for(iCount=1;iCount<50;)
{
    iSum=iSum+iCount;
    iCount++;
}
```

（4）3 个表达式都省略

在 for 语句中如果既不为循环变量赋初值，又不判断条件，也没有改变循环变量的操作，程序会无终止地执行循环语句。例如：

```
for(; ;)
{
    语句
}
```

这种情况相当于 while 语句永远为真，例如：

```
while(1)
{
    语句
}
```

（5）表达式 1 为与循环变量赋值无关的表达式

表达式 1 可以是为循环变量赋值的表达式，也可以是与循环变量赋初值无关的其他表达式。例如：

```
for(iS=0; iCount<50;iCount++)
{
    iSum=iSum+iCount;
}
```

7.4.3 for 语句中的逗号应用

在 for 语句中的表达式 1 和表达式 3 处，除了可以使用简单的表达式外，还可以使用逗号表达式，即包含一个以上、中间用逗号间隔的简单表达式。例如在表达式 1 处为变量 iCount 和 iSum 赋初值，代码如下。

for 语句中的
逗号应用

```
for(iSum=0,iCount=1;iCount<100;iCount++)
{
    iSum=iSum+iCount;
}
```

或者执行两次循环变量自增操作：

```
for(iCount=1;iCount<100;iCount++,iCount++)
{
    iSum=iSum+iCount;
}
```

表达式 3 是逗号表达式。在逗号表达式内按照自左至右的顺序求解，整个逗号表达式的值为最右边的表达式的值。例如：

```
for(iCount=1;iCount<100;iCount++,iCount++)
```

其相当于：

```
for(iCount=1;iCount<100;iCount=iCount+2)
```

【例 7-5】 计算 1～100 中所有偶数的累加结果。

在本实例中，为循环变量赋初值的操作都放在 for 语句中，并且对循环变量进行两次自增操作，这样求出的结果就是所有偶数的和。

```
#include<stdio.h>

int main()
{
    int iCount,iSum;                                    /*定义变量*/
    /*在 for 语句中，为循环变量赋初值，并对循环变量进行两次自增运算*/
    for(iSum=0,iCount=0;iCount<=100;iCount++,iCount++)
    {
        iSum=iSum+iCount;                               /*进行累加计算*/
    }
```

```
    printf("the result is:%d\n",iSum);                      /*输出结果*/
    return 0;
}
```

在 for 语句中对变量 iSum、iCount 进行赋初值。每次循环语句执行完后进行两次 iCount++操作，最后将结果输出。

运行程序，显示结果如图 7-9 所示。

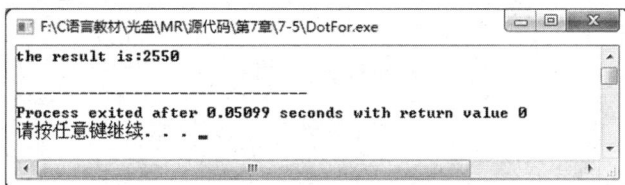

```
■ F:\C语言教材\光盘\MR\源代码\第7章\7-5\DotFor.exe
the result is:2550

--------------------------------
Process exited after 0.05099 seconds with return value 0
请按任意键继续. . . ▂
```

图 7-9   计算 1～100 中所有偶数的累加结果

7.5 3 种循环语句的比较

前面介绍了 3 种可以执行循环操作的语句，这 3 种循环语句可用来解决同一类问题。一般情况下这 3 种循环语句可以相互代替。下面是这 3 种循环语句在不同情况下的比较。

（1）while 语句和 do...while 语句只在 while 后面指定循环条件，在循环体中应包含使循环趋于结束的语句（如 i++或者 i=i+1 等）；for 语句可以在表达式 3 中包含使循环趋于结束的语句，并且可以将循环体中的操作全部放在表达式 3 中。因此 for 语句的功能更强，凡用 while 语句能完成的，用 for 语句都能实现。

（2）用 while 语句和 do...while 语句时，循环变量初始化的操作应在 while 和 do...while 语句之前完成；而 for 语句可以在表达式 1 中实现循环变量的初始化。

（3）while 语句、do...while 语句和 for 语句都可以用 break 语句跳出循环，用 continue 语句结束本次循环（break 语句和 continue 语句将在 7.7 节中进行介绍）。

7.6 循环嵌套

一个循环体内又包含另一个完整的循环结构，称为循环嵌套。内嵌的循环中还可以嵌套循环，这就是多层循环。

7.6.1 循环嵌套的结构

While 语句、do...while 语句和 for 语句之间可以互相嵌套。例如，下面几种嵌套方式都是正确的。

（1）while 语句中嵌套 while 语句。

```
while(表达式)
{
    语句
    while(表达式)
```

```
    {
        语句
    }
}
```

（2）do...while 语句中嵌套 do...while 语句。

```
do
{
    语句
    do
    {
        语句
    }
    while(表达式);
}
while(表达式);
```

（3）for 语句中嵌套 for 语句。

```
for(表达式①;表达式②;表达式③)
{
    语句
    for(表达式①;表达式②;表达式③)
    {
        语句
    }
}
```

（4）do...while 语句中嵌套 while 语句。

```
do
{
    语句
    while(表达式)
    {
        语句
    }
}
while(表达式);
```

（5）do...while 语句中嵌套 for 语句。

```
do
{
    语句
    for(表达式①;表达式②;表达式③)
    {
        语句
    }
}
while(表达式);
```

以上是一些循环嵌套的结构，当然还有不同结构的循环嵌套，在此不对每一项都进行列举，读者只要将每种循环嵌套的结构掌握好，就可以正确写出循环嵌套。

7.6.2 循环嵌套实例

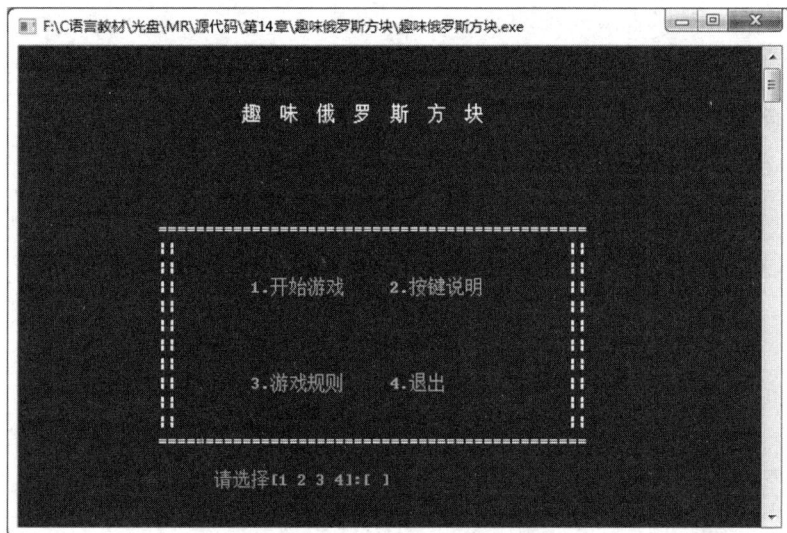

本节通过实例，使读者了解循环嵌套的使用方法。

【例 7-6】 使用循环嵌套输出游戏欢迎界面的边框。

在第 14 章的综合开发实例——趣味俄罗斯方块中，设计了游戏欢迎界面。在游戏欢迎界面中，显示了游戏边框，如图 7-10 所示。

图 7-10　趣味俄罗斯方块的游戏欢迎界面

本实例要求使用 for 语句嵌套输出游戏欢迎界面的边框，不必输出彩色文字，设置控制台的背景颜色为白色。

```c
#include <stdio.h>
#include <conio.h>
#include <windows.h>

HANDLE hOut;                                //控制台句柄

/**
 * 获取屏幕光标的位置
 */
void gotoxy(int x, int y)
{
    COORD pos;
    pos.X = x;                              //横坐标
    pos.Y = y;                              //纵坐标
    SetConsoleCursorPosition(GetStdHandle(STD_OUTPUT_HANDLE), pos);
}

int main()
{
    int n;
    int i,j;
    for (i = 9; i <= 20; i++)               //循环纵坐标，输出上下边框
    {
```

```c
    for (j = 15; j <= 60; j++)        //循环横坐标，输出左右边框
    {
        gotoxy(j, i);
        if (i == 9 || i == 20) printf("=");        //输出上下边框
        else if (j == 15 || j == 59) printf("||"); //输出左右边框
    }
}
gotoxy(25, 12);                        //设置输出位置
printf("1.开始游戏");                    //输出文字"1.开始游戏"
gotoxy(40, 12);
printf("2.按键说明");
gotoxy(25, 17);
printf("3.游戏规则");
gotoxy(40, 17);
printf("4.退出");
gotoxy(21,22);
printf("请选择[1 2 3 4]:[ ]\b\b");
scanf("%d", &n);                       //输入选项
switch (n)
{
    case 1:
        printf("\n\t您选择了'1.开始游戏'选项");
        break;
    case 2:
        printf("\n\t您选择了' 2.按键说明'选项");
        break;
    case 3:
        printf("\n\t您选择了' 3.游戏规则'选项");
        break;
    case 4:
        printf("\n\t您选择了' 4.退出'选项");
        break;
    }
}
```

上面的代码中，使用了 for 语句循环嵌套，一个 for 语句里面还有一个 for 语句。其中外层循环输出的是上下边框，内层循环输出的是左右边框。

运行程序，显示结果如图 7-11 所示。

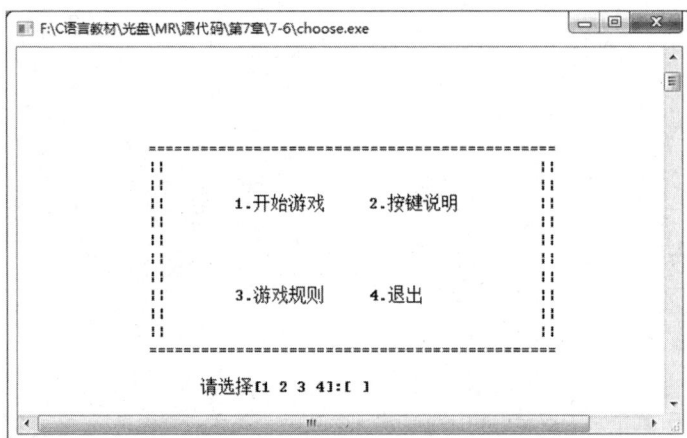

图 7-11　使用循环嵌套输出游戏欢迎界面的边框

7.7 转移语句

转移语句包括 goto 语句、break 语句和 continue 语句。这 3 种转移语句使得程序的执行流程可以按照这 3 种转移语句的使用方式转移。其中比较重要的是 break 语句和 continue 语句，下面将对这 2 种转移语句进行详细介绍。

7.7.1 break 语句

有时会遇到不管表达式检验的结果而强行终止循环的情况，这时可以使用 break 语句。break 语句的作用是终止并跳出循环，继续执行后面的代码。break 语句的一般形式为：

break 语句

```
break;
```

break 语句不能用于除循环语句和 switch 语句之外的任何其他语句中。例如在 while 语句中使用 break 语句。

```
while(1)
{
    printf("Break");
    break;
}
```

在代码中，虽然 while 语句是一个条件永远为真的循环，但是在其中使用 break 语句使得程序流程跳出循环。

⚠ **注意**：while 语句中的 break 语句和 switch 语句中的 break 语句的作用是不同的。

【例 7-7】 使用 break 语句跳出循环。

使用 for 语句执行输出 10 次的操作，在循环体中判断输出的次数。当循环 5 次时，使用 break 语句跳出循环，终止输出操作。

```
#include<stdio.h>

int main()
{
    int iCount;                                    /*定义循环控制变量*/
    for(iCount=0;iCount<10;iCount++)               /*执行 10 次循环*/
    {
        if(iCount==5)                              /*判断条件，如果 iCount 的值等于 5 则跳出循环*/
        {
            printf("Break here\n");
            break;                                 /*跳出循环*/
        }
        printf("the counter is:%d\n",iCount);      /*输出循环的次数*/
    }
    return 0;
}
```

变量 iCount 在 for 语句中被赋初值 0，因为 iCount<10，所以执行 10 次循环。在循环

体中使用 if 语句判断当前变量 iCount 的值。当变量 iCount 的值为 5 时，表达式为真，使用 break 语句跳出循环。

运行程序，显示结果如图 7-12 所示。

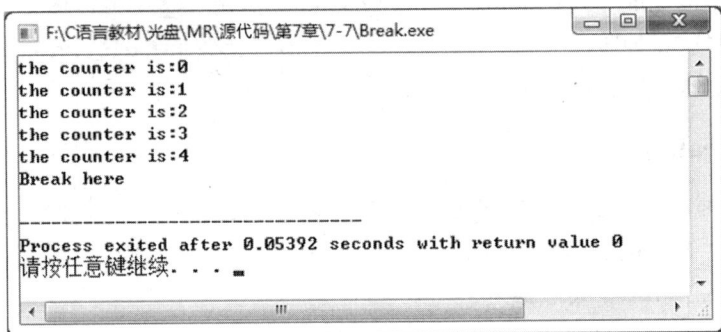

图 7-12　使用 break 语句跳出循环

7.7.2　continue 语句

在某些情况下，程序需要返回循环头部继续执行，而不是跳出循环，这时可以使用 continue 语句。continue 语句的一般形式为：

```
continue;
```

continue 语句

continue 语句的作用是结束本次循环，即跳过循环体中尚未执行的部分，接着执行下一次的循环。

⚠️注意：continue 语句和 break 语句的区别是：continue 语句只结束本次循环，而不是终止整个循环的执行；break 语句则是结束整个循环过程，不再判断循环的表达式是否成立。

【例 7-8】　使用 continue 语句结束本次循环。

本实例与使用 break 语句跳出循环的实例相似，区别在于将 break 语句改写成了 continue 语句。因为 continue 语句是结束本次循环，所以剩下的循环会继续执行。

```c
#include<stdio.h>
int main()
{
    int iCount;                              /*定义循环控制变量*/
    for(iCount=0;iCount<10;iCount++)         /*执行 10 次循环*/
    {
        if(iCount==5)                        /*判断条件，如果 iCount 的值等于 5 则跳出本次循环*/
        {
            printf("Continue here\n");
            continue;                        /*跳出本次循环*/
        }
        printf("the counter is:%d\n",iCount); /*输出循环的次数*/
    }
    return 0;
}
```

运行程序，显示结果如图 7-13 所示。

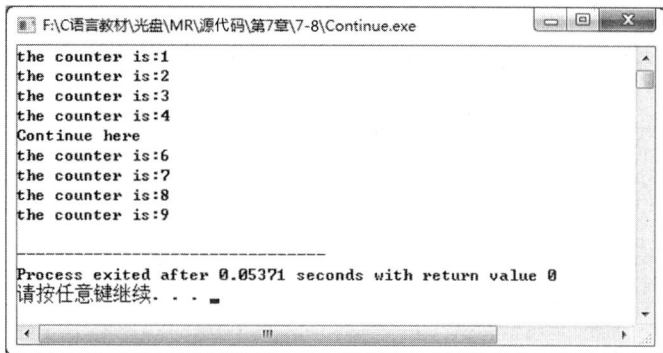

图 7-13　使用 continue 语句结束本次循环

通过程序的显示结果可以看到，在变量 iCount 的值等于 5 时，调用 continue 语句使得本次循环结束，但是循环本身没有结束，因此程序会继续执行。

7.8 借助 AIGC 工具编写实例

在学习 C 语言编程的过程中，使用 AIGC 工具可以提供有力的支持。本章展示了如何利用 AIGC 工具来帮助巩固本章所学的知识，设计相应的实例。以下是在 AIGC 工具中的一个可能的对话示例。

【问题】

使用 C 语言中的流程控制语句设计一个实例，模拟密码 3 次验证输入。

【AIGC 建议】

为了模拟密码 3 次验证输入的功能，我们可以编写一个 C 语言程序，该程序将提示用户输入密码，并允许最多 3 次尝试。如果用户在 3 次尝试内输入了正确的密码，则程序显示成功信息；否则，程序将显示错误信息并终止。

```
#include <stdio.h>
#include <string.h>  // 用于字符串比较
#define MAX_ATTEMPTS 3  // 最大尝试次数
#define PASSWORD "secret123"  // 预设的正确密码
int main() {
    char input[50];  // 用于存储用户输入的密码
    int attempt = 0;  // 记录尝试次数
    printf("欢迎使用密码验证系统\n");
    printf("请输入您的密码（您有 %d 次机会）:\n", MAX_ATTEMPTS);
    // 循环允许用户最多尝试 3 次
    for (attempt = 1; attempt <= MAX_ATTEMPTS; attempt++) {
        printf("尝试 %d: ", attempt);
        if (fgets(input, sizeof(input), stdin) != NULL) {
            // 去除输入中的换行符
            input[strcspn(input, "\n")] = '\0';
            // 比较用户输入的密码与预设的正确密码
            if (strcmp(input, PASSWORD) == 0) {
                printf("密码正确！验证通过。\n");
```

```
                    return 0;  // 成功退出
            } else {
                printf("密码错误，请重试。\n");
            }
        } else {
            printf("读取输入失败。\n");
            return 1;
        }
    }
    printf("对不起，您已用完所有尝试次数。系统将退出。\n");
    return 1;  // 失败退出
}
```

【运行结果】

```
欢迎使用密码验证系统
请输入您的密码（您有 3 次机会）：
尝试 1：wrongpassword
密码错误，请重试。
尝试 2：secret123
密码正确！验证通过。
```

7.9 小结

本章介绍了有关循环语句的内容，包括 while 语句、do...while 语句和 for 语句的使用方法。
了解循环结构的使用方法，可以在程序运行上节约很多时间，无须一条一条地进行操作。通过对 3 种循环语句进行比较，读者可以了解不同语句的区别，也可以发现三者的共同之处。本章最后介绍了有关转移语句的内容。转移语句使得程序设计更为灵活，使用 continue 语句可以结束本次循环而不终止整个循环，使用 break 语句可以结束整个循环过程。

7.10 上机指导

编程解决斐波那契数列问题。
斐波那契数列是一个非常著名的数列，在数学和计算机科学中有着广泛的应用，这个数列的特点是：从第 3 项开始，每一项都等于前两项之和。
斐波那契数列的前几项通常是这样的：0, 1, 1, 2, 3, 5, 8, 13, 21, 34……
斐波那契数列问题的运行结果如图 7-14 所示。

第 7 章上机指导

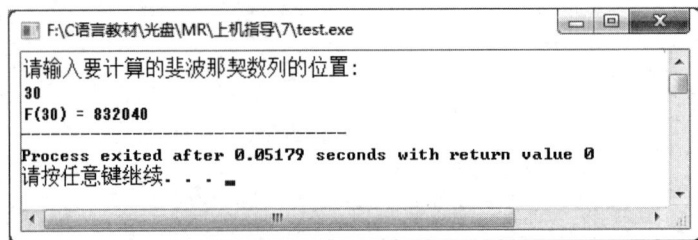

图 7-14　斐波那契数列问题的运行结果

编程思路如下。

斐波那契数列可以用递推公式表示。

F(0)=0；

F(1)=1；

对于所有的 n > = 2，F(n)=F(n−1)+F(n−2)。

因此用 C 语言中的循环语句解决斐波那契数列问题时，可以按照如下编程思路进行。

（1）初始化变量

初始化两个变量 a 和 b 分别表示斐波那契数列的前两个数，即 F(0)和 F(1)。

另外，可以初始化一个变量 c 来存储当前计算的斐波那契数。

（2）处理特殊情况

如果 n 是 0 或 1，直接返回 n，因为 F(0) = 0、F(1)=1。

（3）使用循环语句计算斐波那契数

使用一个 for 语句，从 2 开始到 n 结束。

在每次迭代中，计算当前的斐波那契数 c=a+b。

更新 a 和 b 的值，使 a 的值为原来的 b 的值，而 b 的值为当前 c 的值。

（4）返回结果

循环结束后，变量 b 的值为第 n 个斐波那契数。

7.11 习题

7-1　使用 while 语句为用户提供菜单显示。

7-2　使用 for 语句输出随机数。

7-3　编程输出乘法口诀表。

7-4　使用循环嵌套输出金字塔形状。

7-5　要求使用 for 语句输出大写字母的 ASCII 值对照表。

7-6　输出 0～100 内不能被 3 整除的数。提示：使用 for 语句进行循环检查操作，使用 continue 语句结束不符合条件的情况。

第 **8** 章 数组

本章要点

- 掌握一维数组和二维数组的定义和引用。
- 熟悉字符数组的使用方式。
- 了解多维数组的概念。
- 掌握数组的排序算法。
- 熟悉字符串处理函数的使用方法。

在编写程序的过程中，我们经常会遇到使用很多数据的情况，处理每一个数据都要有一个对应的变量，如果每一个变量都要单独进行定义则会使程序很烦琐，使用数组可以解决这种问题。

本章致力于使读者掌握一维数组和二维数组的作用，并且能利用所学知识解决一些实际问题；掌握字符数组的使用及相关操作；通过一维数组和二维数组了解多维数组的内容；掌握数组的排序算法，以及字符串处理函数的使用方法。

8.1 一维数组

8.1.1 一维数组的定义和引用

1．一维数组的定义

一维数组是用来存储一维数列中数据的集合。一维数组的一般形式如下。

```
类型说明符 数组标识符[常量表达式];
```

（1）类型说明符表示一维数组中的所有元素类型。

（2）数组标识符表示一维数组型变量的名称，其命名规则与变量的一致。

（3）常量表达式表示一维数组中存储的数据元素的个数，即数组长度。

例如定义一个数组：

```
int iArray[5];
```

代码中的 int 为数组元素的类型，而 iArray 是数组名，中括号中的 5 表示数组中有 5

个元素，下标从 0 开始，到 4 结束。

⚠ **注意**：在数组 iArray[5] 中只能使用 iArray[0]、iArray[1]、iArray[2]、iArray[3]、iArray[4]，而不能使用 iArray[5]，若使用 iArray[5] 则会出现下标越界的错误。

2．一维数组的引用

一维数组定义完成后就要使用该数组。可以通过引用数组元素的方式使用数组中的元素。数组元素引用的一般形式如下。

数组标识符[下标]

例如引用数组 iArray 中的第 3 个元素：

```
iArray[2];
```

iArray 是数组标识符，2 为数组的下标。有的读者会问："为什么引用第 3 个数组元素，使用的数组下标是 2 呢？"这是因为数组的下标是从 0 开始的，也就是说下标为 0 的数组元素表示的是第 1 个数组元素。

📖 **说明**：下标可以是整型常量或整型表达式。

【例 8-1】 使用数组存储数据。
在本实例中，使用数组存储用户输入的数据，当输入完毕后逆向输出数据。

```c
#include<stdio.h>
int main()
{
    int iArray[5], index, temp;              /*定义数组及变量*/
    printf("Please enter an Array:\n");
    for(index= 0; index< 5; index++)         /*逐个输入数组元素*/
    {
        scanf("%d", &iArray[index]);
    }
    printf("Original Array is:\n");
    for(index = 0; index< 5; index++)        /*输出数组中的元素*/
    {
        printf("%d ", iArray[index]);
    }
    printf("\n");
    for(index= 0; index < 2; index++)        /*将数组元素的位置互换*/
    {
        temp = iArray[index];                /*在元素位置互换的过程中借助中间变量 temp*/
        iArray[index] = iArray[4-index];
        iArray[4-index] = temp;
    }
    printf("Now Array is:\n");
    for(index = 0; index< 5; index++)        /*将互换位置后的数组输出*/
    {
        printf("%d ", iArray[index]);
    }
    printf("\n");
    return 0;
}
```

在本实例中，程序定义中间变量 temp 用来实现数据间的互换，而变量 index 用于控制循环。通过 int iArray[5]定义一个有 5 个元素的数组，程序中用到的 iArray[index]就是对该数组元素的引用。

运行程序，显示结果如图 8-1 所示。

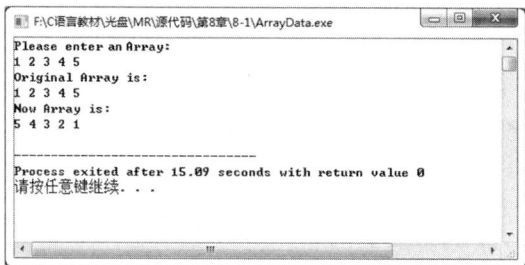

图 8-1　使用数组存储数据

8.1.2　一维数组的初始化

一维数组的初始化可以用以下几种方法实现。

（1）在定义数组时直接对数组元素赋初值，例如：

```
int i,iArray[6]={1,2,3,4,5,6};
```

该方法是将数组元素的值放在一对大括号中。经过定义和初始化之后，数组中的元素依次为：iArray[0]=1，iArray[1]=2，iArray[2]=3，iArray[3]=4，iArray[4]=5，iArray[5]=6。

【例 8-2】　初始化一维数组。

在本实例中，对定义的数组进行初始化操作，然后隔位进行输出。

```
#include<stdio.h>
int main()
{
    int index;                          /*定义循环控制变量*/
    int iArray[6]={0,1,2,3,4,5};        /*对数组中的元素赋值*/
    for(index=0;index<6;index+=2)       /*隔位输出数组中的元素*/
    {
        printf("%d\n",iArray[index]);
    }
    return 0;
}
```

在程序中，定义数组 iArray，并且对其进行赋值。使用 for 语句输出数组中的元素，在循环中，循环控制变量每次增加 2，这样根据下标进行输出时就会得到隔位输出的效果了。

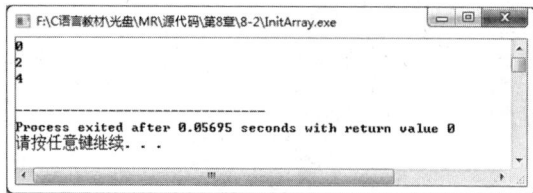

运行程序，显示结果如图 8-2 所示。

图 8-2　初始化一维数组

（2）在定义数组时只给一部分元素赋值，未赋值的元素值为 0，例如：

```
int iArray[6]={0,1,2};
```

数组 iArray 包含 6 个元素，不过在初始化时只给出了 3 个值。因此数组中前 3 个元素的值对应括号中给出的值，在数组中没有得到值的元素被默认赋值 0。

【例 8-3】 为数组中的部分元素赋值。

在本实例中，定义数组并且为其赋值，但只为部分元素赋值，然后将数组中的所有元素输出，观察输出的元素的值。

```
#include<stdio.h>
int main()
{
    int index;
    int iArray[6]={1,2,3};                    /*对数组中的部分元素赋初值*/
    for(index=0;index<6;index++)              /*输出数组中的所有元素*/
    {
        printf("%d\n",iArray[index]);
    }
    return 0;
}
```

在程序中，可以看到为数组部分元素赋值的操作和为数组全部元素赋值的操作是相同的，只不过在括号中给出的元素值的数量比数组元素的数量少。

运行程序，显示结果如图 8-3 所示。

（3）在对全部数组元素赋初值时可以不指定数组长度。

之前在定义数组时，都在数组标识符后指定了数组元素的个数。C 语言允许在定义数组时不指定数组长度，例如：

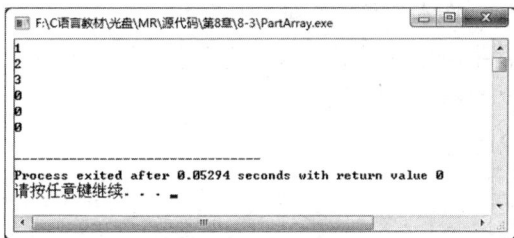

图 8-3　为数组中的部分元素赋值

```
int iArray[]={1,2,3,4};
```

上述代码的大括号中有 4 个元素，系统会根据给定的元素值的个数定义数组的长度，因此该数组的长度为 4。

⚠ **注意**：如果在定义数组时指定了数组的长度为 10，就不能使用省略数组长度的定义方式，而必须写成

```
int iArray[10]={1,2,3,4};
```

【例 8-4】 不指定数组的元素个数。

在本实例中，定义数组时不指定数组元素的个数，直接对其进行初始化，然后将其中的元素值输出。

```
#include<stdio.h>
int main()
{
    int index;
    int iArray[]={1,2,3,4,5};                 /*不指定数组元素的个数并进行初始化*/
    for(index=0;index<5;index++)
    {
```

```
        printf("%d\n",iArray[index]);        /*使用 for 循环输出数组中的所有元素*/
    }
    return 0;
}
```

运行程序，显示结果如图 8-4 所示。

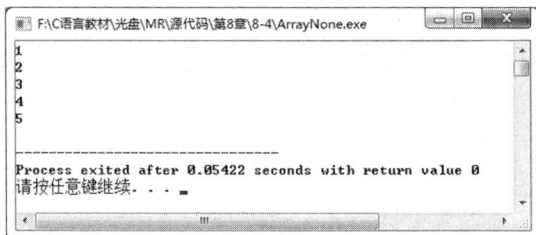

图 8-4   不指定数组元素的个数

8.1.3   一维数组的应用

例如，一个学校的班级中会有很多学生，此时就可以使用数组来保存这些学生的姓名，以便进行管理。

【例 8-5】   使用数组保存学生的姓名。

在本实例中，要使用数组保存学生的姓名，那么数组中的每一个元素都应该是可以保存字符串的变量，这里使用字符指针数组（指针将会在第 10 章具体介绍）。

```
#include<stdio.h>
int main()
{
    char *ArrayName[5];                      /*定义字符指针数组*/
    int index;                               /*定义循环控制变量*/
    ArrayName[0]="WangJiasheng";             /*为数组元素赋值*/
    ArrayName[1]="LiuWen";
    ArrayName[2]="SuYuqun";
    ArrayName[3]="LeiYu";
    ArrayName[4]="ZhangMeng";
    for(index=0;index<5;index++)             /*使用 for 语句输出学生的姓名*/
    {
        printf("%s\n",ArrayName[index]);
    }
    return 0;
}
```

从上述程序中可以看出，char *ArrayName[5]定义了一个具有 5 个字符指针元素的数组，然后利用数组保存学生的姓名，使用 for 语句将数组中保存的姓名输出。

运行程序，显示结果如图 8-5 所示。

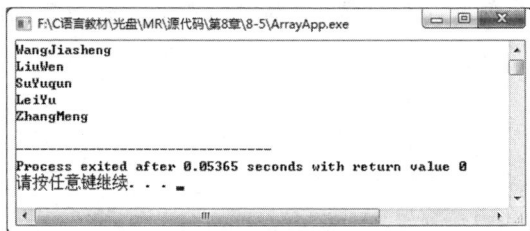

图 8-5   使用数组保存学生的姓名

8.2 二维数组

8.2.1 二维数组的定义和引用

1. 二维数组的定义

二维数组的定义与一维数组的相似，其一般形式如下。

```
数据类型 数组名[常量表达式1][常量表达式2];
```

其中，常量表达式1被称为行下标，常量表达式2被称为列下标。如果定义二维数组array[n][m]，则二维数组的下标取值范围如下。

（1）行下标的取值范围为0~n-1。

（2）列下标的取值范围为0~m-1。

（3）二维数组的最大下标元素是array[n-1][m-1]。

例如定义一个3行4列的整型数组：

```
int array[3][4];
```

上述代码定义了一个3行4列的数组，数组名为array，其下标变量的类型为整型。该数组的下标变量共有3×4=12个，即array[0][0]、array[0][1]、array[0][2]、array[0][3]、array[1][0]、array[1][1]、array[1][2]、array[1][3]、array[2][0]、array[2][1]、array[2][2]、array[2][3]。

在C语言中，二维数组是按行排列的，即按行顺次存放，例如上述数组 array[3][4]，先存放 array[0]行，再存放 array[1]行；每行中有4个元素，也是顺次存放。

2. 二维数组的引用

二维数组元素的引用一般形式为：

```
数组名[下标][下标];
```

📖 **说明**：二维数组的下标可以是整型常量或整型表达式。

例如对一个二维数组的元素进行引用：

```
array[1][2];
```

上述代码表示对数组 array 中第2行第3个元素进行引用。

⚠ **注意**：不管是行下标还是列下标，都是从0开始的。

二维数组和一维数组一样要注意下标越界的问题，例如：

```
int array[2][4];                    /*对数组元素进行赋值*/
…
array[2][4]=9;                      /*错误！*/
```

上述代码中的引用是错误的。

首先 array 为2行4列的数组，那么它的行下标的最大值为1，列下标的最大值为3，所以 array[2][4]超过了数组的范围，下标越界。

8.2.2 二维数组的初始化

二维数组和一维数组一样，也可以在定义数组时对其进行初始化。在给二维数组赋初值时，有以下 4 种情况。

（1）将所有数据放在一个大括号内，按照数组元素的排列顺序对元素赋值。例如：

```
int array[2][2] = {1,2,3,4};
```

如果大括号内的数据少于数组元素的个数，则系统将默认未被赋值的元素值为 0。

（2）在为所有元素赋初值时，可以省略行下标，但是不能省略列下标。例如：

```
int array[][3] = {1,2,3,4,5,6};
```

系统会根据数据的个数进行分配，一共有 6 个数据，而数组每行分为 3 列，因此可以确定数组为 2 行。

（3）分行给数组元素赋初值。例如：

```
int a[2][3] = {{1,2,3},{4,5,6}};
```

在分行赋初值时，可以只对部分元素赋初值。例如：

```
int a[2][3] = {{1,2},{4,5}};
```

在上述代码中，各个元素的值为：a[0][0]的值是 1；a[0][1]的值是 2；a[0][2]的值是 0；a[1][0]的值是 4；a[1][1]的值是 5；a[1][2]的值是 0。

📖 **说明**：如果只给一部分元素赋值，则未被赋值的元素值为 0。

（4）直接对二维数组元素赋值。例如：

```
int a[2][3];
a[0][0] = 1;
a[0][1] = 2;
```

这种赋值方式是使用数组引用数组中的元素。

【例 8-6】 使用二维数组存储数据。

本实例通过键盘为二维数组元素赋值，输出二维数组，求出二维数组中值最大的元素和值最小的元素及其下标，将二维数组转换为另一个二维数组并输出。

```
#include<stdio.h>
int main()
{
    int a[2][3],b[3][2];              /*定义两个数组*/
    int max,min;                       /*定义变量，表示最大值和最小值*/
    int h,l,i,j;                       /*定义变量，用于控制循环*/
    for(i=0;i<2;i++)                   /*通过键盘输入为二维数组元素赋值*/
    {
        for(j=0;j<3;j++)
        {
            printf("a[%d][%d]=",i,j);
            scanf("%d",&a[i][j]);
        }
    }
```

```
printf("输出二维数组: \n");                               /*输出提示信息*/
for(i=0;i<2;i++)
{
    for(j=0;j<3;j++)
    {
        printf("%d\t",a[i][j]);
    }
    printf("\n");                                        /*使元素分行输出*/
}
/*求二维数组中值最大的元素及其下标*/
max = a[0][0];
h = 0;
l = 0;
for(i=0;i<2;i++)
{
    for(j=0;j<3;j++)
    {
        if(max < a[i][j])
        {
            max = a[i][j];
            h = i;
            l = j;
        }
    }
}
printf("数组中值最大的元素是: \n");
printf("max:a[%d][%d]=%d\n",h,l,max);
/*求二维数组中值最小的元素及其下标*/
min = a[0][0];
h = 0;
l = 0;
for(i=0;i<2;i++)
{
    for(j=0;j<3;j++)
    {
        if(min > a[i][j])
        {
            min = a[i][j];
            h = i;
            l = j;
        }
    }
}
printf("数组中值最小的元素是: \n");
printf("min:a[%d][%d]=%d\n",h,l,min);
/*将数组 a 转换后存储在数组 b 中*/
for(i=0;i<2;i++)
{
    for(j=0;j<3;j++)
    {
        b[j][i] = a[i][j];
    }
}
printf("输出转换后的二维数组: \n");
for(i=0;i<3;i++)
{
    for(j=0;j<2;j++)
    {
```

```
            printf("%d\t",b[i][j]);
        }
        printf("\n");                              /*使元素分行输出*/
    }
    return 0;
}
```

（1）在程序中根据每一次的提示，输入相应数组元素，然后将这个 2 行 3 列的数组输出。在输出数组元素时，为了使输出的数据更容易观察，使用转义字符\t 来控制间距。

（2）寻找数组中值最大的元素。使用变量 max 表示最大数值，使用循环嵌套比较二维数组中的每一个元素的值，当元素的值比变量 max 的值大时，就将该值赋给变量 max，然后使用变量 h 和 l 保存最大数值在数组中的下标。根据保存数据的变量，将最大值和该值在数组中的下标都输出。

（3）得到数组中最小值的方法与得到数组中最大值的方法相同。

（4）将数组转换成 3 行 2 列的数组，其中通过循环，将数组中元素的值赋给转换后的数组中的元素。

运行程序，显示结果如图 8-6 所示。

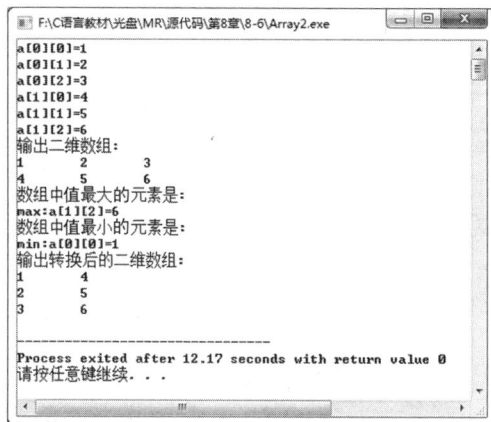

图 8-6　使用二维数组存储数据

8.2.3　二维数组的应用

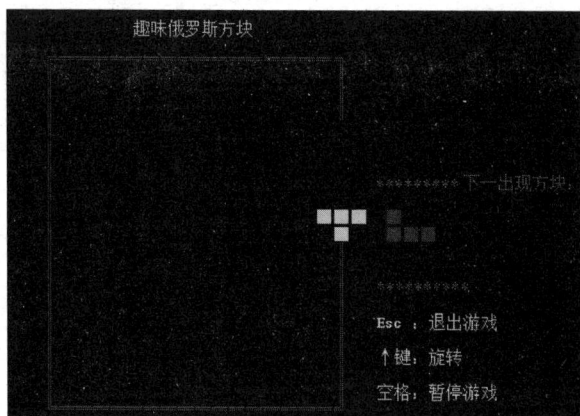

【例 8-7】 输出趣味俄罗斯方块的游戏窗口，并设置左右下横框及图案。

第 7 章的例 7-3 是输出趣味俄罗斯方块的游戏边框。但是，方块要落到游戏界面的下方，累计消除满行才会得分，那么最下面就应该有一个边界，防止方块落到边界之外，这个边界就是下横框。同样的道理，如果没有设置左右边界即左右竖框，在左右移动时，方块就会移出左右竖框，如图 8-7 所示。代码如下。

二维数组的应用

图 8-7　没有设置右边界的后果

```
#include <stdio.h>
#include <conio.h>
#include <windows.h>
```

```
HANDLE hOut;                          //控制台句柄
/**
 * 获取屏幕光标的位置
 */
void gotoxy(int x, int y)
{
    COORD pos;
    pos.X = x;     //横坐标
    pos.Y = y;     //纵坐标
    SetConsoleCursorPosition(GetStdHandle(STD_OUTPUT_HANDLE), pos);
}
int main()
{
    int i,j;
    int FrameY = 3;
    int FrameX = 13;
    int Frame_width = 18;
    int Frame_height = 20;
    int a[80][80]={0};                                    //标记游戏屏幕的图案
    gotoxy(FrameX+Frame_width-7,FrameY-2);                //设置游戏名称的输出位置
    printf("趣味俄罗斯方块");                              //输出游戏名称
    gotoxy(FrameX,FrameY);
    printf(" ┌");                                         //输出框角
    gotoxy(FrameX+2*Frame_width-2,FrameY);
    printf("┐ ");
    gotoxy(FrameX,FrameY+Frame_height);
    printf(" └");
    a[FrameX][FrameY+Frame_height]=2;                     //标记该处已有图案
    gotoxy(FrameX+2*Frame_width-2,FrameY+Frame_height);
    printf("┘ ");
    a[FrameX+2*Frame_width-2][FrameY+Frame_height]=2;
    for(i=2;i<2*Frame_width-2;i+=2)
    {
        gotoxy(FrameX+i,FrameY);
        printf("━");                                      //输出上横框
    }
    for(i=2;i<2*Frame_width-2;i+=2)
    {
        gotoxy(FrameX+i,FrameY+Frame_height);
        printf("━");                                      //输出下横框
        a[FrameX+i][FrameY+Frame_height]=2;               //标记下横框为游戏边框, 防止方块出界
    }
    for(i=1;i<Frame_height;i++)
    {
        gotoxy(FrameX,FrameY+i);
        printf(" ┃");                                     //输出左竖框
        a[FrameX][FrameY+i]=2;                            //标记左竖框为游戏边框,防止方块出界
    }
    for(i=1;i<Frame_height;i++)
    {
        gotoxy(FrameX+2*Frame_width-2,FrameY+i);
        printf(" ┃");                                     //输出右竖框
        a[FrameX+2*Frame_width-2][FrameY+i]=2;            //标记右竖框为游戏边框,防止方块出界
    }
    printf("\n\n");
}
```

在程序中，将左竖框、右竖框、上横框和下横框的框角都设置为游戏边框，俄罗斯方块不能穿过。

运行程序，显示结果如图 8-8 所示。

图 8-8　输出趣味俄罗斯方块的游戏边框

8.3　字符数组

当数组中的元素类型为字符型时称数组为字符数组。字符数组中的每一个元素可以存放一个字符。字符数组的定义和使用方法与其他数据类型数组的定义和使用方法基本相似。

8.3.1　字符数组的定义和引用

1．字符数组的定义

字符数组的定义与其他数据类型数组的定义类似，其一般形式如下。

```
char 数组标识符[常量表达式]
```

因为要定义的是字符数组，所以在数组标识符前使用的关键字是 char，后面括号中表示的是数组元素的数量。

例如定义字符数组 cArray：

```
char cArray[5];
```

其中，cArray 表示数组的标识符；5 表示字符数组中包含 5 个字符型的元素。

2．字符数组的引用

字符数组的引用与其他类型数组的引用一样，也是使用下标的形式。例如引用上面定义的数组 cArray 中的元素：

```
cArray[0]='H';
cArray[1]='e';
```

字符数组的
定义和引用

```
cArray[2]='l';
cArray[3]='l';
cArray[4]='o';
```

上述代码依次引用数组中的元素并为其赋值。

8.3.2　字符数组的初始化

对字符数组进行初始化操作有以下几种方法。

（1）将字符逐个赋给数组中各元素。

这是最容易理解的初始化字符数组的方式。例如初始化一个字符数组：

```
char cArray[5]={'H','e','l','l','o'};
```

在代码中，定义包含 5 个元素的字符数组，在初始化的大括号中，每一个字符对应一个数组元素。

【例 8-8】　使用字符数组输出一个字符串。

在本实例中，定义一个字符数组，通过初始化操作保存一个字符串，然后通过循环引用每一个数组元素进行输出。

```
#include<stdio.h>
int main()
{
    char cArray[5]={'H','e','l','l','o'};         /*初始化字符数组*/
    int i;                                        /*定义循环控制变量*/
    for(i=0;i<5;i++)                              /*进行循环*/
    {
        printf("%c",cArray[i]);                   /*输出字符数组元素*/
    }
    printf("\n");                                 /*输出换行*/
    return 0;
}
```

在初始化字符数组时要注意，每一个数组元素都是使用一对单引号"'"表示的。在循环过程中，因为输出的类型是字符型，所以在 printf()函数中使用的是"%c"。通过循环变量 i，cArray[i]实现对数组中每一个元素的引用。

运行程序，显示结果如图 8-9 所示。

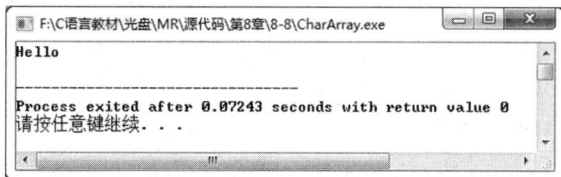

图 8-9　使用字符数组输出一个字符串

（2）在定义字符数组时进行初始化，可以省略数组长度。

如果初值个数与预定的数组长度相同，在定义字符数组时可以省略数组长度，系统会自动根据初值个数来确定数组长度。例如上面初始化字符数组的代码可以写成：

```
char cArray[]={'H','e','l','l','o'};
```

可见，代码中定义的数组 cArray 中没有给出数组的长度，但是根据初值个数可以确

定数组的长度为 5。

（3）利用字符串给字符数组赋初值。

在 C 语言中，通常用字符数组来存放字符串。用字符串对数组进行赋值，代码如下。

```
char cArray[]={"Hello"};
```

或者将"{}"去掉，写成：

```
char cArray[]="Hello";
```

【例 8-9】 使用二维字符数组输出一个钻石形状。

在本实例中定义一个二维数组，并且利用数组的初始化输出钻石形状。

```
#include<stdio.h>
int main()
{
    int iRow,iColumn;                              /*定义控制循环变量*/
    char cDiamond[][5]={{' ',' ','*'},             /*初始化二维字符数组*/
                        {' ','*',' ','*'},
                        {'*',' ',' ',' ','*'},
                        {' ','*',' ','*'},
                        {' ',' ','*'} };
    for(iRow=0;iRow<5;iRow++)                       /*利用循环输出数组*/
    {
        for(iColumn=0;iColumn<5;iColumn++)
        {
            printf("%c",cDiamond[iRow][iColumn]);   /*输出数组元素*/
        }
        printf("\n");                               /*输出换行*/
    }
    return 0;
}
```

为了方便读者观察字符数组的初始化，这里将其进行对齐。在初始化时，虽然没有给出字符数组元素个数，但是通过初始化可以确定数组长度为 5，最后通过循环嵌套将所有数组元素输出。

运行程序，显示结果如图 8-10 所示。

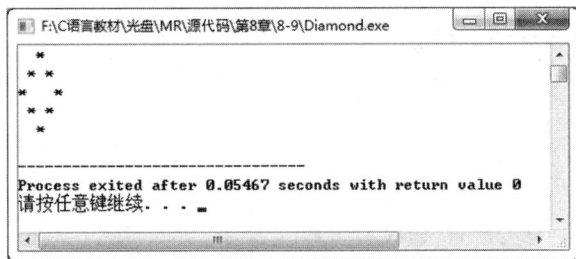

图 8-10 使用二维字符数组输出一个钻石形状

8.3.3 字符数组的结束符

在 C 语言中，可使用字符数组保存字符串，也就是使用一维数组保存字符串中的每一个字符，此时系统会自动为其添加"\0"作为结束符。

字符串总是以"\0"作为结束符，因此当把一个字符串存入一个字符数

字符数组的
结束符

组时，也要把结束符"\0"存入数组，并以此作为该字符串结束的标志。

因此，用字符串方式赋值比用字符逐个赋值要多占一个字节，多占的这个字节用于存放字符串结束符"\0"。例如初始化一个一维字符数组：

```
char cArray[]="Hello";
```

字符数组 cArray 在内存中的存放情况如图 8-11 所示。

H	e	l	l	o	\0

图 8-11　字符数组 cArray 在内存中的存放情况

"\0"是由 C 编译系统自动加上的。因此上面的赋值语句等价于

```
char cArray[]={'H','e','l','l','o','\0'};
```

字符数组并不要求最后一个字符为"\0"，甚至可以不包含"\0"。例如下面的写法也是合法的。

```
char cArray[5]={'H','e','l','l','o'};
```

⚠️ **注意：** 有了结束符"\0"后，字符数组的长度就可以灵活处理。当然在定义字符数组时应估计实际字符串长度，保证数组长度始终大于实际字符串长度。如果在一个字符数组中先后存放多个不同长度的字符串，则应使数组长度大于最长的字符串的长度。

不过是否加"\0"完全根据需要决定。但是由于系统对字符串自动加"\0"，因此，为了使处理方法一致，且便于测定字符串的实际长度以及在程序中进行相应的处理，在字符数组中也常常人为地加上"\0"。例如：

```
char cArray[6]={'H','e','l','l','o','\0'};
```

8.3.4　字符数组的输入和输出

字符数组的输入和输出有两种方法。

（1）使用格式符"%c"进行输入和输出。

使用格式符"%c"实现字符数组中字符的逐个输入或输出。例如循环输出字符数组中的元素：

字符数组的
输入和输出

```
for(i=0;i<5;i++)                        /*进行循环*/
{
    printf("%c",cArray[i]);            /*输出字符数组中的元素*/
}
```

其中变量 i 为循环控制变量，并且在循环中作为数组的下标进行循环输出。

（2）使用格式符"%s"进行输入或输出。

使用格式符"%s"将整个字符串依次输入或输出。例如输出一个字符串：

```
char cArray[]="GoodDay!";               /*初始化字符数组*/
printf("%s",cArray);                    /*输出字符串*/
```

其中使用格式符"%s"将整个字符串输出。此时须注意以下几种情况。

① 输出字符不包括结束符"\0"。

② 用格式符"%s"输出字符串时，printf()函数中的输出项是字符数组名 cArray，而不

是数组中的元素名，如 cArray[0]等。

③ 如果数组长度大于实际字符串长度，则也只输出到"\0"为止。

④ 如果一个字符数组中包含多个结束符"\0"，则在遇到第一个"\0"时就结束输出。

8.4 多维数组

多维数组的定义和二维数组的相似，只是下标更多，其一般形式如下。

数据类型 数组名[常量表达式1][常量表达式2]…[常量表达式n];

例如，声明多维数组：

```
int iArray1[3][4][5];
int iArray2[4][5][7][8];
```

在上面的代码中分别定义了一个三维数组 iArray1 和一个四维数组 iArray2。由于数组元素的位置可以通过偏移量计算，因此对于三维数组 a[m][n][p]来说，元素 a[i][j][k]的地址是从 a[0][0][0]起到(i*n*p+j*p+k)个单位的位置。

8.5 数组的排序算法

通过前面的内容，读者已经了解到了数组的理论知识。虽然数组是一组有序数据的集合，但是这里的有序指的是数组元素在数组中按照下标有序排列，而不是根据数组元素的数值大小进行排列的。那么如何才能将数组元素按照其数值的大小进行排列呢？可以通过一些排序算法来实现，本节将介绍数组的排序算法。

8.5.1 选择法排序

选择法排序是指每次选择所要排序的数组中的最大值（由大到小排序，由小到大排序则选择最小值），将这个最大值与最前面没有进行排序的数组元素的值互换。

以数字 9、6、15、4、2 为例进行排序，每次交换的顺序如表 8-1 所示。

表 8-1　选择法排序

排序过程	元素 0	元素 1	元素 2	元素 3	元素 4
起始值	9	6	15	4	2
第 1 次	2	6	15	4	9
第 2 次	2	4	15	6	9
第 3 次	2	4	6	15	9
第 4 次	2	4	6	9	15
排序结果	2	4	6	9	15

可以发现，在第 1 次排序过程中，将第 1 个数字和值最小的数字进行了位置互换；在第 2 次排序过程中，将第 2 个数字和剩下的数字中值最小的数字进行了位置互换；依此类推，每次都将下一个数字和剩余的数字中值最小的数字进行位置互换，直到将一组数字按值从小

到大排序。下面通过实例来观察如何通过程序使用选择法实现数组元素按值从小到大排序。

【例 8-10】 选择法排序。

在本实例中，定义了一个整型数组和两个整型变量，其中整型数组用于存储用户输入的数字，而两个整型变量分别用于存储数值最小的数组元素的值和该元素的位置，然后通过循环嵌套进行选择法排序，最后将排序好的数组输出。

```c
#include <stdio.h>
int main()
{
    int i,j;
    int a[10];
    int iTemp;
    int iPos;
    printf("为数组元素赋值: \n");
    /*为数组元素赋值*/
    for(i=0;i<10;i++)
    {
        printf("a[%d]=",i);
        scanf("%d", &a[i]);
    }
    /*从小到大排序*/
    for(i=0;i<9;i++)                      /*设置外层循环元素的下标为 0~8*/
    {
        iTemp = a[i];                     /*设置当前元素为最小值*/
        iPos = i;                         /*标记元素位置*/
        for(j=i+1;j<10;j++)               /*内层循环元素的下标为 i+1~9*/
        {
            if(a[j]<iTemp)                /*如果当前元素的值比最小值小*/
            {
                iTemp = a[j];             /*重新设置最小值*/
                iPos = j;                 /*标记元素位置*/
            }
        }
        /*交换两个元素的值*/
        a[iPos] = a[i];
        a[i] = iTemp;
    }
    /*输出数组*/
    for(i=0;i<10;i++)
    {
        printf("%d\t",a[i]);              /*输出制表位*/
        if(i == 4)                        /*如果是第 5 个元素*/
            printf("\n");                 /*输出换行*/
    }
    return 0;                             /*程序结束*/
}
```

（1）定义一个整型数组，并通过键盘输入为数组元素赋值。

（2）设置一个循环嵌套，第 1 层循环为前 9 个数组元素，并在每次循环时将对应当前次数的数组元素设置为最小值。例如当前是第 3 次循环，那么将数组中第 3 个元素（也就是下标为 2 的元素）设置为最小值；在第 2 层循环中，循环比较该元素之后的各个数组元素的值，并将值较小的数组元素设置为最小值，在第 2 层循环结束时，将最小值与开始时设置为最小值的数组元素进行互换。当所有循环都完成以后，将数组元素按照从小到大的顺序重新排列。

（3）循环输出数组中的元素，并在输出 5 个元素以后进行换行，在下一行输出后面的 5 个元素。

运行程序，显示结果如图 8-12 所示。

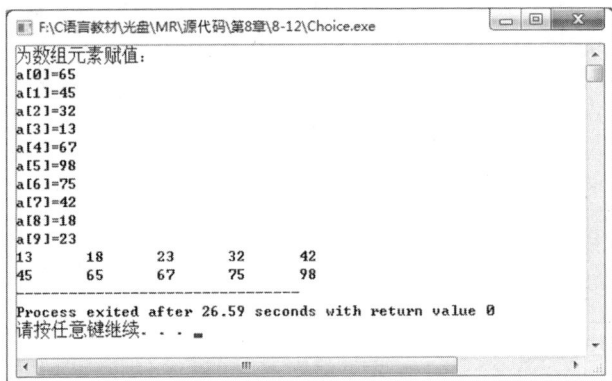

图 8-12　选择法排序

8.5.2　冒泡法排序

冒泡法排序指的是在排序时，每次比较数组中相邻的两个数组元素的值，将值较小的数组元素（从小到大排列）排在值较大的数组元素前面。

下面仍以数字 9、6、15、4、2 为例，对这几个数字进行排序，每次排序的顺序如表 8-2 所示。

冒泡法排序

表 8-2　冒泡法排序

排序过程	元素 0	元素 1	元素 2	元素 3	元素 4
起始值	9	6	15	4	2
第 1 次	2	9	6	15	4
第 2 次	2	4	9	6	15
第 3 次	2	4	6	9	15
第 4 次	2	4	6	9	15
排序结果	2	4	6	9	15

可以发现，在第 1 次排序过程中，将值最小的数字移动到第一的位置，并将其他数字依次向后移动；而在第 2 次排序过程中，从剩余数字中选择值最小的数字并将其移动到第二的位置，剩余数字依次向后移动；依此类推，每次都将剩余数字中值最小的数字移动到当前剩余数字的最前方，直到将一组数字按值从小到大排序为止。

下面通过实例观察如何通过程序使用冒泡法排序实现数组元素按值从小到大排序。

【例 8-11】 冒泡法排序。

在本实例中，定义了一个整型数组和一个整型变量，其中整型数组用于存储用户输入的数字，而整型变量作为两个元素交换时的中间变量，然后通过循环嵌套进行冒泡法排序，最后将排序后的数组输出。

```
#include<stdio.h>
int main()
{
```

```
    int i,j;
    int a[10];
    int iTemp;
    printf("为数组元素赋值: \n");
    /*通过键盘输入为数组元素赋值*/
    for(i=0;i<10;i++)
    {
        printf("a[%d]=",i);
        scanf("%d", &a[i]);
    }
    /*从小到大排序*/
    for(i=1;i<10;i++)                    /*外层循环元素的下标为 1～9*/
    {
        for(j=9;j>=i;j--)               /*内层循环元素的下标为 i～9*/
        {
            if(a[j]<a[j-1])             /*如果前一个数组元素的值比后一个数组元素的值大*/
            {
                /*交换两个数组元素的值*/
                iTemp = a[j-1];
                a[j-1] = a[j];
                a[j] = iTemp;
            }
        }
    }
    /*输出数组*/
    for(i=0;i<10;i++)
    {
        printf("%d\t",a[i]);           /*输出制表位*/
        if(i == 4)                     /*如果是第 5 个元素*/
            printf("\n");              /*输出换行*/
    }
    return 0;                          /*程序结束*/
}
```

（1）定义一个整型数组，并通过键盘输入为数组元素赋值。

（2）设置一个循环嵌套，第 1 层循环为 9 个数组元素。在第 2 层循环中，从最后一个
数组元素开始向前循环，直到第 1 个没有进行排序的数组元素。循环比较数组元素，如果后一个数组元素的值小于前一个数组元素的值，则将两个数组元素的值互换。当所有循环都完成以后，就将数组元素按照从小到大的顺序重新排列了。

（3）循环输出数组中的元素，并在输出5 个元素以后进行换行，在下一行输出后面的 5 个元素。

运行程序，显示结果如图 8-13 所示。

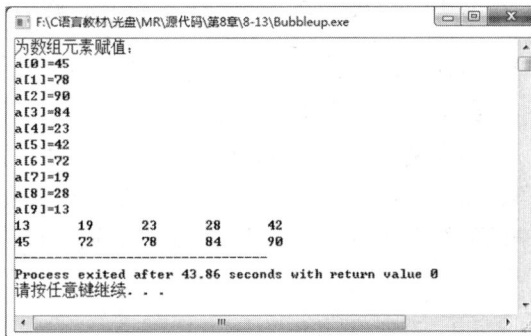

图 8-13　冒泡法排序

8.5.3　排序算法的比较

前面介绍了 2 种排序算法，在进行数组排序时应该使用哪一种算法呢？应该根据需要进行选择。下面对 2 种排序算法进行简单的比较。

（1）选择法排序

选择法排序在排序过程中共进行 $n(n-1)/2$ 次比较，互相交换 $n-1$ 次。

排序算法的比较

选择法排序简单、容易实现，适用于元素数量较少的排序。

（2）冒泡法排序

最好的情况是正序，因为只需比较一次即可；最坏的情况是逆序，需要比较 n^2 次。冒泡法排序是稳定的排序算法，当待排序列有序时，效果比较好。

8.6 字符串处理函数

在编写程序时，经常需要对字符和字符串进行操作，如转换字母的大小写、求字符串长度等，这些都可以使用字符函数和字符串函数解决。C 语言标准函数库专门为字符和字符串提供了一系列处理函数。在编写程序的过程中合理、有效地使用字符串处理函数可以提高编程效率，也可以提高程序性能。本节将对字符串处理函数进行介绍。

8.6.1 字符串复制

在字符串操作中，字符串复制是比较常见的操作之一。字符串处理函数提供了 strcpy()函数，用于复制特定长度的字符串到另一个字符串中，其语法格式如下。

字符串复制

```
strcpy(目的字符数组名, 源字符数组名)
```

strcpy()函数的功能是把源字符数组中的字符串复制到目的字符数组中。字符串结束符"\0"也一同复制。

> **说明：**
> （1）要求目的字符数组有足够的长度，否则不能存储复制的全部字符串。
> （2）目的字符数组名必须写成数组名形式；而源字符数组名可以是字符数组名，也可以是字符串常量，这时相当于把字符串赋给字符数组。
> （3）不能用赋值语句将字符串常量或字符数组直接赋给字符数组。

下面通过实例介绍 strcpy()函数的使用方法。

【例 8-12】 字符串复制。

本实例中，在 main()函数中定义了两个字符数组，分别用于存储源字符串和目的字符串，然后为两个字符数组赋值，并分别输出两个字符串，再调用 strcpy()函数将源字符数组中的字符串赋给目的字符数组，最后输出目的字符串。

```
#include<stdio.h>
#include<string.h>
int main()
{
    char str1[30],str2[30];
    printf("输入目的字符串:\n");
    gets(str1);                          /*输入目的字符串*/
    printf("输入源字符串:\n");
    gets(str2);                          /*输入源字符串*/
    printf("输出目的字符串:\n");
    puts(str1);                          /*输出目的字符串*/
```

```
    printf("输出源字符串:\n");
    puts(str2);                              /*输出源字符串*/
    strcpy(str1,str2);                       /*调用 strcpy()函数实现字符串复制*/
    printf("调用 strcpy()函数进行字符串复制:\n");
    printf("复制字符串之后的目的字符串:\n");
    puts(str1);                              /*输出复制后的目的字符串*/
    return 0;                                /*程序结束*/
}
```

运行程序, 字符串复制结果如图 8-14 所示。

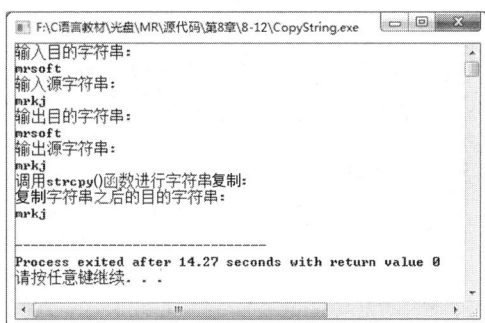

图 8-14　字符串复制

8.6.2　字符串连接

字符串连接就是将一个字符串连接到另一个字符串的末尾,使其组合成一个新的字符串。在字符串处理函数中,strcat()函数具有字符串连接的功能,其语法格式如下。

```
strcat(目的字符数组名,源字符数组名)
```

strcat()函数的功能是把源字符数组中的字符串连接到目的字符数组中的字符串后面,并删除目的字符数组中原有的字符串结束符 "\0"。

📖 说明: 目的字符数组应有足够的长度, 否则不能存储连接后的字符串。

下面通过实例介绍 strcat()函数的使用方法。

【例 8-13】　字符串连接。

在本实例的 main()函数中定义两个字符数组, 分别存储源字符串和目的字符串, 然后为两个字符数组赋值, 并分别输出两个字符串, 再调用 strcat()函数将源字符串连接到目的字符串的后面, 最后输出连接后的目的字符串。

```
#include<stdio.h>
#include<string.h>
int main()
{
    char str1[30],str2[30];
    printf("输入目的字符串:\n");
    gets(str1);                              /*输入目的字符串*/
    printf("输入源字符串:\n");
    gets(str2);                              /*输入源字符串*/
    printf("输出目的字符串:\n");
```

　　　　　　　　　　　　　　　　　　　　　　　数组／第8章

```
    puts(str1);                                    /*输出目的字符串*/
    printf("输出源字符串:\n");
    puts(str2);                                    /*输出源字符串*/
    strcat(str1,str2);                             /*调用strcat()函数进行字符串连接*/
    printf("调用strcat()函数进行字符串连接:\n");
    printf("字符串连接之后的目的字符串:\n");
    puts(str1);                                    /*输出连接后的目的字符串*/
    return 0;                                      /*程序结束*/
}
```

运行程序，字符串连接结果如图8-15所示。

说明：字符串复制实质上是用源字符数组中的字符串覆盖目的字符数组中的字符串，而字符串连接不存在覆盖的问题，只是单纯地将源字符数组中的字符串连接到目的字符数组中的字符串后面。

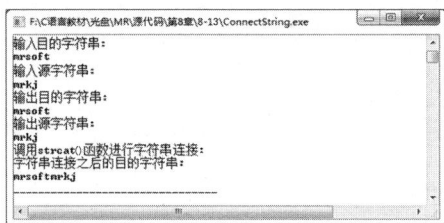

图8-15 字符串连接

8.6.3 字符串比较

字符串比较就是将一个字符串与另一个字符串从首字母开始，按照ASCII值进行逐个比较。在字符串处理函数中，strcmp()函数具有字符串比较的功能，其语法格式如下。

字符串比较

```
strcmp(字符数组名1,字符数组名2)
```

strcmp()函数的功能是按照ASCII值比较两个字符数组中的字符串，并由函数返回值返回比较结果。

返回值如下。
（1）字符串1=字符串2，返回值为0。
（2）字符串1>字符串2，返回值为正数。
（3）字符串1<字符串2，返回值为负数。

说明：当两个字符串进行比较时，若出现不同的字符，则以第一个不同的字符的比较结果作为整个字符串比较的结果。

下面通过实例介绍strcmp()函数的使用方法。

【例8-14】 字符串比较。

在本实例的main()函数中定义4个字符数组，分别用来存储用户名、密码、用户输入的用户名及密码，然后分别调用strcmp()函数比较用户输入的用户名和密码是否正确。

```
#include<stdio.h>
#include<string.h>
```

```
int main()
{
    char user[20] = {"mrsoft"};                          /*设置用户名字符串*/
    char password[20] = {"mrkj"};                        /*设置密码字符串*/
    char ustr[20],pwstr[20];
    int i=0;
    while(i < 3)
    {
        printf("输入用户名字符串:\n");
        gets(ustr);                                      /*输入用户名字符串*/
        printf("输入密码字符串:\n");
        gets(pwstr);                                     /*输入密码字符串*/
        if(strcmp(user,ustr))                            /*如果用户名字符串不相等*/
        {
            printf("用户名字符串输入错误! \n");          /*提示用户名字符串输入错误*/
        }
        else                                             /*如果用户名字符串相等*/
        {
            if(strcmp(password,pwstr))                   /*如果密码字符串不相等*/
            {
                printf("密码字符串输入错误! \n");        /*提示密码字符串输入错误*/
            }
            else                                         /*如果用户名和密码字符串都正确*/
            {
                printf("欢迎使用! \n");                  /*输出"欢迎使用!"*/
                break;
            }
        }
        i++;
    }
    if(i == 3)
    {
        printf("输入字符串错误 3 次! \n");               /*提示输入字符串错误 3 次*/
    }
    return 0;                                            /*程序结束*/
}
```

运行程序，字符串比较的结果如图 8-16 所示。

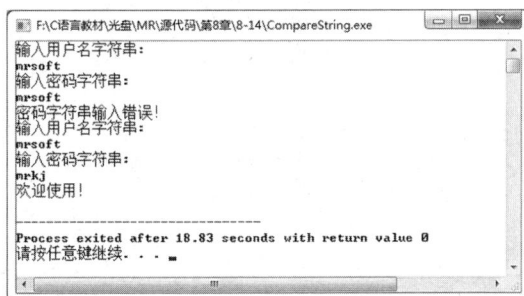

图 8-16　字符串比较

8.6.4　字符串大小写转换

字符串大小写转换需要使用 strupr() 和 strlwr() 函数。strupr() 函数的语法
格式如下。

字符串大小写
转换

　　　　　　　　　　　　　　　　　　　　　　　　数组　第 8 章

```
strupr(字符串)
```

strupr()函数的功能是将字符串中的小写字母变成大写字母，其他字母不变。

strlwr()函数的语法格式如下。

```
strlwr(字符串)
```

strlwr()函数的功能是将字符串中的大写字母变成小写字母，其他字母不变。

下面通过实例介绍 strupr()和 strlwr()函数的使用方法。

【例 8-15】 字符串大小写转换。

在本实例的 main()函数中定义两个字符数组，分别用来存储要转换的字符串和转换后的字符串，然后根据用户输入的操作命令调用 strupr()或 strlwr()函数进行大小写转换。

```c
#include<stdio.h>
#include<string.h>
int main()
{
    char text[20],change[20];
    int num;
    while(1)
    {
        printf("输入转换大小写方式（1表示大写，2表示小写，0表示退出）:\n");
        scanf("%d", &num);
        if(num == 1)                                      /*转换为大写*/
        {
            printf("输入一个字符串:\n");
            scanf("%s", &text);                           /*输入要转换的字符串*/
            strcpy(change,text);                          /*复制要转换的字符串*/
            strupr(change);                               /*将字符串转换为大写*/
            printf("转换成大写字母的字符串为:%s\n",change); /*输出转换后的字符串*/
        }
        else if(num == 2)                                 /*转换为小写*/
        {
            printf("输入一个字符串:\n");
            scanf("%s", &text);                           /*输入要转换的字符串*/
            strcpy(change,text);                          /*复制要转换的字符串*/
            strlwr(change);                               /*将字符串转换为小写*/
            printf("转换成小写字母的字符串为:%s\n",change); /*输出转换后的字符串*/
        }
        else if(num == 0)                                 /*退出*/
        {
            break;                                        /*跳出当前循环*/
        }
    }
    return 0;                                             /*程序结束*/
}
```

运行程序，字符串大小写转换的结果如图 8-17 所示。

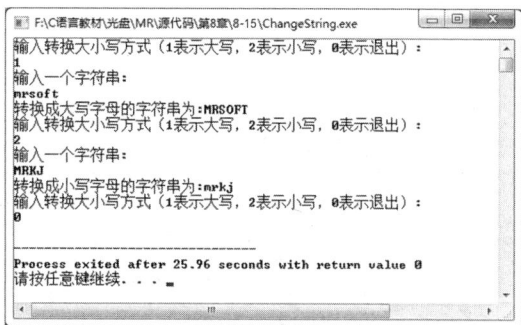

图 8-17　字符串大小写转换

8.6.5　获得字符串长度

在使用字符串时，有时需要动态获得字符串的长度。通过循环判断字符串结束符"\0"虽然能获得字符串的长度，但是实现起来相对烦琐，这时可以使用 strlen()函数获得字符串的长度。strlen()函数的语法格式如下。

获得字符串长度

```
strlen(字符数组名)
```

strlen()函数的功能是计算字符串的实际长度（不含字符串结束符"\0"），函数返回值为字符串的实际长度。

下面通过实例介绍 strlen()函数的使用方法。

【例 8-16】　获得字符串长度。

在本实例的 main()函数中定义两个字符数组，用来存储用户输入的字符串，然后调用strlen()函数计算字符串长度，调用 strcat()函数将两个字符串连接在一起，并再次调用 strlen()函数计算连接后的字符串长度。

```c
#include<stdio.h>
#include<string.h>
int main()
{
    char text[50],connect[50];
    int num;
    printf("输入一个字符串:\n");
    scanf("%s", &text);                          /*获取输入的字符串*/
    num = strlen(text);                          /*计算字符串长度*/
    printf("字符串的长度为:%d\n",num);            /*输出字符串长度*/
    printf("再输入一个字符串:\n");
    scanf("%s", &connect);                       /*获取输入的字符串*/
    num = strlen(connect);                       /*计算字符串长度*/
    printf("字符串的长度为:%d\n",num);            /*输出字符串长度*/
    strcat(text,connect);                        /*连接字符串*/
    printf("将两个字符串进行连接:%s\n",text);     /*输出连接后的字符串*/
    num = strlen(text);                          /*计算连接后的字符串长度*/
    printf("连接后的字符串长度为:%d\n",num);      /*输出连接后的字符串长度*/
    return 0;                                    /*程序结束*/
}
```

运行程序，获得字符串长度的结果如图 8-18 所示。

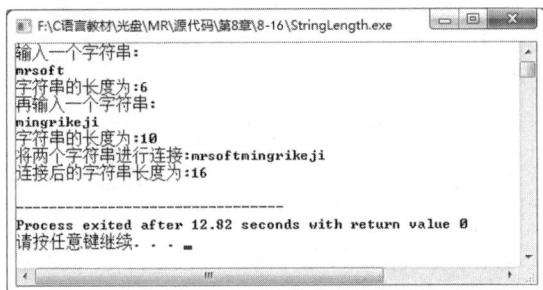

图 8-18 获得字符串长度

8.7 借助 AIGC 工具编写实例

在程序设计和代码优化的过程中，使用 AIGC 工具可以提供有力的支持。本节展示了如何利用 AIGC 工具来改进和优化程序的示例。

8.7.1 借助 AIGC 工具进一步优化冒泡排序算法

AIGC 工具可以帮助改进冒泡排序算法。假设需要优化冒泡排序算法，不仅能够排序任何一维数组，还可以提高效率。可以向 AIGC 工具提出具体的问题，并获得优化建议和示例代码。以下是一个可能的对话示例。

【问题】

如何改进 8.5.2 节的冒泡排序算法，使其能够对任何一维数组进行排序，并提高效率？（此处给出具体的代码）

【AIGC 建议】

为了改进上述冒泡排序算法，使其能够对任何一维数组进行排序并提高效率，我们可以采取以下几个步骤。

① 泛化函数：将排序逻辑封装到一个独立的函数中，使其可以接受任意大小和类型的数组。使用指针和数组长度作为参数，使函数更加通用。

② 优化排序算法：传统的冒泡排序在每次遍历时都会比较所有元素，即使数组已经部分或完全有序。我们可以通过添加标志位来检测是否发生了交换，如果某一轮没有发生交换，则说明数组已经有序，可以提前结束排序。

③ 减少不必要的比较：随着排序的进行，每一轮的最后一部分已经是有序的，因此可以在内层循环中逐渐减少比较的范围，避免重复比较已经排好序的部分。

④ 双向冒泡排序：传统冒泡排序每次只从一个方向进行比较，而双向冒泡排序则可以从两个方向交替进行，进一步提高效率。

⑤ 输入验证：在读取用户输入时，增加输入验证逻辑，确保输入的有效性。

改进后的代码：

```c
#include <stdio.h>
// 函数声明: 对任意一维数组进行冒泡排序
void bubble_sort(int *arr, int size) {
    int i, j;
    int swapped;
    int iTemp;
```

```c
    // 外层循环控制遍历次数
    for (i = 0; i < size - 1; i++) {
        swapped = 0;   // 标志位，用于检测是否发生了交换
        // 内层循环进行相邻元素的比较和交换
        for (j = 0; j < size - 1 - i; j++) {
            if (arr[j] > arr[j + 1]) {
                // 交换两个元素
                iTemp = arr[j];
                arr[j] = arr[j + 1];
                arr[j + 1] = iTemp;
                swapped = 1;   // 发生了交换，设置标志位
            }
        }
        // 如果某一轮没有发生交换，说明数组已经有序，提前结束
        if (!swapped) {
            break;
        }
    }
}
int main() {
    int a[10];
    int i;
    // 提示用户输入数组元素
    printf("为数组元素赋值: \n");
    for (i = 0; i < 10; i++) {
        printf("a[%d]=", i);
        if (scanf("%d", &a[i]) != 1) {
            printf("错误：请输入有效的整数。\n");
            return 1;
        }
    }
    // 调用冒泡排序函数对数组进行排序
    bubble_sort(a, 10);
    // 输出排序后的数组
    printf("\n排序后的数组: \n");
    for (i = 0; i < 10; i++) {
        printf("%d\t", a[i]);   // 输出制表位
        if (i == 4) {   // 如果是第 5 个元素
            printf("\n");   // 输出换行
        }
    }
    return 0;
}
```

8.7.2　借助 AIGC 工具计算最大值、最小值和平均值

以下是借助 AIGC 工具计算最大值、最小值和平均值的对话示例。

【问题】

编写一个实例，巩固 C 语言中数组的使用。

【AIGC 建议】

下面是一个使用 C 语言编写的简单示例程序，该程序展示了如何使用 C 语言中的数组。

这个程序将实现一个简单的功能：从用户那里接收一组整数，计算并输出这组数字的最大值、最小值和平均值。

```c
#include <stdio.h>
int main() {
    int numbers[100];       // 定义一个数组来存储最多100个数字
    int count;              // 存储用户输入的数字个数
    int i;
    int max, min;
    double sum = 0.0;       // 用于存储数字的总和
    double average;         // 用于存储平均值
    // 提示用户输入数字个数
    printf("请输入要输入的数字个数 (最多100个): ");
    if (scanf("%d", &count) != 1 || count <= 0 || count > 100) {
        printf("错误: 请输入1到100之间的有效数字。\n");
        return 1;
    }
    printf("请输入 %d 个整数:\n", count); // 提示用户输入数字
    for (i = 0; i < count; ++i) {
        if (scanf("%d", &numbers[i]) != 1) {
            printf("错误: 请输入有效的整数。\n");
            return 1;
        }
        sum += numbers[i];  // 累加总和
    }
    // 初始化最大值和最小值为第一个元素
    max = min = numbers[0];
    // 遍历数组，找到最大值和最小值
    for (i = 1; i < count; ++i) {
        if (numbers[i] > max) {
            max = numbers[i];
        }
        if (numbers[i] < min) {
            min = numbers[i];
        }
    }
    average = sum / count; // 计算平均值
    // 输出结果
    printf("\n结果如下:\n");
    printf("最大值: %d\n", max);
    printf("最小值: %d\n", min);
    printf("平均值: %.2f\n", average);
    return 0;
}
```

【运行结果】

① 输入不同的整数组合，如 1 2 3 4 5、-1 -2 -3 -4 -5、10 20 30 40 50 等，检查输出是否正确。

② 输入无效的非数字字符，检查是否输出错误信息。

③ 输入不同数量的数字（如 1 个、5 个、100 个），检查程序是否能正确处理。

④ 输入负数或零，检查程序是否能正确计算最大值、最小值和平均值。

8.8 小结

数组是构造类型的一种，数组中的每一个元素都属于同一种类型。本章首先介绍了一维数组、二维数组、字符数组及多维数组的定义和引用，使读者可以对数组有充分的认识，然后通过实例介绍了 C 语言标准函数库中常用的字符串处理函数的使用方法。

8.9 上机指导

选票统计：班级竞选班长时，共有 3 个候选人，输入参加竞选的人数及每个人竞选的内容，输出 3 个候选人最终的得票数及无效选票数。运行结果如图 8-19 所示。

第 8 章上机指导

编程思路如下。

本实例是一个典型的一维数组应用。C 语言中规定，只能逐个引用数组中的元素，而不能一次引用整个数组。这点体现在对数组元素进行判断时只能通过 for 语句对数组中的元素一个个地进行引用。

```
F:\C语言教材\光盘\MR\上机指导\8\test.exe

please input the number of electorate:
15
please input 1or2or3
1 2 3 2 2 3 5 4 3 2 1 2 1 3
The Result:
candidate1:3
candidate2:5
candidate3:5
onuser:2
_____
Process exited after 61.41 seconds with return value 0
请按任意键继续. . .
```

图 8-19　选票统计

8.10 习题

8-1　任意输入一个 3 行 3 列的二维数组，求对角元素之和。

8-2　不使用 C 语言标准函数库中的字符串处理函数实现字符串的复制，即实现 strcpy() 函数的功能。

8-3　使用字符数组和实型数组分别存储学生姓名和成绩，并通过对学生成绩排序，按照名次输出字符数组中对应的学生姓名。

8-4　判断一个数是否在数组中。

8-5　设计魔方阵（魔方阵就是由自然数组成的方阵，方阵的每个元素的值都不相等，且每行、每列以及主副对角线上的各元素的值之和相等）。

第9章 函数

本章要点

- 了解函数的概念。
- 掌握函数的定义方式。
- 熟悉返回语句和函数参数的作用。
- 掌握函数的调用。
- 了解内部函数和外部函数的概念。
- 能够区分局部变量和全局变量。
- 了解 main()函数的参数

　　一个较大的程序一般分为若干个程序模块,每一个程序模块用来实现一个特定的功能。所有高级语言中都有子程序,用来实现程序模块的功能。在 C 语言中,子程序的作用是由函数实现的。

　　本章致力于使读者了解函数的概念,掌握函数的定义及其组成部分;熟悉函数的调用方式;了解内部函数和外部函数的作用范围,能够区分局部变量和全局变量的不同;能将函数应用于程序中,将程序分成模块。

9.1 函数概述

　　构成 C 语言程序的基本单元是函数。函数中包含程序的可执行代码。

函数概述

　　每个 C 语言程序的入口和出口都位于主函数 main()之中。在编写程序时,并不是将所有代码都放在 main()中。为了方便规划、组织、编写和调试,一般的做法是将一个程序划分成若干个程序模块,每一个程序模块都实现一部分功能。这样,不同的程序模块可以由不同的人完成,从而可以提高软件开发的效率。

　　也就是说,main()函数可以调用其他函数,其他函数也可以相互调用。在 main()函数中调用其他函数时,这些函数执行完毕之后又返回 main()函数中。通常把被调用的函数称为下层函数。发生函数调用时,立即执行被调用的函数,而调用者进入等待的状态,直到被调用的函数执行完毕。函数可以有参数和返回值。

　　例如盖一栋楼房,在这项工程中,在工程师的指挥下,有工人搬运盖楼的材料,有工人建造楼房,还有工人在楼房外粉刷涂料。编写程序与盖楼的原理是一样的,

main()函数就像工程师，其功能是控制每一步程序的执行，在 main()函数中定义的其他函数就像盖楼中的每一个步骤，分别实现特定的功能。

图 9-1 是某程序的函数调用示意图。

【例 9-1】 在主函数中调用其他函数。

在本实例中，通过定义函数来实现某种特定的功能，这里使用输出的信息表示函数实现的功能。希望读者通过这个实例可以对函数的概念有更加具体的认识。

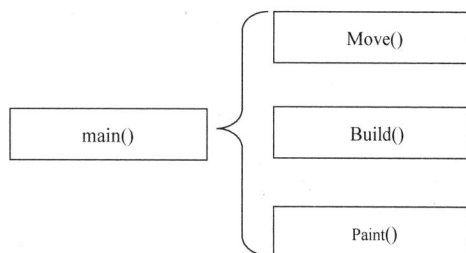

图 9-1 某程序的函数调用示意图

```c
#include<stdio.h>

void Move();                            /*声明搬运函数*/
void Build();                           /*声明建造函数*/
void Paint();                           /*声明粉刷函数*/

int main()
{
    Move();                             /*调用搬运函数*/
    Build();                            /*调用建造函数*/
    Paint();                            /*调用粉刷函数*/
    return 0;                           /*程序结束*/
}

/*/////////////////////////////////////////////////////////////*/
/*                    定义搬运函数                              */
/*/////////////////////////////////////////////////////////////*/
void Move()
{
    printf("This Function can move material\n");
}
/*/////////////////////////////////////////////////////////////*/
/*                    定义建造函数                              */
/*/////////////////////////////////////////////////////////////*/
void Build()
{
    printf("This Function can build a building\n");
}
/*/////////////////////////////////////////////////////////////*/
/*                    定义粉刷函数                              */
/*/////////////////////////////////////////////////////////////*/
void Paint()
{
    printf("This Function can paint cloth\n");
}
```

在查看程序的运行结果之前，先对程序进行分析。

（1）一个源文件由一个或者多个函数组成。一个源文件是一个编译单位，即以源程序为单位进行编译，而不是以函数为单位进行编译。

（2）库函数由系统提供，用户无须定义，在调用函数之前也不必在程序中进行类型说明，只需在程序前包含该函数原型的头文件即可在程序中直接调用。例如，在上面的程序中用于在控制台输出信息的 printf()函数，应在程序开始部分包含 stdio.h 这个头文件。又如要使用字符串处理函数如 strlen()、strcmp()等时，也应在程序开始部分包含头文件 string.h。

（3）用户自定义函数就是用户编写的用来实现特定功能的函数，例如上面程序中的 Move()、Build()和 Paint()函数都是用户自定义函数。

（4）在这个程序中，要使用 printf()函数首先要包含头文件 stdio.h，然后定义 3 个函数，最后在 main()中调用这 3 个函数。在 main()外可以看到这 3 个函数的定义。

运行程序，显示结果如图 9-2 所示。

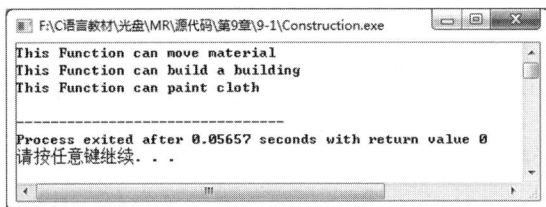

图 9-2　在 main()函数中调用其他函数

9.2 函数的定义

在程序中编写函数时，函数的定义是让编译器知道函数的功能。定义的函数包括函数头和函数体两部分。

1．函数头

函数头分为以下 3 个部分。

（1）返回值类型。返回值类型可以是某个数据类型。

（2）函数名。函数名也就是函数的标识符，其在程序中必须是唯一的。因为函数名是标识符，所以函数名要遵守标识符命名规则。

（3）参数列表。参数列表可以没有变量也可以有多个变量。在进行函数调用时，实际参数将被复制到参数列表的变量中。

2．函数体

函数体包括局部变量的声明和函数的可执行代码。

前面常提到的函数就是 main()函数，下面对其进行介绍。

所有 C 语言程序都必须有一个 main()函数，该函数已经由系统声明过了，在程序中只需要定义即可。main()函数的返回值为整型，并可以有两个参数。这两个参数中一个是整数，另一个是指向字符数组的指针（指针将在第 10 章介绍）。虽然在调用时有参数传递给 main()函数，但是在定义 main()函数时可以不带任何参数，在前面的所有实例中都可以看到 main()函数没有带任何参数。除了 main()函数外，在定义和调用其他函数时，参数都必须是匹配的。

程序中不会调用 main()函数，系统的启动过程在开始运行程序时调用 main()函数。当 main()函数运行结束时，系统的结束过程将接收返回值。至于系统的启动过程和结束过程，程序员不必关心，编译器在编译和链接时会自动提供。当程序结束时，应该返回整数值。其他返回值的意义由程序的要求决定，通常都表示程序非正常终止。

为了让读者熟悉 main()函数的返回值，本书所有实例中的 main()函数都定义为如下形式：

```
int main()
{
    …                                    /*程序代码*/
    return 0;                            /*程序结束*/
}
```

9.2.1 函数定义的形式

C 语言的库函数在编写程序时是可以直接调用的，如 printf()函数。而自定义函数必须由用户对其进行定义，在其定义中实现函数特定的功能，这样才能被其他函数调用。

函数定义的语法格式如下。

```
返回值类型    函数名(参数列表)
{
    函数体(函数实现特定功能的过程);
}
```

定义一个函数的代码如下。

```
int AddTwoNumber(int iNum1,int iNum2)    /*函数头*/
{
    /*函数体，函数实现的功能*/
    int result;                          /*定义整型变量*/
    result = iNum1+iNum2;                /*进行加法操作*/
    return result;                       /*返回操作结果，程序结束*/
}
```

下面通过代码分析函数定义的过程。

1. 函数头

函数头用来标志函数代码的开始，是函数的入口。函数头分成返回值类型、函数名和参数列表 3 个部分。

在上面的代码中，函数头的组成如图 9-3 所示。

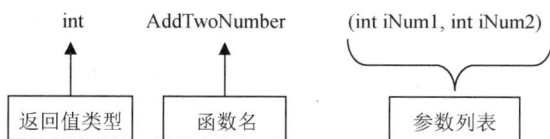

图 9-3　函数头的组成

2. 函数体

函数体位于函数头的下方，由一对大括号括起来，大括号决定了函数体的范围。函数要实现的特定功能都是在函数体通过语句完成的，最后通过 return 语句返回实现的结果。在上面的代码中，AddTwoNumber()函数的功能是实现两个整数相加，因此定义一个整型变量用来保存计算结果，然后利用传递进来的参数进行加法操作，并将计算结果保存在变量 result 中，最后函数将得到的结果返回。通过这些操作，实现了函数的特定功能。

在定义函数时有如下几种特殊的情况。

（1）无参函数

无参函数是没有参数的函数。无参函数的语法格式如下。

```
返回值类型  函数名()
{
    函数体
}
```

例如，使用上面的语法格式定义一个无参函数如下。

```
void ShowTime()                                     /*函数头*/
{
    printf("It's time to show yourself!");          /*输出一条信息*/
}
```

（2）空函数

顾名思义，空函数就是没有任何内容的函数，其没有实际功能。空函数既然没有实际功能，那么为什么要存在呢？原因是空函数所处的位置是要放一个函数的，只是这个函数还未编好，用空函数先占一个位置，待以后用一个编好的函数来取代它。

空函数的语法格式如下。

```
类型说明符  函数名()
{
}
```

例如定义一个空函数，留出一个位置，以后再添加功能。

```
void ShowTime()                                     /*函数头*/
{
}
```

9.2.2 定义与声明

在编写函数时，要先对函数进行声明，再对函数进行定义。函数的声明是让编译器知道函数的名称、参数、返回值类型等信息。函数的定义是让编译器知道函数的功能。

定义与声明

函数声明由返回值类型、函数名、参数列表和分号4个部分组成，其语法格式如下。

```
返回值类型  函数名(参数列表);
```

此处要注意的是，在函数声明的最后要有分号";"作为语句的结尾。例如，声明一个函数的代码如下。

```
int ShowNumber(int iNumber);
```

> 📖 **说明**：为了使读者更容易区分函数的声明和定义，通过一个比喻来说明函数的声明和定义。在生活中经常能看到很多电器的宣传广告，通过宣传广告，顾客可以了解电器的名称和用处等。当顾客了解这个电器之后，就会到商店里看一看这个电器，经过服务人员的介绍，就会知道电器的具体功能和使用方法。函数的声明就相当于电器的宣传广告，可帮助顾客了解电器；函数的定义就相当于服务人员具体介绍的电器的功能和使用方法。

【例9-2】 定义获取屏幕光标位置和设置文字颜色的函数。

在本书第14章的综合开发实例——趣味俄罗斯方块中，界面中的文字是彩色的，而且输出位置是通过设置坐标确定的。本实例通过定义获取屏幕光标位置的 gotoxy()函数和设置文字颜色的 color()函数来输出文字。

```
#include <stdio.h>
#include <conio.h>
#include <windows.h>
//函数的声明
void gotoxy(int x, int y);
int color(int c);
HANDLE hOut;                                    //控制台句柄
/**
 * 获取屏幕光标位置
 */
void gotoxy(int x, int y)
{
    COORD pos;
    pos.X = x;                                  //横坐标
    pos.Y = y;                                  //纵坐标
    SetConsoleCursorPosition(GetStdHandle(STD_OUTPUT_HANDLE), pos);
}
/**
 * 设置文字颜色
 */
int color(int c)
{
    SetConsoleTextAttribute(GetStdHandle(STD_OUTPUT_HANDLE), c);   //更改文字颜色
    return 0;
}
int main()
{
    color(14);                                  //设置文字颜色为黄色
    gotoxy(22,4);                               //设置文字输出位置的坐标为(22,4)
    printf("此文字设置成了黄色! ");              //输出文字
    color(10);                                  //设置文字颜色为绿色
    gotoxy(22,6);
    printf("此文字设置成了绿色! ");
    color(13);                                  //设置文字颜色为粉色
    gotoxy(22,8);
    printf("此文字设置成了粉色! \n\n\n\n");
}
```

⚠ 注意：如果将函数的定义放在调用函数之前，就不需要进行函数的声明，此时函数的
定义包含函数的声明。

9.3 返回语句

在函数的函数体中常会看到这样一句代码：

```
return 0;
```

这就是返回语句。返回语句有以下两个主要用途。

（1）利用返回语句能立即从所在的函数中退出，即返回到调用的函数中。

（2）返回语句能返回值，将返回值赋给调用的表达式，当然有些函数可以没有返回值，
例如返回值类型为 void 的函数就没有返回值。

下面对返回语句的两个主要用途进行介绍。

9.3.1 从函数返回

从函数返回

从函数返回是返回语句的第一个主要用途。在程序中，有两种方法可以终止函数的执行，并返回到调用函数中。这里介绍第一种方法，即在函数体中，从第一条语句一直执行到最后一条语句，当所有语句都执行完，程序遇到结束符号"}"后返回。

【例 9-3】 从函数返回。

在本实例中，通过声明一个简单的函数，在函数的适当位置输出提示信息，进而观察从函数返回的过程。

```c
#include<stdio.h>

int Function();                                    /*声明函数*/

int main()
{
    printf("this step is before the Function\n");  /*输出提示信息*/
    Function();                                     /*调用函数*/
    printf("this step is end of the Function\n");   /*输出提示信息*/
    return 0;
}

int Function()                                      /*定义函数*/
{
    printf("this step is in the Function\n");       /*输出提示信息*/
                                                    /*函数结束*/
}
```

（1）在程序中，首先声明函数 Function()，在 main()函数中首先输出提示信息表示此时程序执行的位置在 main()函数中。

（2）调用 Function()函数，在该函数中通过输出提示信息表示此时程序执行的位置在 Function()函数中，由于 Function()函数中只有一条语句，因此执行完这条语句之后就返回到 main()函数中。

（3）自定义的函数 Function()执行完后返回 main()函数中继续执行一条输出语句，输出提示信息，表示此时自定义的函数 Function()已经执行完毕。

（4）调用 return 语句，程序结束。

运行程序，显示结果如图 9-4 所示。

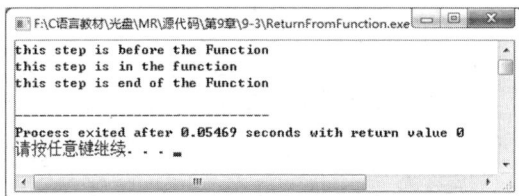

图 9-4 从函数返回

9.3.2 返回值

返回值

通常调用者希望能调用其他函数得到一个确定的值，这就是函数的返回

值。例如下面的代码：

```
int Minus(int iNumber1,int iNumber2)
{
    int iResult;                    /*定义一个整型变量，用来存储返回的计算结果*/
    iResult=iNumber1-iNumber2;      /*进行减法运算，得到计算结果*/
    return iResult;                 /*return 语句返回计算结果*/
}
int main()
{
    int iResult;                    /*定义一个整型变量*/
    iResult=Minus(9,4);             /*进行 9-4 的减法运算，并将计算结果赋给变量 iResult*/
    return 0;                       /*程序结束*/
}
```

从上面的代码中可以看到，首先定义了一个进行减法运算的函数 Minus()，然后在 main() 函数中通过调用 Minus() 函数将计算结果赋给在 main() 函数中定义的变量 iResult。

函数的返回值都通过函数中的 return 语句获得，return 语句的作用是将被调用函数中的一个确定值返回到调用函数中。例如上面代码中自定义函数 Minus() 就是使用 return 语句将计算结果返回到 main() 函数调用的位置。

📖 说明：return 语句中的括号是可以省略的，例如 return 0 和 return(0) 是相同的。在本书的实例中都将括号省略了。

【例 9-4】 返回值类型与 return 值类型。

在本实例中可以看到，自定义函数的返回值类型与 return 语句的返回值类型不一致，但是通过类型转换后，函数的返回值类型和定义的类型一致。

```
#include<stdio.h>

char ShowChar();                    /*函数的声明*/

int main()
{
    char cResult;
    cResult=ShowChar();             /*将返回的结果赋给变量 cResult*/
    printf("%c\n",cResult);         /*将返回的结果输出*/
    return 0;                       /*程序结束*/
}

char ShowChar()
{
    int iNumber;                    /*定义整型变量*/
    printf("please input a number:\n");/*输出提示信息*/
    scanf("%d",&iNumber);           /*输入一个整型变量*/
    return iNumber;                 /*返回值的类型是整型*/
}
```

（1）在程序中，首先声明一个 ShowChar() 函数，在 main() 函数中定义一个字符型变量 cResult，调用自定义函数 ShowChar() 得到返回值，使用 printf() 函数将得到的返回值输出。

（2）在 main() 函数外是 ShowChar() 函数的定义，在其函数体中定义了一个整型变量 iNumber，用户通过提示信息输入数据，最后将数据返回。

（3）在这里可以看到虽然在 ShowChar() 函数中返回的是整型变量，但是由于定义时指定的返回值类型是字符型，因此返回值是字符型。

运行程序，显示结果如图 9-5 所示。

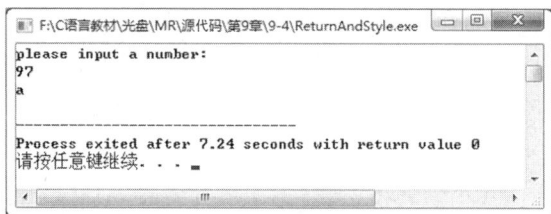

图 9-5　返回值类型与 return 值类型

9.4　函数参数

在调用函数时，大多数情况下主调函数和被调用函数之间有数据传递关系，这就是前面提到的有参数的函数形式。函数参数的作用是传递数据给函数，函数利用接收的数据进行具体的操作和处理。

函数参数在定义函数时放在函数名的后面，如图 9-6 所示。

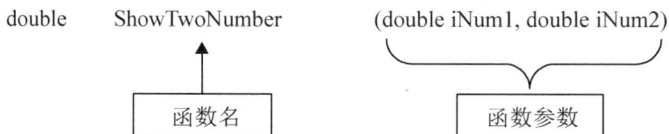

图 9-6　函数参数

9.4.1　形式参数与实际参数

在使用函数时，经常会用到形式参数和实际参数。两者都是参数，那么二者有什么关系？二者之间的区别是什么？两种参数各自起到什么作用？接下来读者可通过形式参数与实际参数的名称和作用来进行理解，再通过一个比喻和实例进行深入理解。

形式参数
与实际参数

1．通过名称理解形式参数和实际参数

（1）形式参数：形式上存在的参数。

（2）实际参数：实际存在的参数。

2．通过作用理解形式参数和实际参数

（1）形式参数：在定义函数时，函数名后面括号中的变量名称为形式参数。在调用函数之前，传递给函数的值将被复制到形式参数中。

（2）实际参数：在调用函数时，也就是真正使用函数时，函数名后面括号中的参数为实际参数。函数的调用者提供给函数的参数叫作实际参数。实际参数是表达式计算的结果，并且被赋给函数的形式参数。

读者通过图 9-7 可以更好地理解形式参数与实际参数。

```
void Function (int iNum)
{
...
}
```

如在定义或声明函数时，
函数参数iNum为形式参数

```
int main()
{
    int iNumber
    Function(97);
    Function(iNumber);
}
```

在调用函数时，函数参数
中的97或者变量iNumber
为实际参数

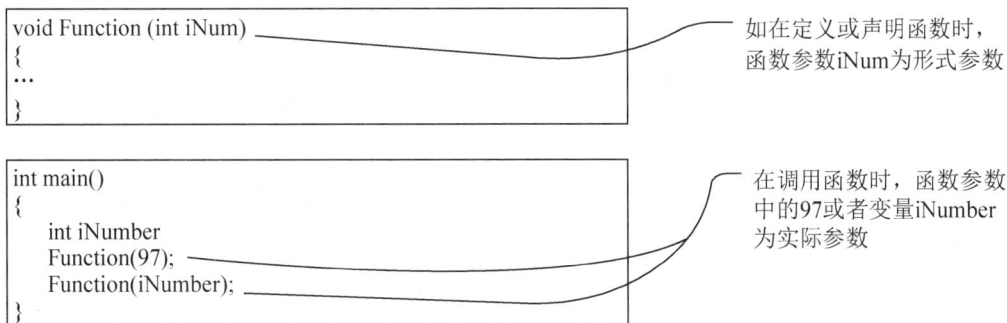

图 9-7　形式参数与实际参数

说明：形式参数简称形参；实际参数简称实参。

3．通过一个比喻和实例理解形式参数和实际参数

母亲拿来了一袋牛奶，并将牛奶倒入一个空奶瓶中，然后喂宝宝喝牛奶。函数的作用就相当于宝宝用奶瓶喝牛奶这个动作，实际参数相当于母亲拿来的一袋牛奶，而形式参数相当于空的奶瓶。牛奶被倒入奶瓶这个动作相当于将实际参数传递给形式参数，使用装好牛奶的奶瓶给宝宝喂奶就相当于函数使用参数进行操作的过程。

下面通过一个实例对形式参数和实际参数进行简单的介绍。

【例 9-5】　形式参数与实际参数的比喻实现。

本实例中将上面的比喻进行程序模拟，希望读者可以一边动手操作，一边通过上面的比喻加深对形式参数和实际参数的理解，更好地掌握知识点。

```
#include<stdio.h>

void DrinkMilk(char *cBottle);                    /*声明函数*/

int main()
{
    char cPoke[]="";                              /*定义字符数组*/
    printf("Mother wanna give the baby:");        /*输出提示信息*/
    scanf("%s",&cPoke);                           /*输入字符串*/
    DrinkMilk(cPoke);                             /*将实际参数传递给形式参数*/
    return 0;                                      /*程序结束*/
}

/*喝牛奶的动作*/
void DrinkMilk(char *cBottle)                      /*变量 cBottle 为形式参数*/
{
    printf("The baby drink the %s\n",cBottle);    /*输出提示信息，进行喝牛奶动作*/
}
```

下面根据上面的比喻，对本程序进行讲解。

（1）声明程序中要用到的函数 DrinkMilk()，在声明函数时变量 cBottle 称为形式参数，这相当于母亲为宝宝准备好的空奶瓶。

（2）在 main()函数中，定义一个字符数组用来保存用户输入的字符串。

（3）通过 printf()函数输出提示信息，表示此时宝宝饿了，母亲应该喂宝宝东西。

（4）使用 scanf() 函数在控制台上输入字符串，将字符串保存在变量 cPoke 中。

（5）变量 cPoke 获得数据之后，调用 DrinkMilk() 函数，将变量 cPoke 作为 DrinkMilk() 函数的参数。此时的变量 cPoke 就是实际参数，而传递的对象就是形式参数。这相当于母亲把牛奶袋打开后，将牛奶倒入空奶瓶中。

（6）调用 DrinkMilk() 函数时，程序会跳转到 DrinkMilk() 函数的定义处。在函数定义中的函数参数 cBottle 为形式参数，不过此时 cBottle 已经得到了变量 cPoke 的值。这样，在使用 printf() 函数输出变量 cBottle 时，输出的数据就是变量 cPoke 的值。此时相当于使用装满牛奶的奶瓶喂宝宝牛奶。

（7）DrinkMilk() 函数执行完后，回到 main() 函数中，return 语句返回 0，程序结束。此时，宝宝已经喝饱了，母亲就可以安心地做其他事情。

运行程序，显示结果如图 9-8 所示。

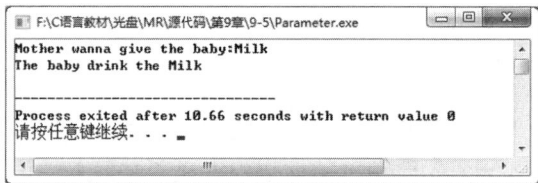

图 9-8　形式参数与实际参数的比喻程序

9.4.2　数组作为函数参数

本节将讨论数组作为实际参数传递给函数的特殊情况。将数组作为函数参数进行传递不同于标准的赋值调用的参数传递方法。

当数组作为函数的实际参数时，只传递数组的地址，而不是将整个数组传递到函数中。当用数组名作为实际参数调用函数时，指向该数组的第一个元素的指针就传递到函数中。

数组作为函数参数

⚠️注意：C 语言中没有任何下标的数组名是指向该数组第一个元素的指针。

声明函数参数时必须具有相同的类型，根据这一特点，下面对使用数组作为函数参数的各种情况进行详细的介绍。

1．数组元素作为函数参数

由于实际参数可以是表达式，并且数组元素可以是表达式的组成部分，因此数组元素可以作为函数的实际参数，其与变量作为函数实际参数一样，是单向传递的。

【例 9-6】　数组元素作为函数参数。

在本实例中定义一个数组，然后将赋值后的数组元素作为函数的实际参数进行传递，当函数的形式参数得到实际参数的值后，将其输出。

```
#include<stdio.h>

void ShowMember(int iMember);                    /*声明函数*/

int main()
{
    int iCount[10];                              /*定义一个整型数组*/
```

```
    int i;                                        /*定义整型变量，用于循环*/

    for(i=0;i<10;i++)                             /*进行循环赋值*/
    {
        iCount[i]=i;                              /*为数组元素赋值*/
    }

    for(i=0;i<10;i++)                             /*循环操作*/
    {
        ShowMember(iCount[i]);                    /*执行输出函数的操作*/
    }
    return 0;
}
void ShowMember(int iMember)                      /*函数的定义*/
{
    printf("Show the member is%d\n",iMember);     /*输出数据*/
}
```

（1）在程序中，对要使用的函数进行声明，在 main()函数的开始处定义了一个整型数组和一个整型变量 i，变量 i 用于循环语句。

（2）数组和变量定义完成之后对数组元素进行赋值，这里使用 for 语句，以变量 i 作为 for语句的循环条件，并且作为数组的下标指定数组元素位置。

（3）通过一个 for 语句调用 ShowMember()函数输出数据，其中可以看到 i 作为参数中数组的下标，用于指定要输出的数组元素。

运行程序，显示结果如图 9-9 所示。

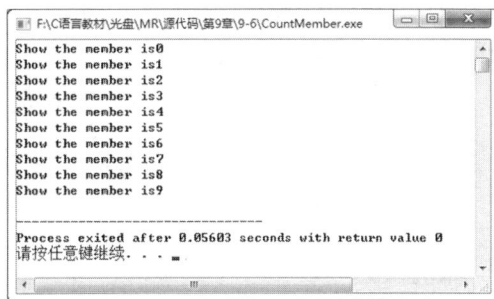

图 9-9　数组元素作为函数参数

2．数组名作为函数参数

可以用数组名作为函数参数，此时实际参数与形式参数都使用数组名。

【例 9-7】　数组名作为函数参数。

在本实例中，用数组名作为函数的实际参数和形式参数，实现与例 9-6 同样的程序运行结果。

```
#include<stdio.h>

void  Evaluate(int iArrayName[10]);            /*声明赋值函数*/
void  Display(int iArrayName[10]);             /*声明输出函数*/

int main()
{
    int iArray[10];                            /*定义一个具有 10 个元素的整型数组*/
    Evaluate(iArray[10]);                      /*调用函数进行赋值操作，将数组名作为参数*/
    Display(iArray[10]);                       /*调用函数进行赋值操作，将数组名作为参数*/
    return 0;
}
/*//////////////////////////////////////////////////////////////////////////*/
```

```
/*                      数组元素的输出                              */
/*////////////////////////////////////////////////////////////////////*/
void Display(int iArrayName[10])
{
    int i;                                  /*定义整型变量*/
    for(i=0;i<10;i++)                       /*执行循环语句*/
    {
        printf("the member number is %d\n",iArrayName[i]);/*在循环语句中执行输出操作*/
    }
}
/*////////////////////////////////////////////////////////////////////*/
/*                      数组元素的赋值                              */
/*////////////////////////////////////////////////////////////////////*/
void Evaluate(int iArrayName[10])
{
    int i;                                  /*定义整型变量*/
    for(i=0;i<10;i++)                       /*执行循环语句*/
    {
        iArrayName[i]=i;                    /*在循环语句中执行赋值操作*/
    }
}
```

（1）对程序中将要使用的函数进行声明，在声明语句中可以看到函数参数中用数组名作为参数名。

（2）在main()函数中，定义一个具有10个元素的整型数组iArray。

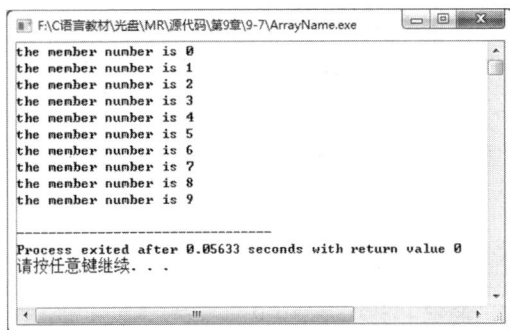

图9-10 数组名作为函数参数

（3）定义整型数组之后，调用Evaluate()函数，这时可以看到数组iArray作为函数参数传递数组的地址。在Evaluate()函数的定义中可以看到，使用形式参数iArrayName对数组进行了赋值操作。

（4）调用Evaluate()函数后，整型数组iArray已经被赋值，此时调用Display()函数将数组iArray输出，可以看到在Display()函数的参数中使用的也是数组名。

运行程序，显示结果如图9-10所示。

3. 可变长度数组作为函数参数

可以将函数参数声明成长度可变的数组。声明的代码为：

```
void Function(iint iArrayName[]);       /*声明函数*/
int iArray[10];                         /*定义整型数组*/
Function(iArray);                       /*将数组名作为实际参数进行传递*/
```

从上面的代码中可以看到，在定义和声明函数时将数组作为函数参数，并且没有指明数组的长度，这样就将函数参数声明为长度可变的数组。

【例9-8】 可变长度数组作为函数参数。

在本实例中，修改例9-7的程序，使其参数为可变长度数组。通过两个程序的比较使读者加深印象。

```
#include<stdio.h>
void  Evaluate(int iArrayName[]);              /*声明函数，参数为可变长度数组*/
void  Display(int iArrayName[]);               /*声明函数，参数为可变长度数组*/
int main()
{
    int iArray[10];                            /*定义一个具有 10 个元素的整型数组*/
    Evaluate(iArray[10]);                      /*调用函数进行赋值操作，将数组名作为参数*/
    Display(iArray[10]);                       /*调用函数进行赋值操作，将数组名作为参数*/
    return 0;
}
/*//////////////////////////////////////////////////////////////////*/
/*                      数组元素的输出                               */
/*//////////////////////////////////////////////////////////////////*/
void  Display(int iArrayName[])                /*定义函数，参数为可变长度数组*/
{
    int i;                                     /*定义整型变量*/
    for(i=0;i<10;i++)                          /*执行循环语句*/
    {
        printf("the member number is %d\n",iArrayName[i]);/*在循环语句中执行输出操作*/
    }
}
/*//////////////////////////////////////////////////////////////////*/
/*                      数组元素的赋值                               */
/*//////////////////////////////////////////////////////////////////*/
void  Evaluate(int iArrayName[])               /*定义函数，参数为可变长度数组*/
{
    int i;                                     /*定义整型变量*/
    for(i=0;i<10;i++)                          /*执行循环语句*/
    {
        iArrayName[i]=i;                       /*在循环语句中执行赋值操作*/
    }
}
```

本程序的执行过程与例 9-7 的相似，只是在声明和定义函数参数时使用的是可变长度数组。
运行程序，显示结果如图 9-11 所示。

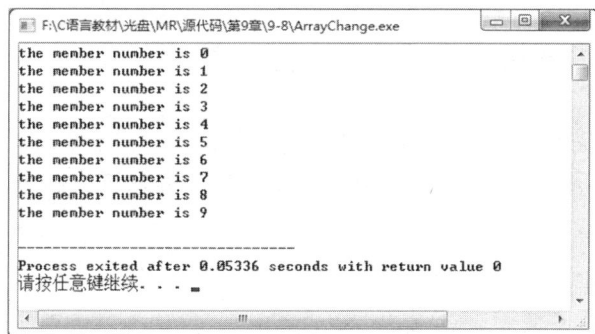

图 9-11　可变长度数组为函数参数

9.4.3　main()函数的参数

在介绍函数定义时，在介绍函数体时提到过主函数 main()的有关内容，
下面在此基础上对 main()函数的参数进行介绍。

在运行程序时，有时需要将必要的参数传递给 main()函数。main()

main()函数的
参数

函数的形式参数如下。

```
main(int argc, char *argv[])
```

两个特殊的内部形式参数argc和argv是用来接收命令行实际参数的,这是只有main()函数具有的形式参数。

(1)参数argc的作用是保存命令行的参数个数,是整型变量。参数argc的值至少是1,因为程序名就是第一个实际参数。

(2)参数argv是一个字符指针数组,这个数组中的每一个元素都指向命令行实际参数。所有命令行实际参数都是字符串;任何数字都必须由程序转变成适当的格式。

【例9-9】 main()函数的参数使用。

在本实例中,通过使用main()函数的参数,输出程序的位置。

```
#include<stdio.h>

int main(int argc,char *argv[])
{
    printf("%s\n",argv[0]);                  /*输出程序的位置*/
    return 0;                                /*程序结束*/
}
```

运行程序,显示结果如图9-12所示。

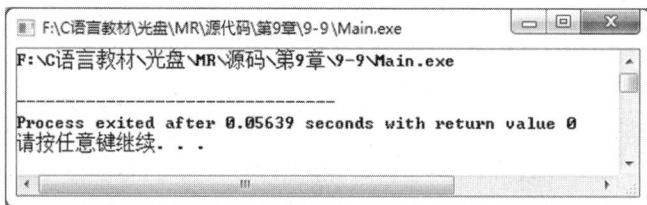

图 9-12　main()函数的参数使用

9.5 函数的调用

在生活中,为了能完成某项特殊的工作,需要使用具有特定功能的工具。首先要制作这个工具,工具制作完成后,就可以使用。函数就像具有某种功能的工具,而使用函数的过程就是函数的调用。

9.5.1 函数的调用方式

一种工具不止一种使用方式,函数的调用也是如此。函数的调用方式有3种,包括函数语句调用、函数表达式调用和函数参数调用。下面对这3种调用方式进行介绍。

函数的调用方式

1. 函数语句调用

把函数的调用作为语句就称为函数语句调用。函数语句调用是常使用的调用函数的方式,如下所示。

```
Display();                                    /*输出一条消息*/
```

这个函数的功能是在函数的内部输出一条消息，这时不要求函数带返回值，只要求函数能完成一定的操作。

【例 9-10】 调用获取屏幕光标位置和设置文字颜色的函数，设置趣味俄罗斯方块的标题图。

本书第 14 章的综合开发实例——趣味俄罗斯方块的欢迎界面中有一组由俄罗斯方块组成的标题图，如图 9-13 所示。

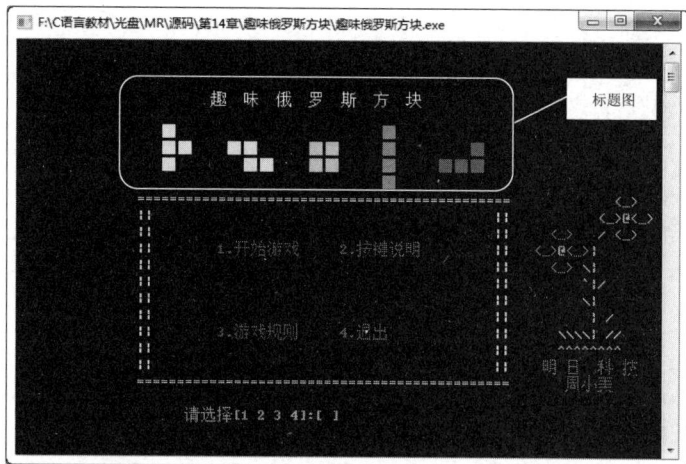

图 9-13　趣味俄罗斯方块欢迎界面中的标题图

在本实例中需要定义获取屏幕光标位置的函数 gotoxy() 和设置文字颜色的函数 color()，并且调用这两个函数，然后输出标题图上的字符画。要求只画出标题图即可。

```c
#include <stdio.h>
#include <conio.h>
#include <windows.h>
HANDLE hOut;                            //控制台句柄

/**
 * 获取屏幕光标位置
 */
void gotoxy(int x, int y)
{
    COORD pos;
    pos.X = x;                          //横坐标
    pos.Y = y;                          //纵坐标
    SetConsoleCursorPosition(GetStdHandle(STD_OUTPUT_HANDLE), pos);
}

/**
 * 设置文字颜色
 */
int color(int c)
{
    SetConsoleTextAttribute(GetStdHandle(STD_OUTPUT_HANDLE), c);     //更改文字颜色
    return 0;
}
```

```
int main()
{
    color(15);                          //白色
    gotoxy(24,3);
    printf("趣 味 俄 罗 斯 方 块\n");//输出标题
    color(11);                          //蓝色
    gotoxy(18,5);                                //以下注释呈现了俄罗斯方块的样式
    printf("■");                        //■
    gotoxy(18,6);                               //■■
    printf("■■");                       //■
    gotoxy(18,7);
    printf("■");

    color(14);                          //黄色
    gotoxy(26,6);
    printf("■■");                       //■■
    gotoxy(28,7);                               //■■
    printf("■■");

    color(10);                          //绿色
    gotoxy(36,6);                               //■■
    printf("■■");                       //■■
    gotoxy(36,7);
    printf("■■");

    color(13);                          //粉色
    gotoxy(45,5);
    printf("■");                        //■
    gotoxy(45,6);
    printf("■");                        //■
    gotoxy(45,7);                               //■
    printf("■");
    gotoxy(45,8);
    printf("■");

    color(12);                          //红色
    gotoxy(56,6);
    printf("■");                        //■
    gotoxy(52,7);                               //■■■
    printf("■■■");
}
```

首先定义设置文字颜色的函数 color()和获取屏幕光标位置的函数 gotoxy()。在 main()
函数中调用 color()和 gotoxy()函数,设置输出小方块的颜色和输出位置。

📖 **说明：** 小方块■属于特殊符号,可以在搜狗输入法上右击并选择"表情&符号",在
"特殊符号"中找到。

运行程序,显示结果如图 9-14 所示。

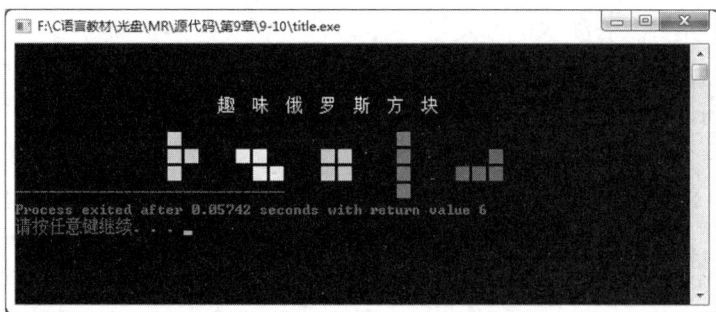

图 9-14　趣味俄罗斯方块的标题图

2．函数表达式调用

函数出现在一个表达式中，这时要求函数必须返回一个确定的值，而这个值作为参与表达式运算的一部分。如下述代码所示。

```
iResult=iNum3*AddTwoNum(3,5);  /*函数在表达式中，这时AddTwoNum(3,5)应该为具体的值*/
```

可以看到，函数 AddTwoNum()在这条语句中的功能是使两个数相加。在表达式中，将 AddTwoNum()函数中相加的结果与变量 iNum3 进行乘法运算，将得到的结果赋给变量 iResult。

【例 9-11】　函数表达式调用。

在本实例中，定义一个函数，其功能是进行加法运算，并在表达式中调用该函数，使得函数的返回值参与运算得到新的结果。

```
#include<stdio.h>

/*声明函数，用于进行加法运算*/
int AddTwoNum(int iNum1, int iNum2);

int main()
{
    int iResult;                          /*定义变量，用来存储计算结果*/
    int iNum3=10;                         /*定义变量，赋值10*/
    iResult=iNum3*AddTwoNum(3,5);         /*在表达式中调用AddTwoNum()函数*/
    printf("The result is : %d\n",iResult); /*将计算结果输出*/
    return 0;                             /*程序结束*/
}

int AddTwoNum(int iNum1, int iNum2)   /*定义函数*/
{
    int iTempResult;                      /*定义整型变量*/
    iTempResult=iNum1+iNum2;              /*进行加法运算，并将结果赋给变量iTempResult*/
    return iTempResult;                   /*返回计算结果*/
}
```

（1）在程序中，对要使用的函数进行声明。

（2）在 main()函数中，定义整型变量，用来存储计算结果；再定义整型变量 iNum3，为其赋值 10。

（3）在表达式中调用 AddTwoNum()函数对数值 3 和 5 进行加法运算，并且将计算结果赋给表达式中的元素。变量 iNum3 乘以函数返回的值，然后将结果赋给变量 iResult。

（4）使用 printf()函数对计算结果进行输出。

运行程序，显示结果如图 9-15 所示。

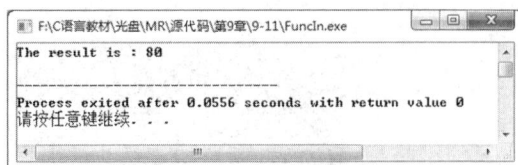

图 9-15　函数表达式调用

3．函数参数调用

函数参数调用即将函数作为另外一个函数的实际参数，这样可以直接将函数的返回值作为实际参数传递到另外一个函数中使用。如下述代码所示。

```
iResult=AddTwoNum(10,AddTwoNum(3,5));          /*函数作为参数*/
```

在这条语句中，AddTwoNum()函数的功能是将两个数相加，然后将计算结果作为函数的参数，继续进行加法运算。

【例 9-12】　函数参数调用。

本实例在例 9-11 的基础上进行修改，进行连续加法运算的操作。

```c
#include<stdio.h>

/*声明函数，用于进行加法运算*/
int AddTwoNum(int iNum1, int iNum2);

int main()
{
    int iResult;                                /*定义变量，用来存储计算结果*/

    iResult=AddTwoNum(10,AddTwoNum(3,5));      /*在参数中调用 AddTwoNum()函数*/
    printf("The result is : %d\n",iResult);   /*将计算结果输出*/
    return 0;                                   /*程序结束*/
}

int AddTwoNum(int iNum1, int iNum2)      /*定义函数*/
{
    int iTempResult;                       /*定义整型变量*/
    iTempResult=iNum1+iNum2;               /*进行加法运算，并将结果赋给变量 iTempResult*/
    return iTempResult;                    /*返回计算结果*/
}
```

在程序中可以看到 AddTwoNum()函数作为函数的参数进行加法运算。

运行程序，显示结果如图 9-16 所示。

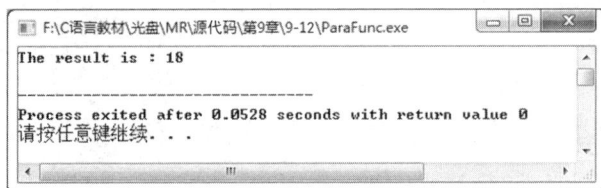

图 9-16　函数参数调用

9.5.2 嵌套调用

在 C 语言中，函数的定义都是互相平行、独立的，也就是说在定义函数时，一个函数体内不能包含另一个函数的定义，这一点和Pascal是不同的（Pascal允许在定义一个函数时，在其函数体内包含另一个函数的定义，这种形式称为嵌套定义）。例如，下面的代码是错误的。

```
int main()
{
    void Display()                              /*错误! 不能在函数内定义函数*/
    {
        printf("I want to show the Nesting function");
    }
    return 0;
}
```

从上面的代码中可以看到，在main()函数中定义了一个 Display()函数，其作用是输出一句提示。但 C 语言是不允许进行嵌套定义的，因此在进行编译时会出现图 9-17 所示的错误提示。

```
error C2143: syntax error : missing ';' before '{'
```

图 9-17　错误提示

C 语言虽然不允许进行嵌套定义，但是允许嵌套调用函数，也就是说在一个函数体内可以调用另外一个函数。例如，使用下面的代码进行函数的嵌套调用。

```
void ShowMessage()                              /*定义函数*/
{
    printf("The ShowMessage function");
}

void Display()
{
    ShowMessage();                              /*正确，在函数体内进行函数的嵌套调用*/
}
```

用一个比喻来理解，某公司的 CEO 决定公司要完成一个目标，完成这个目标需要将其讲给公司的经理听，公司的经理将要做的内容传递给下级的副经理，副经理再讲给下属的职员听，职员按照上级的指示进行工作，最终完成目标。嵌套过程如图 9-18 所示。

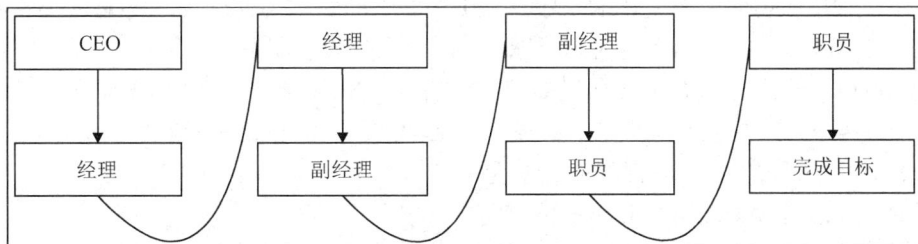

图 9-18　嵌套过程

【例 9-13】　函数的嵌套调用。

在本实例中，利用函数的嵌套调用模拟上述比喻中描述的过程，将每一个职位的人要做的事情封装成一个函数，通过调用函数完成目标。

```c
#include<stdio.h>

void CEO();                                          /*声明函数*/
void Manager();
void AssistantManager();
void Clerk();

int main()
{
    CEO();                                           /*调用 CEO()函数*/
    return 0;
}

void CEO()
{
    /*输出信息，表示调用CEO()函数进行相应的操作*/
    printf("The CEO's work is telling Manager\n");
    Manager();                                       /*调用 Manager()函数*/
}

void Manager()
{
    /*输出信息，表示调用Manager()函数进行相应的操作*/
    printf("The Manager's work is telling AssistantManager\n");
    AssistantManager();                              /*调用 AssistantManager()函数*/
}

void AssistantManager()
{
    /*输出信息，表示调用AssistantManager()函数进行相应的操作*/
    printf("The AssistantManager's work is telling Clerk\n");
    Clerk();                                         /*调用 Clerk()函数*/
}

void Clerk()
{
    /*输出信息，表示调用Clerk()函数进行相应的操作*/
    printf("The Clerk's work is making it\n");
}
```

（1）在程序中声明将要使用的函数，其中的 CEO()函数代表总裁，Manager()函数代表经理，AssistantManager()函数代表副经理，Clerk()函数代表职员。

（2）main()的下面是有关函数的定义。先来看 CEO()函数，通过输出一条信息表示这个函数的功能和作用，然后在函数体中嵌套调用了 Manager()函数。Manager()函数和 CEO()函数运行的步骤是相似的，只是在其函数体内调用了 AssistantManager()函数。在 AssistantManager()函数中调用了 Clerk()函数。

（3）在 main()中，调用了 CEO()函数，于是程序的整个流程按照步骤（2）进行，直到 return 语句返回，程序结束。

运行程序，显示结果如图 9-19 所示。

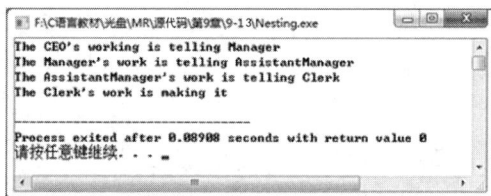

图 9-19　函数的嵌套调用

9.5.3 递归调用

递归调用

C 语言中的函数都支持递归，也就是说每个函数都可以直接或者间接地调用自己。间接调用是指在递归函数调用的下层函数中调用自己。递归调用过程如图 9-20 所示。

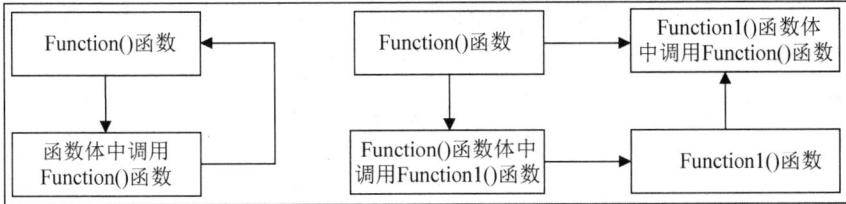

图 9-20 递归调用过程

之所以能实现递归，是因为函数的每个执行过程在栈中都有形式参数和局部变量的副本，这些副本和该函数的其他执行过程不发生关系。

这种机制是当代大多数程序设计语言实现子程序结构的基础，也使得递归成为可能。假设某个调用函数调用了一个被调用函数，并且被调用函数又反过来调用了调用函数，那么第二个调用就称为调用函数的递归，因为它发生在调用函数的当前执行过程运行完毕之前。而且，因为原先的调用函数、现在的被调用函数在栈中较低的位置有独立的一组参数和变量，原先的参数和变量不受任何影响，所以递归能正常工作。

【例 9-14】 函数的递归调用。

在本实例中，定义一个字符数组，并为其赋值一系列名称，通过函数的递归调用，实现逆序输出名称。

```
#include<stdio.h>

void DisplayNames(char **cNameArray);          /*声明递归函数*/

char *cNames[]=                                /*定义字符数组*/
{
    "Aaron",                                   /*为字符数组赋值*/
    "Jim",
    "Charles",
    "Sam",
    "Ken",
    "end"                                      /*设置结束符*/
};

int main()
{
    DisplayNames(cNames);                      /*调用递归函数*/
    return 0;
}

void DisplayNames(char **cNameArray)
{
    if(*cNameArray=="end")                     /*判断结束符*/
    {
        return ;                               /*函数结束*/
```

```
    }
    else
    {
        DisplayNames(cNameArray+1);              /*调用递归函数*/
        printf("%s\n",*cNameArray);              /*输出字符串*/
    }
}
```

图 9-21 所示为程序调用流程。通过图 9-21 了解程序调用流程后再进行分析，读者对程序会有更清晰的认识。

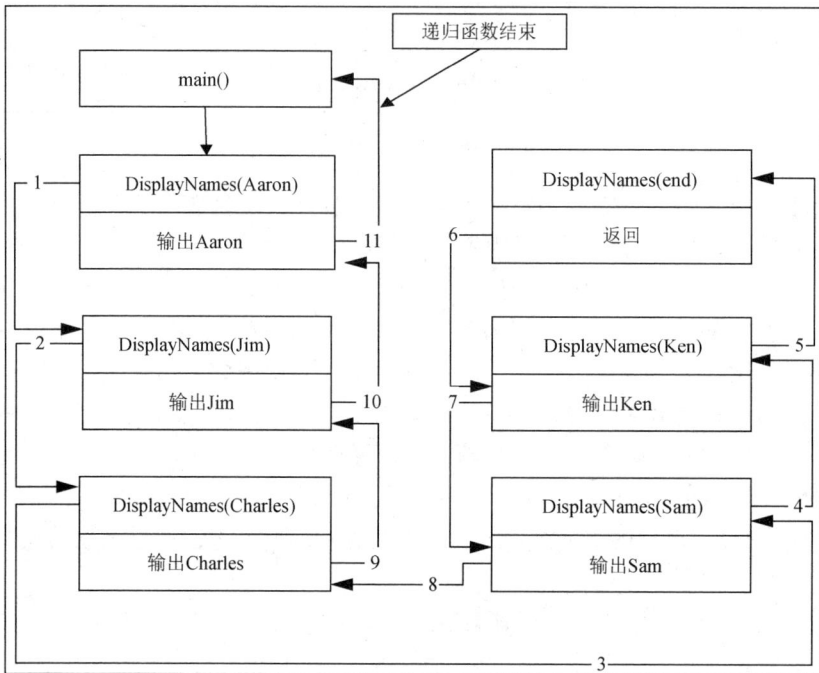

图 9-21   程序调用流程

程序分析如下。

（1）在源文件中声明要用到的递归函数，递归函数的参数为指针的指针。

（2）定义一个全局字符数组，并且为其赋值。其中以字符数组元素 end 作为字符数组的结束符。

（3）在 main()函数中调用递归函数 DisplayNames()。

（4）在 main()函数的下面是 DisplayNames()函数的定义。在 DisplayNames()函数的函数体中，通过一个 if 语句判断此时要输出的字符串是否为结束符，如果是结束符 end，那么使用 return 语句返回；如果不是，则执行 else 语句。在 else 语句中先调用递归函数，在函数参数处可以看到传递的字符数组元素发生改变，以传递下一个数组元素。如果再调用递归函数，则又开始判断传递的字符串是否为数组的结束符。最后输出字符数组中的元素。

运行程序，显示结果如图 9-22 所示。

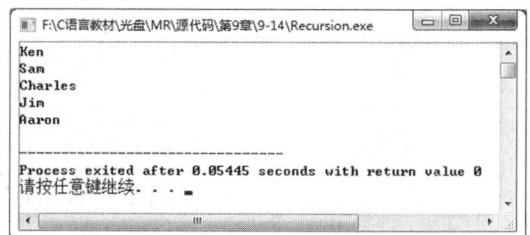

图 9-22   函数的递归调用

9.6 内部函数和外部函数

函数是 C 语言程序中的最小单位，往往把一个函数或多个函数保存为一个文件，这个文件称为源文件。定义一个函数，这个函数就会被另外的函数调用。但当一个源程序由多个源文件组成时，可以指定函数不能被其他文件调用。这样，C 语言又把函数分为两类：一类是内部函数，另一类是外部函数。

9.6.1 内部函数

定义一个函数，如果希望这个函数只被所在的源文件使用，那么这个函数被称为内部函数，又称为静态函数。内部函数可以使函数只局限在函数所在的源文件中，不同的源文件中同名的内部函数是互不干扰的。

内部函数

在定义内部函数时，要在返回值类型和函数名前面加上关键字 static 进行修饰。

```
static  返回值类型  函数名(参数列表)
```

例如定义一个功能是进行加法运算且返回值是整型的内部函数，代码如下。

```
static int Add(int iNum1,int iNum2)
```

在函数的返回值类型 int 前加上关键字 static，就将函数修饰成内部函数。

📖 **说明：** 使用内部函数的好处是不同的开发者可以分别编写不同的函数，而不必担心使用的函数与其他源文件中的函数同名，因为内部函数只可以在所在的源文件中使用。

下面通过实例介绍内部函数的使用。

【例 9-15】 内部函数的使用。

在本实例中使用内部函数，通过赋值函数对字符型变量进行赋值，再通过输出函数对字符串进行输出。

```c
#include<stdio.h>

static char *GetString(char *pString)        /*定义赋值函数*/
{
    return pString;                          /*返回字符串*/
}

static void ShowString(char *pString)        /*定义输出函数*/
{
    printf("%s\n",pString);                  /*输出字符串*/
}

int main()
{
    char *pMyString;                         /*定义字符型变量*/

    pMyString=GetString("Hello!");           /*调用赋值函数为字符型变量赋值*/
    ShowString(pMyString);                   /*输出字符串*/
```

```
        return 0;
}
```

在程序中，使用关键字 static 对函数进行修饰，使其只能在源文件中进行调用。
运行程序，运行结果如图 9-23 所示。

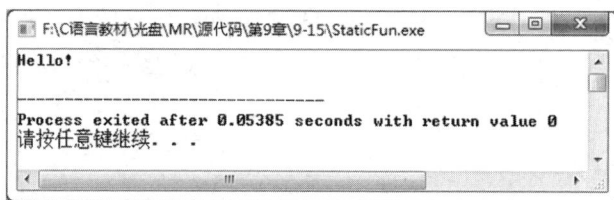

图 9-23　内部函数的使用

9.6.2　外部函数

与内部函数相反的是外部函数。外部函数是可以被其他源文件调用的函
数。外部函数使用关键字 extern 进行修饰。在使用外部函数时，要先用关键
字 extern 将所用的函数声明为外部函数。

外部函数

例如函数头可以写成下面的形式。

```
extern int Add(int iNum1,int iNum2);
```

这样，Add() 函数就可以被其他源文件调用以进行加法运算。

⚠️ 注意：在 C 语言中定义函数时，如果不指明函数是内部函数还是外部函数，那么默认
将函数声明为外部函数，也就是说定义外部函数时可以省略关键字 extern。本书中的
多数实例使用的函数都为外部函数。

【例 9-16】　外部函数的使用。

在本实例中，使用外部函数完成和例 9-15 相同的功能，只是所用的函数不包含在同一
个源文件中。

```
/*/////////////////////////////////////////////////////////////*/
/*                    ExternFun.c                               */
/*/////////////////////////////////////////////////////////////*/
#include<stdio.h>

extern char *GetString(char *pString);          /*声明外部函数*/
extern void ShowString(char *pString);          /*声明外部函数*/

int main()
{
    char *pMyString;                            /*定义字符型变量*/
    pMyString=GetString("Hello!");              /*调用函数为字符型变量赋值*/
    ShowString(pMyString);                      /*输出字符串*/

    return 0;
}

/*/////////////////////////////////////////////////////////////*/
/*                    ExternFun1.c                              */
/*/////////////////////////////////////////////////////////////*/
```

```
extern char *GetString(char *pString)
{
    return pString;                        /*返回字符串*/
}

/*/////////////////////////////////////////////////////////////*/
/*                    ExternFun2.c                              */
/*/////////////////////////////////////////////////////////////*/
extern void ShowString(char *pString)
{
    printf("%s\n",pString);                /*输出字符串*/
}
```

在程序中，可以看到代码和例 9-15 的代码几乎是相同的，但是使用关键字 extern 使得函数为外部函数，因此可以将函数放入其他源文件中。

（1）main()函数在源文件 ExternFun.c 中。首先使用关键字 extern 声明两个外部函数。然后在 main()函数体中调用这两个外部函数，其中 GetString()函数对变量 pMyString 进行赋值，而 ShowString()函数用来输出变量 pMyString。

（2）在源文件 ExternFun1.c 中对 GetString()函数进行定义，通过对传递的参数执行返回操作，完成对变量的赋值。

（3）在源文件 ExternFun2.c 中对 ShowString()函数进行定义，在函数体中使用 printf()函数将传递的参数输出。

运行程序，显示结果如图 9-24 所示。

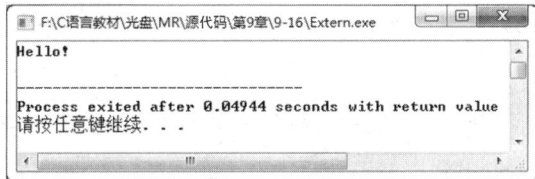

图 9-24　外部函数的使用

9.7 局部变量和全局变量

在介绍局部变量和全局变量之前，先介绍有关作用域的内容。作用域的作用就是决定程序中的哪些语句是可用的，换句话说，作用域就是语句在程序中的可见性。作用域包括局部作用域和全局作用域，局部变量具有局部作用域，而全局变量具有全局作用域。接下来具体介绍有关局部变量和全局变量的内容。

9.7.1　局部变量

在函数的内部定义的变量是局部变量。上述实例中绝大多数的变量都是局部变量，这些变量在函数内部声明，无法被其他函数使用。函数的形式参数也属于局部变量，其作用范围仅限于函数内部的所有语句块。

局部变量

说明：在语句块内声明的变量仅在该语句块内部起作用，也包括嵌套在其中的子语句块。

图 9-25 所示是不同情况下局部变量的作用域。

```
int Function1(int iA)
{
      ...                           ⎤
                                    ⎬  iA的作用域
}                                   ⎦

float Function2(int iB)
{
      float fB1,fB2;                ⎤
      ...                           ⎬  iB、fB1和fB2的作用域
}                                   ⎦

int main()
{
      int iC;
      float fC1,fC2;                ⎤
      ...                           ⎬  iC、fC1和fC2的作用域
      return 0;                     ⎦
}

int main()
{
      int iD;
      for(iD=1;iD<10;iD++)                              ⎤
      {                                                 │
            char cD;         ⎤                          │
            ...              ⎬  cD的作用域              ⎬  iD的作用域
      }                      ⎦                          │
      return 0;                                         ⎦
}
```

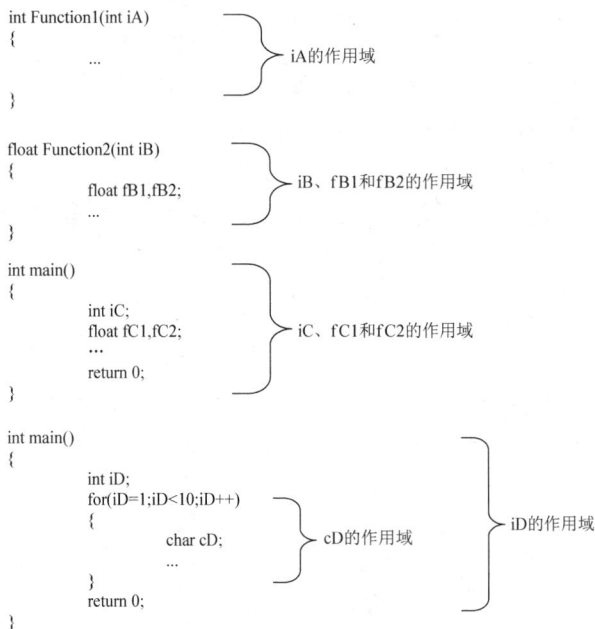

图 9-25　局部变量的作用域

9.7.2　全局变量

　　程序的编译单位是源文件，通过 9.7.1 节读者可以了解到在函数中定义的变量称为局部变量。如果变量在函数的外部声明，这个变量就是全局变量。顾名思义，全局变量是可以在程序中的任何位置使用的变量。

全局变量

⚠ **注意：** 全局变量不属于某个函数，而属于整个源文件，但是如果全局变量被外部文件使用，则要用关键字 extern 进行修饰。

　　全局变量的作用是增加函数间数据联系的渠道。由于同一个文件中的所有函数都能引用全局变量，因此如果在一个函数中改变了全局变量的值，就会影响到其他函数，相当于各个函数间有直接传递的通道。

9.8　借助 AIGC 工具编写实例

　　在学习 C 语言编程的过程中，使用 AIGC 工具可以提供有力的支持。本节展示了如何利用 AIGC 工具来帮助巩固本章所学的知识，设计相应的实例。以下是一个可能的对话示例。

【问题】
使用 C 语言函数解决汉诺塔问题。

【AIGC 建议】
　　汉诺塔问题（Tower of Hanoi）是一个经典的递归问题，它展示了如何通过递归来解决复杂的问题。汉诺塔问题的目标是将一个塔上的所有圆盘移动到另一个塔上，同时遵守以下规则。

　　① 每次只能移动一个圆盘。
　　② 每个移动的圆盘必须放在另一个塔的顶部。
　　③ 不能将较大的圆盘放在较小的圆盘上面。

我们可以使用 C 语言递归函数来解决汉诺塔问题。递归的核心思想是：为了将 n 个圆盘从源塔移动到目标塔，我们需要先将 n-1 个圆盘移动到辅助塔，然后将第 n 个圆盘移动到目标塔，最后再将 n-1 个圆盘从辅助塔移动到目标塔。代码如下：

```c
#include <stdio.h>
// 函数声明
void hanoi(int n, char from_rod, char to_rod, char aux_rod);
int main() {
    int n;  // 圆盘的数量
    // 提示用户输入圆盘数量
    printf("请输入汉诺塔的圆盘数量: ");
    if (scanf("%d", &n) != 1 || n <= 0) {
        printf("错误: 请输入有效的正整数。\n");
        return 1;
    }
    // 调用汉诺塔函数
    printf("汉诺塔问题的解决方案如下:\n");
    hanoi(n, 'A', 'C', 'B');  // A 是源塔，C 是目标塔，B 是辅助塔
    return 0;
}
// 汉诺塔递归函数
void hanoi(int n, char from_rod, char to_rod, char aux_rod) {
    if (n == 1) {
        // 如果只有一个圆盘，直接从源塔移动到目标塔
        printf("将圆盘 1 从 %c 移动到 %c\n", from_rod, to_rod);
        return;
    }
    // 递归地将 n-1 个圆盘从源塔移动到辅助塔
    hanoi(n - 1, from_rod, aux_rod, to_rod);
    // 将第 n 个圆盘从源塔移动到目标塔
    printf("将圆盘 %d 从 %c 移动到 %c\n", n, from_rod, to_rod);
    // 递归地将 n-1 个圆盘从辅助塔移动到目标塔
    hanoi(n - 1, aux_rod, to_rod, from_rod);
}
```

9.9 小结

本章主要介绍了 C 语言中函数的相关内容。首先介绍了函数的定义，帮助读者学会定义函数。对返回语句和函数参数的介绍，使读者进一步了解函数的细节部分。然后介绍了函数的各种调用方式与方法，以及实例，使读者对函数"不仅看得见并且摸得着"。接下来介绍了内部函数和外部函数，以及局部变量和全局变量的知识，并深入地探讨了细节部分。本章同时介绍了一些常用的函数，将常用的函数放入实例中进行演示，使读者更轻松地了解函数的功能。

函数是 C 语言的重点部分，希望读者对此部分的知识多加理解。

9.10 上机指导

固定格式输出当前时间。
编程实现将当前时间用以下格式输出。

第 9 章上机
指导

星期　月　日　时:分:秒　年

运行结果如图 9-26 所示。

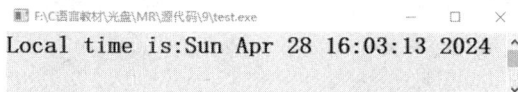

图 9-26　固定格式输出当前时间

编程思路如下。

本程序用到 3 个与时间相关的函数，下面逐一介绍。

（1）time()函数

```
time_t time(time_t *t)
```

time()函数的作用是获取以秒为单位的、以格林尼治时间 1970 年 1 月 1 日 00 时 00 分 00 秒开始计时的当前时间，并把它存储在 t 所指的区域中（在不需要存储的时候通常为 NULL）。time()函数的原型在头文件 time.h 中。

（2）localtime()函数

```
struct tm *localtime(const time_t *t)
```

localtime()函数的作用是返回一个指向以 tm 形式定义的分解时间的结构的指针。t 的值一般情况下通过调用 time()函数获得。localtime()函数的原型在头文件 time.h 中。

（3）asctime()函数

```
char *asctime(struct tm *p)
```

asctime()函数的作用是返回指向一个字符串的指针。p 指针所指的结构中的时间信息被转换成如下格式。

星期　月　日　时:分:秒　年

asctime()函数的原型在 time.h 中。

9.11　习题

9-1　定义 Max()函数，函数的功能是判断两个整数的大小，并将值较大的整数输出。

9-2　定义一个一维数组 Score，用来存放 10 个元素，代表 10 个学生的成绩。要求设计函数，其中将数组名作为函数的参数，函数的功能是求出这 10 个学生的平均成绩。

9-3　编写一个用于判断素数的函数，实现输入一个整数，使用该函数进行判断，然后输出是否为素数的信息。

9-4　有 5 个人坐在一起，问第 5 个人多少岁，他说比第 4 个人大 2 岁；问第 4 个人的岁数，他说比第 3 个人大 2 岁；问第 3 个人，他说比第 2 个人大 2 岁；问第 2 个人，他说比第 1 个人大 2 岁；最后问第 1 个人，他说是 10 岁。编写程序，实现当输入第几个人时求出其对应年龄。

9-5　A、B、C、D、E 这 5 个人在某天夜里去捕鱼，到第二天凌晨时 5 个人都疲惫不堪，于是各自找地方睡觉。第二天，A 第一个醒来，他将鱼分成 5 份，把多余的一条鱼扔掉，拿走自己的一份；B 第二个醒来，他也将鱼分为 5 份，把多余的一条鱼扔掉，拿走自己的一份；C、D、E 依次醒来，也按同样的方法拿鱼。问他们合伙至少捕了多少条鱼？

指针

本章要点

- 掌握指针的相关概念。
- 掌握指针与数组的关系。
- 掌握指向指针的指针。
- 掌握如何使用指针变量作函数参数。

指针是 C 语言的一个重要组成部分，是 C 语言的核心、精髓，用好指针可以在 C 语言编程中起到事半功倍的效果：一方面，使用指针可以提高程序的编译效率和执行速度，以及实现动态的存储分配；另一方面，使用指针可使程序更灵活，便于表示各种数据结构，编写高质量的程序。

10.1 指针的相关概念

10.1.1 地址与指针

系统的内存就好比带编号的小房间，如果想使用内存就需要得到房间编号。图 10-1 所示为定义的一个整型变量 i 在内存中的存储情况，因为整型变量占 4 个字节，所以编译器为变量 i 分配的编号为 1000～1003。

地址与指针

什么是地址？地址就是内存中对每个字节的编号，如图 10-1 所示的 1000、1001、1002 和 1003 就是地址。不同变量在内存中的存放情况如图 10-2 所示。

图 10-2 所示的 1000、1004 等就是内存单元的地址，而 0、1……5 就是内存单元的内容，也就是说整型变量 i 在内存中的地址从 1000 开始，变量 i 的内容是 0。因为整型变量占 4 个字节，所以变量 j 在内存中的起始地址为 1004，变量 j 的内容是 1。

指针是什么呢？这里仅将指针看作内存中的地址，多数情况下，这个地址是变量在内存中的起始地址。

程序中定义了一个变量，在进行编译时就会给该变量在内存中分配一个地址，通过访问这

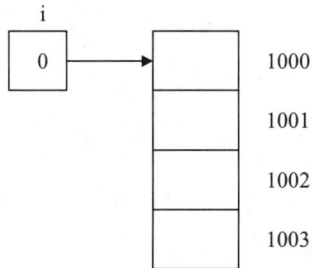

图 10-1 变量在内存中的存储

个地址可以找到该变量,这个地址称为该变量的指针。图 10-3 所示的地址 1000 是变量 i 的指针。

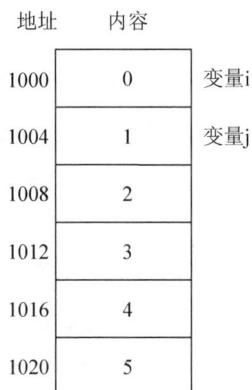

图 10-2　不同变量在内存中的存放

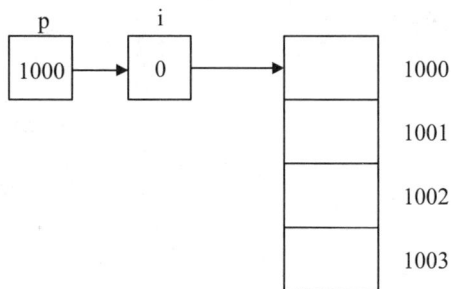

图 10-3　地址与指针

10.1.2　变量与指针

变量的地址是连接变量和指针的纽带,如果一个变量的内容是另一个变量的地址,则可以理解成该变量指向另一个变量。"指向"是通过地址体现的。因为指针变量是指向变量的地址(详见 10.1.3 节),所以将变量的地

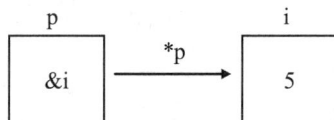

图 10-4　变量与指针

址赋给指针变量后,指针变量就"指向"了该变量。例如,将变量 i 的地址存放到指针变量 p 中,p 就指向 i,其关系如图 10-4 所示。

在代码中通过变量名对内存单元进行存取操作,但是代码经过编译后已经将变量转换为该变量在内存中的地址,因此对变量值的存取都是通过地址进行的。例如对图 10-2所示的变量 i 和变量 j 进行如下操作。

```
i+j;
```

其含义是:根据变量与地址的对应关系,找到变量 i 的地址 1000,然后从 1000 开始读取 4 个字节的数据放到中央处理器(central processing unit,CPU)的寄存器中;再找到变量 j 的地址 1004,从 1004 开始读取 4 个字节的数据放到 CPU 的另一个寄存器中,通过 CPU的中断计算出结果。

低级语言都是直接通过地址访问内存单元的,高级语言一般使用变量名访问内存单元。但 C 语言作为高级语言提供了通过地址访问内存单元的方式。

10.1.3　指针变量

由于通过地址能访问指定的内存单元,因此可以说地址指向内存单元。地址可以被形象地称为指针,通过指针能找到内存单元。一个变量的地址称为该变量的指针。如果有一个变量专门用来存放另一个变量的地址,它就是指针变量。在 C 语言中有专门用来存放内存单元地址的变量类型,即指针类型。下面对指针变量的一般形式、指针变量的赋值及指针变量的引用这 3 个方面的内容进行介绍。

1．指针变量的一般形式

图 10-4 所示的 p 就是一个指针变量。如果一个变量包含指针（指针等同于变量的地址），则必须对它进行声明。声明指针变量的一般形式如下。

```
类型说明 *变量名
```

其中，"*"表示该变量是指针变量，变量名为定义的指针变量名，类型说明表示指针变量所指向的变量的数据类型。

2．指针变量的赋值

指针变量同普通变量一样，使用之前不仅需要定义，而且必须赋值。未赋值的指针变量不能使用。指针变量的值与其他变量的值不同，指针变量的值只能被赋为地址，而不能被赋为任何其他数据，否则将引起错误。C 语言中提供了地址运算符&来表示变量的地址。其一般形式为：

```
&变量名;
```

如&a 表示变量 a 的地址，&b 表示变量 b 的地址。给指针变量赋值有以下两种方法。

（1）定义指针变量的同时进行赋值，例如：

```
int a;
int *p=&a;
```

（2）先定义指针变量，再进行赋值，例如：

```
int a;
int *p;
p=&a;
```

⚠ **注意**：注意这两种赋值方法的区别，如果在定义指针变量之后再进行赋值时不要加"*"。

【例 10-1】 从键盘中输入两个数，利用指针将这两个数输出。

```
#include<stdio.h>
int main()
{
    int a, b;
    int *ipointer1, *ipointer2;              /*声明两个指针变量*/
    scanf("%d,%d", &a, &b);                  /*输入两个数*/
    ipointer1 = &a;
    ipointer2 = &b;                          /*将地址赋给指针变量*/
    printf("The number is:%d,%d\n", *ipointer1, *ipointer2);
    return 0;
}
```

运行程序，显示结果如图 10-5 所示。

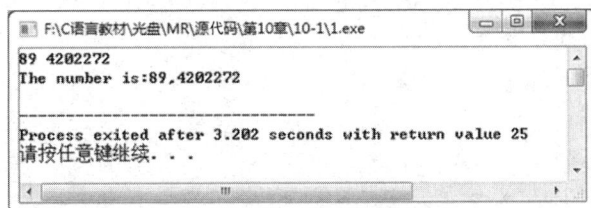

图 10-5　利用指针输出数据

通过例 10-1 可以发现程序中采用的赋值方法是第二种方法,即先定义指针变量再赋值。这里需要强调的是不允许把一个数赋给指针变量,例如:

```
int *p;
p=1002;
```

这样写是错误的。

3. 指针变量的引用

引用指针变量是对变量进行间接访问的一种形式。指针变量的引用形式如下。

```
*指针变量
```

其含义是引用指针变量指向的值。

【例 10-2】 利用指针变量实现数据的输入和输出。

```
#include<stdio.h>
int main()
{
    int *p,q;
    printf("please input:\n");
    scanf("%d",&q);                    /*输入一个整型数据*/
    p = &q;
    printf("the number is:\n");
    printf("%d\n",*p);                 /*输出指针变量的值*/
    return 0;
}
```

运行程序,显示结果如图 10-6 所示。

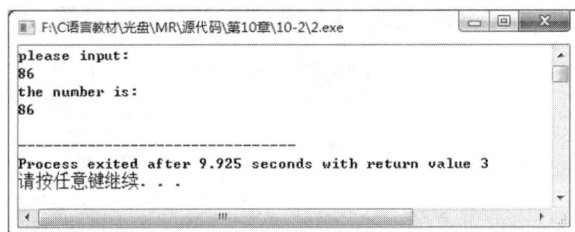

图 10-6 指针变量的引用

可将上述程序修改成如下形式。

```
#include<stdio.h>
int main()
{
    int *p,q;
    p=&q;
    printf("please input:\n");
    scanf("%d",p);
    printf("the number is:\n");
    printf("%d\n",q);                                        /*输出指针变量的值*/
    return 0;
}
```

运行结果完全相同。

4. &和*运算符

在介绍指针变量的过程中用到了 "&" 和 "*" 两个运算符。运算符 "&" 是返回操作数地址的单目运算符,叫作取地址运算符,例如:

```
p=&i;
```

其含义是将变量 i 的内存地址赋给 p,这个地址是该变量在计算机内存中的存储位置。

运算符 "*" 是单目运算符,叫作指针运算符,其作用是返回指定地址内的变量的值。例如 p 中有变量 i 的内存地址,则当

```
q=*p;
```

时,其含义是将变量 i 的值赋给 q,假如变量 i 的值是 5,则 q 的值也是 5。

5. &*和*&的区别

如果有如下语句,分析&*和*&的区别。

```
int a = 10;
// 先取 a 的地址,再解引用
int b = *(&a);
int *p = &a;  // p 指向 a 的地址
// 先解引用 p,再取地址
int *p2 = &(*p);
```

(&a)的效果等同于 a,因为&a 取的是 a 的地址,(&a)则解引用这个地址,得到 a 本身的值;而&(*p)的效果等同于 p,因为*p 解引用 p 得到 a 的值,&(*p)则取这个值的地址,结果仍然是 p 本身的值。下面通过两个实例来具体介绍。

【例 10-3】 &*的应用。

```
#include<stdio.h>
int main()
{
    long i;
    long *p;
    printf("please input the number:\n");
    scanf("%ld",&i);
    p=&i;
    printf("the result1 is: %ld\n",&*p);          /*输出变量 i 的地址*/
    printf("the result2 is: %ld\n",&i);           /*输出变量 i 的地址*/
    return 0;
}
```

运行程序,显示结果如图 10-7 所示。

【例 10-4】 *&的应用。

```
#include<stdio.h>
int main()
{
    long i;
    long *p;
    printf("please input the number:\n");
```

```c
        scanf("%ld",&i);
        p=&i;
        printf("the result1 is: %ld\n",*&i);          /*输出变量 i 的值*/
        printf("the result2 is: %ld\n",i);            /*输出变量 i 的值*/
        printf("the result3 is: %ld\n",*p);           /*使用指针变量输出 i 的值*/
        return 0;
}
```

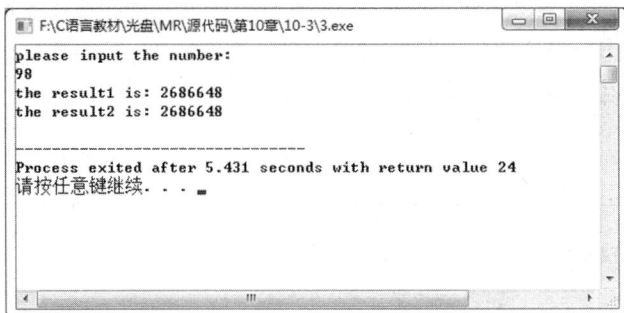

图 10-7　&*的应用

运行程序，显示结果如图 10-8 所示。

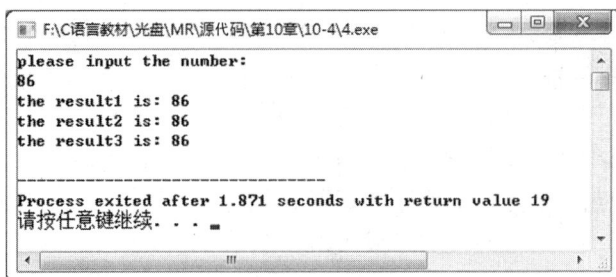

图 10-8　*&的应用

10.1.4　指针的自增自减运算

指针的自增自减运算不同于普通变量的自增自减运算，也就是说并非简单地进行加 1、减 1，下面通过实例进行具体分析。

【例 10-5】　输出整型变量的地址。

```c
#include<stdio.h>
int main()
{
    int i;
    int *p;
    printf("please input the number:\n");
    scanf("%d",&i);
    p=&i;                                    /*将变量 i 的地址赋给指针变量*/
    printf("the result1 is: %d\n",p);
    p++;                                     /*地址加 1，这里的 1 并不代表一个字节*/
    printf("the result2 is: %d\n",p);
    return 0;
}
```

运行程序，显示结果如图 10-9 所示。

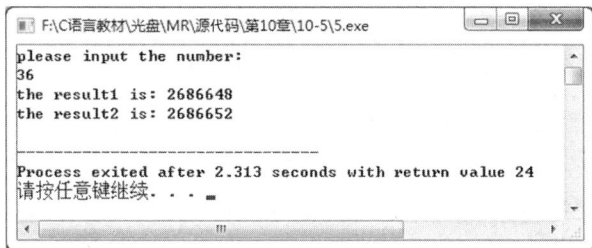

图 10-9　输出整型变量的地址

若将例 10-5 的程序改成：

```
#include<stdio.h>
int main()
{
    short i;
    short *p;
    printf("please input the number:\n");
    scanf("%d",&i);
    p=&i;                               /*将变量 i 的地址赋给指针变量*/
    printf("the result1 is: %d\n",p);
    p++;                                /*地址加 1，这里的 1 并不代表一个字节*/
    printf("the result2 is: %d\n",p);
    return 0;
}
```

运行程序，显示结果如图 10-10 所示。

整型变量 i 在内存中占 4 个字节，指针 p 是指向变量 i 的地址的，因此这里的 p++ 不是简单地在地址上加 1，而是指向下一个整型变量的地址。图 10-9 所示的结果是因为变量 i 是整型，执行 p++ 后，p 的值增加 4（4 个字节）；图 10-10 所示的结果是因为变量 i 被定义成了短整型，执行 p++ 后，p 的值增加 2（2 个字节）。

指针都按照它所指向的数据类型的直接长度进行加或减。可以将例 10-5 用图 10-11 形象地表示。

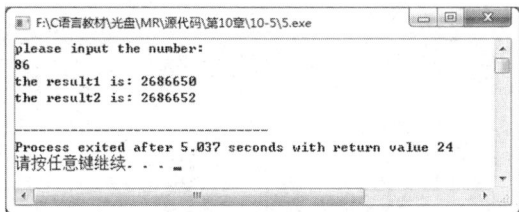

图 10-10　输出短整型变量的地址

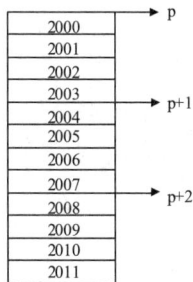

图 10-11　指向整型变量的指针

10.2 数组与指针

系统需要提供一定量且连续的内存来存储数组中的元素。内存都有地址，指针变量是用于存放地址的变量。如果把数组的地址赋给指针变量，就可以通过指针变量引用数组。下面将介绍如何用指针引用一维数组及二维数组。

10.2.1 一维数组与指针

当定义一个一维数组时，系统会在内存中为该数组分配一个存储空间，其中数组名就是数组在内存中的首地址。若定义一个指针变量，并将数组的首地址传给指针变量，则该指针就指向了这个一维数组。

一维数组与指针

例如：

```
int *p,a[10];
p=a;
```

其中 a 是数组名，也就是数组的首地址，将它赋给指针变量 p，也就是将数组 a 的首地址赋给指针变量 p。上述代码也可以写成如下形式。

```
int *p,a[10];
p=&a[0];
```

上面的语句是将数组 a 中的首个元素的地址赋给指针变量 p。由于 a[0]的地址就是数组 a 的首地址，因此两条赋值语句的效果完全相同，如例 10-6 所示。

【例 10-6】 输出数组中的元素。

```
#include<stdio.h>
int main()
{
    int *p,*q,a[5],b[5],i;
    p=&a[0];
    q=b;
    printf("please input array a:\n");
    for(i=0;i<5;i++)
        scanf("%d",&a[i]);
    printf("please input array b:\n");
    for(i=0;i<5;i++)
        scanf("%d",&b[i]);
    printf("array a is:\n");
    for(i=0;i<5;i++)
        printf("%5d",*(p+i));
    printf("\n");
    printf("array b is:\n");
    for(i=0;i<5;i++)
        printf("%5d",*(q+i));
    printf("\n");
    return 0;
}
```

运行程序，显示结果如图 10-12 所示。

例 10-6 的程序中有如下两条语句：

```
p=&a[0];
q=b;
```

这两条语句都是将数组的首地址赋给指针变量。

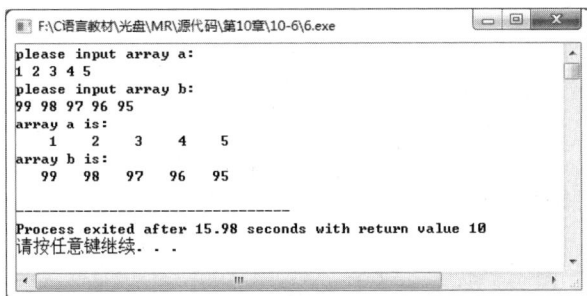

图 10-12　输出数组中的元素

那么如何通过指针引用一维数组中的元素呢？有以下语句：

```
int *p,a[5];
p=&a;
```

针对上面的语句，通过以下 2 个方面进行介绍。

（1）p+n 与 a+n 表示数组元素 a[n]的地址，即&a[n]。数组 a 共有 5 个元素，因此 n 的取值范围为 0～4，数组元素的地址可以表示为 p+0～p+4 或 a+0～a+4。

（2）用指针表示数组元素用到了数组元素的地址，例如用*(p+n)或*(a+n)表示数组 a 中的各元素。

例 10-6 中的语句 printf("%5d",*(p+i));和语句 printf("%5d",*(q+i));分别表示输出数组 a 和数组 b 中的元素。

例 10-6 中使用指针指向一维数组及通过指针引用数组元素的过程分别如图 10-13 和图 10-14 所示。

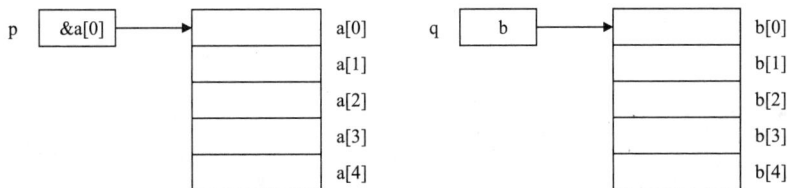

图 10-13　使用指针指向一维数组

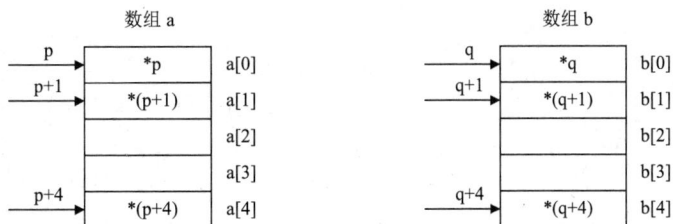

图 10-14　通过指针引用数组元素

前面提到可以用 a+n 表示数组元素的地址，用*(a+n)表示数组元素，那么可以将例 10-6 的程序改写成如下形式。

```
#include<stdio.h>
int main()
{
    int *p,*q,a[5],b[5],i;
```

```
    p=&a[0];
    q=b;
    printf("please input array a:\n");
    for(i=0;i<5;i++)
        scanf("%d",&a[i]);
    printf("please input array b:\n");
    for(i=0;i<5;i++)
        scanf("%d",&b[i]);
    printf("array a is:\n");
    for(i=0;i<5;i++)
        printf("%5d",*(a+i));
    printf("\n");
    printf("array b is:\n");
    for(i=0;i<5;i++)
        printf("%5d",*(b+i));
    printf("\n");
    return 0;
}
```

上述程序的运行结果与例 10-6 的运行结果一样。

指针的移动可以使用"++"和"--"这两个运算符表示。

利用"++"运算符可将例 10-6 的程序改写成如下形式。

```
#include<stdio.h>
int main()
{
    int *p,*q,a[5],b[5],i;
    p=&a[0];
    q=b;
    printf("please input array a:\n");
    for(i=0;i<5;i++)
        scanf("%d",&a[i]);
    printf("please input array b:\n");
    for(i=0;i<5;i++)
        scanf("%d",&b[i]);
    printf("array a is:\n");
    for(i=0;i<5;i++)
        printf("%5d",*p++);
    printf("\n");
    printf("array b is:\n");
    for(i=0;i<5;i++)
        printf("%5d",*q++);
    printf("\n");
    return 0;
}
```

还可将上面的程序进一步改写，其运行结果仍与例 10-6 的运行结果相同。改写后的程序代码如下。

```
#include<stdio.h>
int main()
{
    int *p,*q,a[5],b[5],i;
```

```
        p=&a[0];
        q=b;
        printf("please input array a:\n");
        for(i=0;i<5;i++)
            scanf("%d",p++);
        printf("please input array b:\n");
        for(i=0;i<5;i++)
            scanf("%d",q++);
        p=a;
        q=b;
        printf("array a is:\n");
        for(i=0;i<5;i++)
            printf("%5d",*p++);
        printf("\n");
        printf("array b is:\n");
        for(i=0;i<5;i++)
            printf("%5d",*q++);
        printf("\n");
        return 0;
}
```

比较上面两个程序会发现，如果在给数组元素赋值时使用了如下语句：

```
printf("please input array a:\n");
for(i=0;i<5;i++)
    scanf("%d",p++);
printf("please input array b:\n");
for(i=0;i<5;i++)
    scanf("%d",q++);
```

而且在输出数组元素时需要使用指针变量，则须加上如下语句：

```
p=a;
q=b;
```

这两条语句的作用是将指针变量 p 和 q 重新指向数组 a 和数组 b 在内存中的起始位置。若没有这两条语句，而直接使用*p++和*q++进行输出，则此时会产生错误。

10.2.2　二维数组与指针

定义一个 3 行 5 列的二维数组，其在内存中的存储形式如图 10-15 所示。
在图 10-15 中可以看到几种表示二维数组中元素地址的方法。

二维数组与指针

（1）&a[0][0]既可以看作第 1 行第 1 列元素的地址，也可以看作二维数组的首地址。&a[m][n]是第 m+1 行第 n+1 列元素的地址。

（2）a[0]+n 表示第 1 行第 n+1 个元素的地址。

（3）&a[0]是第 1 行的首地址，当然&a[n]是第 n+1 行的首地址。

（4）a+n 表示第 n+1 行的首地址。

下面用实例逐一介绍。

【例 10-7】　利用指针对二维数组进行输入和输出。

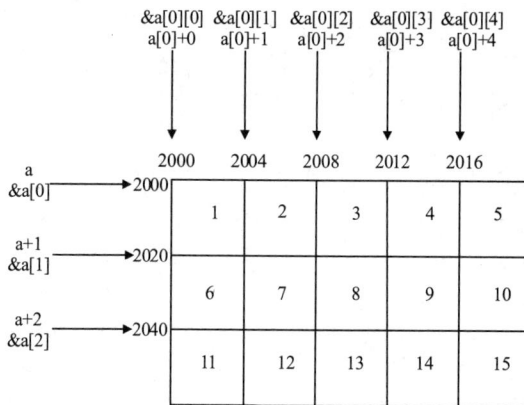

图 10-15　二维数组在内存中的存储形式

```c
#include<stdio.h>
int main()
{
    int a[3][5],i,j;
    printf("please input:\n");
    for(i=0;i<3;i++)                                /*控制二维数组的行数*/
    {
        for(j=0;j<5;j++)                            /*控制二维数组的列数*/
        {
            scanf("%d",a[i]+j);                     /*为二维数组中的元素赋值*/
        }
    }
    printf("the array is:\n");
    for(i=0;i<3;i++)
    {
        for(j=0;j<5;j++)
        {
            printf("%5d",*(a[i]+j));                /*输出二维数组中的元素*/
        }
        printf("\n");
    }
    return 0;
}
```

运行程序，显示结果如图 10-16 所示。

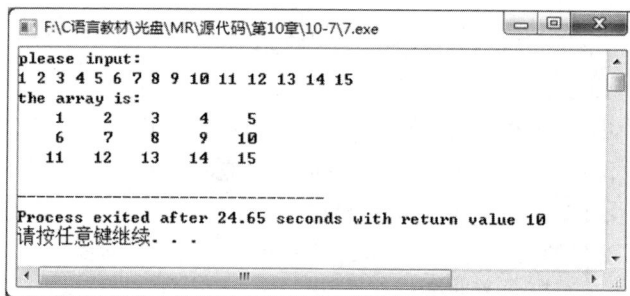

图 10-16　利用指针对二维数组进行输入和输出

在运行结果相同的前提下可将程序改写成如下形式。

```
#include<stdio.h>
int main()
{
    int a[3][5],i,j,*p;
    p=a[0];
    printf("please input:\n");
    for(i=0;i<3;i++)                          /*控制二维数组的行数*/
    {
        for(j=0;j<5;j++)                      /*控制二维数组的列数*/
        {
            scanf("%d",p++);                  /*为二维数组中的元素赋值*/
        }
    }
    p=a[0];                                   /*p 为第一个元素的地址*/
    printf("the array is:\n");
    for(i=0;i<3;i++)
    {
        for(j=0;j<5;j++)
        {
            printf("%5d",*p++);               /*输出二维数组中的元素*/
        }
        printf("\n");
    }
    return 0;
}
```

【例 10-8】 将一个 3 行 5 列的二维数组中的第 3 行元素输出。

```
#include<stdio.h>
int main()
{
    int a[3][5],i,j,(*p)[5];
    p=&a[0];
    printf("please input:\n");
    for(i=0;i<3;i++)                          /*控制二维数组的行数*/
    {
        for(j=0;j<5;j++)                      /*控制二维数组的列数*/
        {
            scanf("%d",(*(p+i))+j);           /*为二维数组中的元素赋值*/
        }
    }
    p=&a[2];                                  /*p 为第 3 行第一个元素的地址*/
    printf("the third line is:\n");
    for(j=0;j<5;j++)
        printf("%5d",*((*p)+j));              /*输出二维数组中的第 3 行元素*/
    printf("\n");
    return 0;
}
```

运行程序，显示结果如图 10-17 所示。

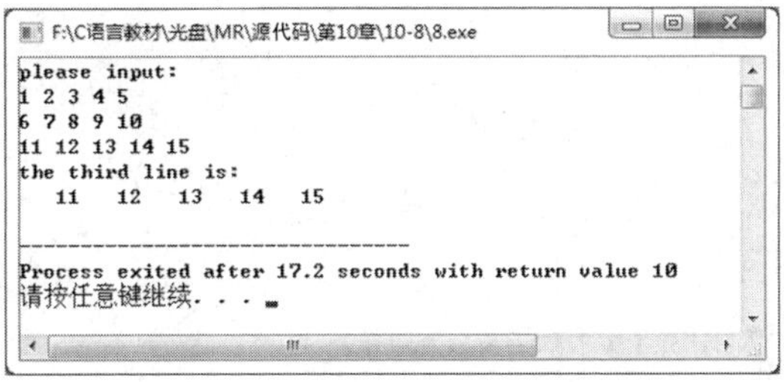

图 10-17　输出第 3 行元素

【例 10-9】 将一个 3 行 5 列的二维数组中的第 2 行元素输出。

```c
#include<stdio.h>
int main()
{
    int a[3][5],i,j;
    printf("please input:\n");
    for(i=0;i<3;i++)                              /*控制二维数组的行数*/
        for(j=0;j<5;j++)                          /*控制二维数组的列数*/
            scanf("%d",*(a+i)+j);                 /*为二维数组中的元素赋值*/
    printf("the second line is:\n");
    for(j=0;j<5;j++)
        printf("%5d",*(*(a+1)+j));                /*输出二维数组中的第 2 行元素*/
    printf("\n");
    return 0;
}
```

运行程序，显示结果如图 10-18 所示。

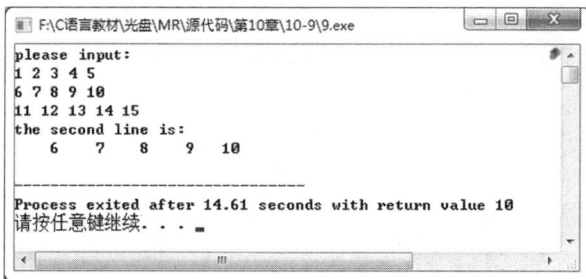

图 10-18　输出第 2 行元素

10.2.1 节介绍了如何利用指针引用一维数组中的元素，这里在一维数组的基础上介绍如何利用指针引用二维数组中的元素。

（1）*(*(a+n)+m)表示第 n+1 行第 m+1 列元素。

（2）*(a[n]+m)表示第 n+1 行第 m+1 列元素。

10.2.3　字符串与指针

访问字符串有两种方式：一种方式就是使用一个字符数组来存放一个字符串，从而实现对字符串的操作；另一种方式就是使用一个字符指针指向一个字符串，此时可不定义数组。

字符串与指针

【例 10-10】 字符指针的应用。

```c
#include<stdio.h>
int main()
{
    char *string="hello mingri";
    printf("%s",string);                          /*输出字符串*/
    return 0;
}
```

运行程序，显示结果如图 10-19 所示。

在例 10-10 中定义了字符指针变量 string，用字符串"hello mingri"为其赋初值，注意这

里并不是把字符串"hello mingri"中的所有字符存储到指针变量 string 中，只是把该字符串中的第一个字符的地址赋给指针变量 string，如图 10-20 所示。

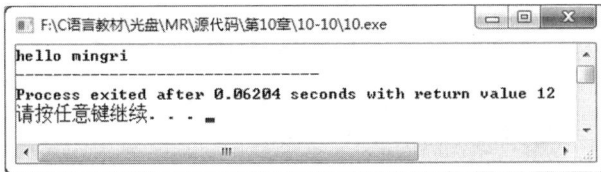

图 10-19　字符指针的应用

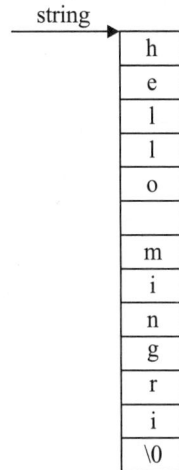

图 10-20　字符指针

语句 char *string="hello mingri";等价于下面两条语句。

```
char *string;
string="hello mingri";
```

【例 10-11】　利用指针实现字符串复制功能。

```
#include<stdio.h>
int main()
{
    char str1[ ]="you are beautiful",str2[30],*p1,*p2;
    p1=str1;
    p2=str2;
    while(*p1!='\0')
    {
        *p2=*p1;
        p1++;                               /*移动指针*/
        p2++;
    }
    *p2='\0';                               /*在字符串的末尾加结束符*/
    printf("Now the string2 is:\n");
    puts(str2);                             /*输出字符串*/
    return 0;
}
```

程序运行结果如图 10-21 所示。

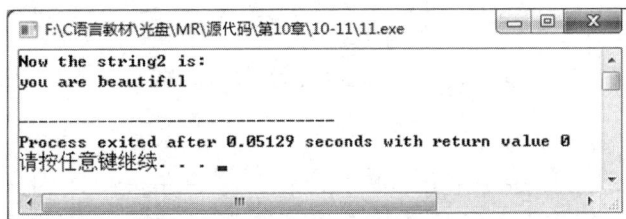

图 10-21　利用指针实现字符串复制功能

在例 10-11 中定义了两个指向字符数组的指针变量。首先让 p1 和 p2 分别指向字符数组 str1 和字符数组 str2 的第一个字符的地址。将 p1 所指向的元素赋给 p2 所指向的元素，然后 p1 和 p2 分别加 1，指向下一个元素，直到*p1 为 "\0" 为止。

这里有一点需要注意，就是 p1 和 p2 是同步变化的，如图 10-22 所示。若 p1 在 p11 的位置，p2 就在 p21 的位置；若 p1 在 p12 的位置，p2 就在 p22 的位置。

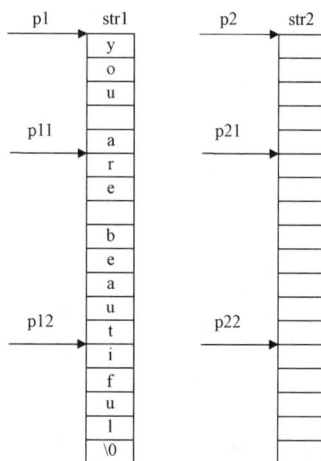

图 10-22　p1 和 p2 同步变化

10.3　指向指针的指针

指针变量可以指向整型变量、实型变量、字符型变量，也可以指向指针变量。当指针变量指向指针变量时，则称其为指向指针的指针，如图 10-23 所示。

整型变量 i 的地址是&i，将其传递给指针变量 p1，则 p1 指向 i；同时，将 p1 的地址 &p1 传递给指针变量 p2，则 p2 指向 p1。这里的 p2 就是指向指针的指针。指向指针的指针的定义如下。

```
类型标识符 **指针变量名;
```

例如：

```
int **p;
```

其含义为定义一个指针变量 p，它指向另一个指针变量，该指针变量又指向一个整型变量。由于指针运算符 "*" 是自右至左结合的，所以上述定义相当于：

```
int *(*p);
```

了解了如何定义指向指针的指针，那么可以用图 10-24 将图 10-23 更形象地表示。

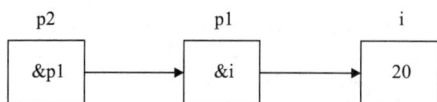

图 10-23　指向指针的指针（1）　　　图 10-24　指向指针的指针（2）

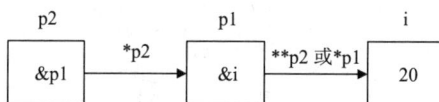

下面通过实例观察指向指针的指针在程序中是如何应用的。

【例 10-12】 使用指向指针的指针输出 12 个月。

```c
#include<stdio.h>
int main()
{
    int i;
    char **p;
    char *month[]=
    {
            "January",
            "February",
            "March",
            "April",
            "May",
            "June",
            "July",
            "August",
            "September",
            "October",
            "November",
            "December"
    };                                      /*给指针数组中的元素赋值*/
    for(i=0;i<12;i++)
    {
        p=month+i;
        printf("%s\n",*p);                  /*输出指针数组中的元素*/
    }
    return 0;
}
```

运行程序，显示结果（部分）如图 10-25 所示。

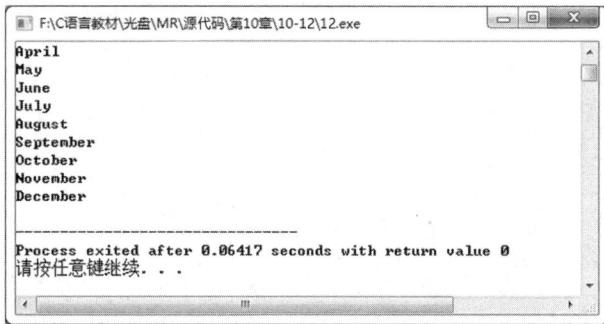

图 10-25 使用指向指针的指针输出 12 个月（部分）

【例 10-13】 利用指向指针的指针输出一维数组中值为偶数的元素，并统计偶数的个数。

```c
#include<stdio.h>
int main()
{
    int a[10],*p1,**p2,i,n=0;               /*定义数组、指针、变量等为整型*/
    printf("please input:\n");
    for(i=0;i<10;i++)
        scanf("%d",&a[i]);                  /*给数组 a 中的元素赋值*/
    p1=a;                                   /*将数组 a 的首地址赋给 p1*/
    p2=&p1;                                 /*将指针 p1 的地址赋给 p2*/
    printf("the array is:");
```

```
    for(i=0;i<10;i++)
    {
        if(*(*p2+i)%2==0)
        {
            printf("%5d",*(*p2+i));                /*输出数组中的偶数*/
            n++;
        }
    }
    printf("\n");
    printf("the number is:%d\n",n);
    return 0;
}
```

运行程序，显示结果如图 10-26 所示。

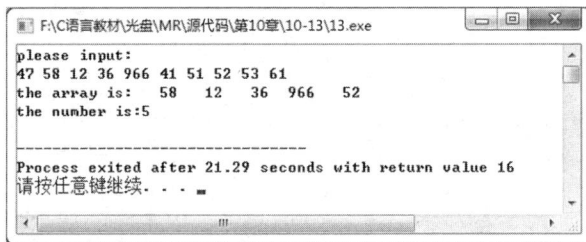

图 10-26　输出偶数

在程序中将数组 a 的首地址赋给指针变量 p1，又将指针变量 p1 的地址赋给指针变量 p2，要通过指针变量 p2 访问数组中的元素，就要一层层地进行分析。首先*p2 指向的是指针变量 p1 存储的内容，即数组 a 的首地址，要取出数组 a 中的元素，就必须在*p2 前面再加一个指针运算符"*"。

根据指针的用法可将例 10-13 的程序改写成如下形式。

```
#include<stdio.h>
int main()
{
    int a[10],*p1,**p2,n=0;                    /*定义数组、指针等为整型*/
    printf("please input:\n");
    for(p1=a;p1-a<10;p1++)                     /*指针 p 从数组 a 的首地址开始变化*/
    {
        p2=&p1;                                /*将指针变量 p1 的地址赋给指针变量 p2*/
        scanf("%d",*p2);                       /*通过指针变量给数组元素赋值*/
    }
    printf("the array is:");
    for(p1=a;p1-a<10;p1++)
    {
        p2=&p1;                                /*将指针变量 p1 的地址赋给指针变量 p2*/
        if(**p2%2==0)
        {
            printf("%5d",**p2);                /*将数组中的偶数输出*/
            n++;
        }
    }
    printf("\n");
    printf("the number is:%d\n",n);
```

```
        return 0;
}
```

10.4 指针变量作函数参数

指针变量作
函数参数

通过前面的介绍可知，整型变量、实型变量、字符型变量、数组名和
数组元素等均可作为函数参数。此外，指针变量也可以作为函数参数，下
面通过实例具体进行介绍。

【例 10-14】 交换两个数。调用自定义函数交换两个变量的值。

```
#include <stdio.h>
void swap(int *a,int *b)
{
    int tmp;
    tmp=*a;
    *a=*b;
    *b=tmp;
}
int main()
{
    int x,y;
    int *p_x,*p_y;
    printf("请输入两个数: \n");
    scanf("%d",&x);
    scanf("%d",&y);
    p_x=&x;
    p_y=&y;
    swap(p_x,p_y);
    printf("x=%d\n",x);
    printf("y=%d\n",y);
    return 0;
}
```

运行程序，显示结果如图 10-27 所示。

swap()函数是用户自定义函数，在 main()函数中调用该函数交换变量 x 和 y 的值。
swap()函数的两个形式参数被传入了两个地址，也就是传入了两个指针变量。在 swap()
函数的函数体内使用整型变量 tmp 作为中间变量，将两个指针变量指向的值进行交换。
在 main()函数内首先获取输入的两个数，并分别传递给变量 x 和 y，再调用 swap()函数将
变量 x 和 y 的值互换。

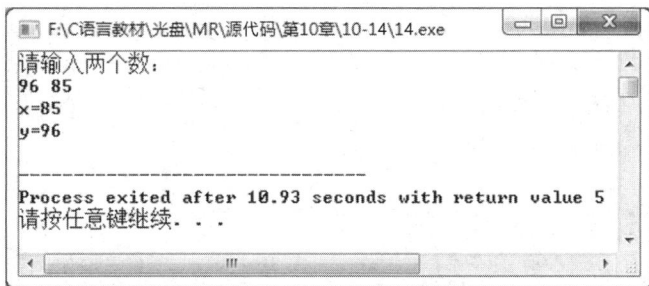

图 10-27 交换两个数

10.5 指针函数

指针变量也可以指向函数。一个函数在编译时被分配一个入口地址，该入口地址被称为函数的指针。可以用指针变量指向函数，然后通过该指针变量调用此函数。

指针函数

一个函数可以返回一个整型值、字符、实型值等，也可以返回指针值即地址。指针函数本质上就是一个函数，只是其返回值的类型是指针类型。

指针函数的一般形式为：

```
类型标识符 *函数名(参数列表);
```

例如：

```
int *fun(int x,int y);
```

fun 是函数名，调用它能得到一个指向整型数据的指针。x 和 y 是函数 fun()的形式参数，这两个参数均为整型变量。这个函数的函数名前面有一个"*"，表示此函数是指针函数，类型为 int 表示返回的指针指向整型变量。

【例 10-15】 使用指针函数求长方形的周长。

```c
#include<stdio.h>
int per(int a,int b);
int main()
{
    int iWidth,iLength,iResult;
    printf("请输入长方形的长:\n");
    scanf("%d",&iLength);
    printf("请输入长方形的宽:\n");
    scanf("%d",&iWidth);
    iResult=per(iWidth,iLength);
    printf("长方形的周长是:");
    printf("%d\n",iResult);
    return 0;
}
int per(int a,int b)
{
    return (a+b)*2;
}
```

运行程序，显示结果如图 10-28 所示。

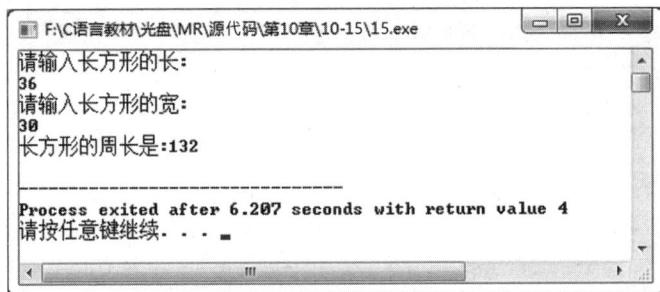

图 10-28 求长方形的周长

在上述程序中自定义了一个 per() 函数，用来求长方形的周长。下面在上述程序的基础上使用指针函数求长方形的周长。

```c
#include<stdio.h>
int *per(int a,int b);
int Perimeter;
int main()
{
    int iWidth,iLength;
    int *iResult;
    printf("请输入长方形的长:\n");
    scanf("%d",&iLength);
    printf("请输入长方形的宽:\n");
    scanf("%d",&iWidth);
    iResult=per(iWidth,iLength);
    printf("长方形的周长是:");
    printf("%d\n",*iResult);
    return 0;
}
int *per(int a,int b)
{
    int *p;
    p=&Perimeter;
    Perimeter=(a+b)*2;
    return p;
}
```

程序中自定义了一个指针函数：

```c
int *per(int a,int b)
```

该函数将指向存储所求长方形周长的变量的指针变量返回。注意，这个程序本身并不需要写成这种形式，因为对这种问题使用指针函数编写程序并不简便，此处这样写只是起到讲解的作用。

10.6 借助 AIGC 工具快速清除 bug

在程序开发过程中，遇到 bug 在所难免，那么如何快速找到 bug 并且清除它呢？这一直都是困扰程序员的难题。但是随着 AIGC 工具的推出，找 bug 已经变得容易多了。我们可以利用 AIGC 工具帮助我们找出程序中的 bug，这大大减少了程序员的工作量，从而提高工作效率。

在程序开发过程中，如果出现 bug，根据给出的错误提示不能快速解决问题时，可以把 bug 信息提交给 AIGC 工具，让它帮助我们分析出错的原因，并找到解决的方案。例如，当程序中出现 bug 时，我们可以把 bug 信息提炼并发送到通义千问中，通义千问会给出具体的解决方案，如图 10-29 所示。

如果不能得到满意的解决方案，可以继续追问。

通义千问 2.5

描述出现的bug ─────────────── 使用指针时，提示内存泄漏，应该如何解决

已完成搜索

在使用C语言时，如果遇到内存泄漏警告，这通常意味着你分配了动态内存，但没有适当地释放它。内存泄漏不仅浪费系统资源，还可能导致程序性能下降，甚至最终耗尽可用内存而崩溃。以下是解决内存泄漏问题的一些步骤和策略： ────────────── 给出的解决方案

1. 确认内存泄漏

首先，确保你确实有内存泄漏。可以使用内存检测工具来帮助识别，例如：

- **Valgrind**：适用于Linux和Unix系统，通过 memcheck 工具可以发现内存泄漏和错误。
- **AddressSanitizer**：Google开发的工具，可用于检测C/C++程序中的内存错误，包括泄漏。
- **Visual Studio的诊断工具**：对于Windows平台，Visual Studio自带的诊断工具可以检测内存泄漏。

2. 审查代码
一旦确认存在内存泄漏，仔细审查你的代码，查找以下常见问题：
↓

输入"/"唤起指令中心，Shift+Enter换行，支持拖拽或粘贴上传文件 ─── 追问问题

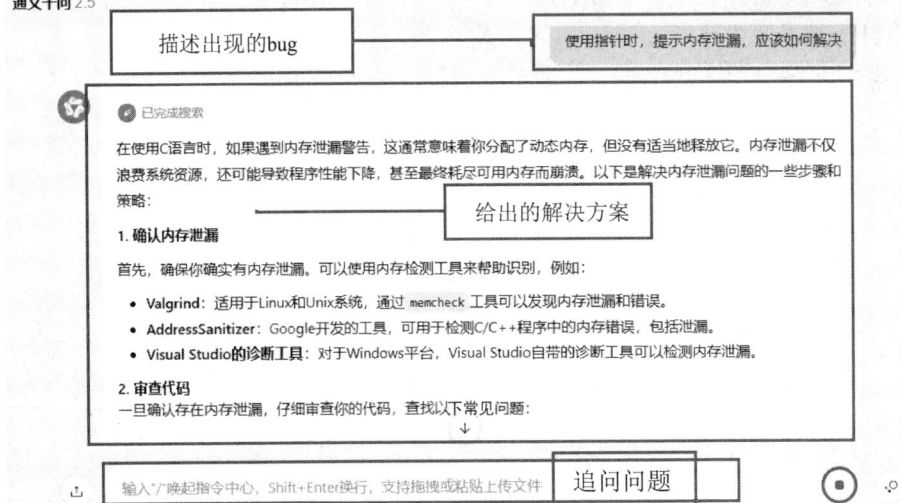

图 10-29 给出的解决方案

10.7 小结

本章主要介绍了指针的相关概念及其应用，在指针的相关概念中要理解变量与指针的区别，重点掌握指针变量的相关概念及用法；还介绍了指针与一维数组、二维数组、字符串之间的关系；又介绍了指向指针的指针、指针变量作函数参数、指针函数以及用 AI 帮忙快速清除 bug 等内容，其中使用指针变量作函数参数在编写程序的过程中用得比较多，希望读者注意。

10.8 上机指导

输入月份后输出英文月份名。

第 10 章上机指导

使用指针数组创建一个含有英文月份名的字符数组，并使用指向指针的指针指向这个字符数组，然后输出数组中的指定字符串。运行程序后，输入月份，将输出该月份对应的英文月份名。运行结果如图 10-30 所示。

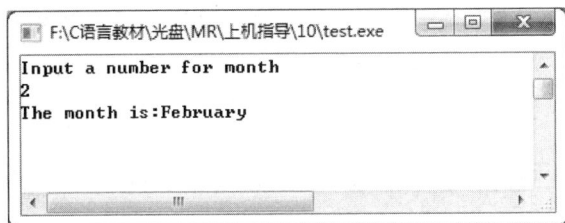

```
F:\C语言教材\光盘\MR\上机指导\10\test.exe

Input a number for month
2
The month is:February
```

图 10-30 输入月份后输出英文月份名

编程思路如下。

使用指向指针的指针实现对字符数组中的字符串进行输出。这里首先定义一个包含英文月份名的字符数组，然后定义一个指向指针的指针用于指向该数组，使用指向指针的指

针输出字符数组中的字符串。

10.9 习题

10-1 编程实现将数组中的元素按照相反顺序存储。

10-2 编程实现输入两个字符串，将这两个字符串连接后输出。

10-3 使用指针实现字符串的复制，并将字符串输出。

10-4 查找成绩不及格的学生。有 4 个学生的 4 科考试成绩，找出至少有一科不及格的学生，并将成绩列表输出。

10-5 使用指针插入元素。在有序（升序）的数组中插入一个数，使插入元素后的数组仍然有序。

第11章 结构体和共用体

本章要点

- 了解结构体的概念。
- 掌握定义结构体的方法。
- 掌握结构体数组和结构体指针。
- 掌握共用体。
- 了解枚举类型。

迄今为止,程序中所用的数据都是基本类型的数据,如整型 int、字符型 char 等,以及数组这种构造类型。在编写程序时,这些基本类型的数据是不能满足程序中各种复杂数据的要求的,因此 C 语言提供了构造类型的数据。构造类型的数据是由基本类型的数据按照一定规则组成的。

本章致力于使读者了解结构体的概念,掌握结构体和共用体的定义及使用方式;学会定义结构体数组、共用体数组、结构体指针、共用体指针以及包含结构的结构;结合结构体和共用体的具体应用进行更加深刻的理解。

11.1 结构体

当基本类型的数据不能满足使用要求时,程序员可以将一些相关的变量组织起来定义成一个结构(structure),表示一个有机的整体或一种新的类型,因此程序可以像处理内部的基本数据那样对结构进行各种操作。

11.1.1 结构体的概念

结构体是一种构造类型,它是由若干成员组成的,其中每一个成员可以是一个基本类型或者一个构造类型的数据。既然结构体是一种新的类型,就需要先对其进行构造,这里称这种操作为声明结构体。声明结构体的过程就像生产商品的过程,只有商品被生产出来才可以使用该商品。

结构体的概念

假如在程序中要使用"商品"类型,一般商品具有产品名称、形状、颜色、功能、价格和产地等特点,如图 11-1 所示。

通过图 11-1 可以看到,"商品"类型并不能使用之前介绍的任何一种数据类型表示,这

时就需要自定义一种新的类型，这种自定义的结构被称为结构体。

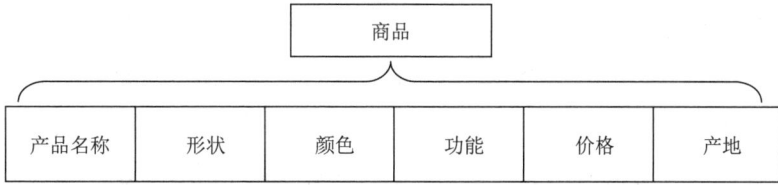

图 11-1 "商品"类型

声明结构体时使用的关键字是 struct，其一般形式为：

```
struct 结构体名
{
    成员列表
};
```

关键字 struct 表示声明结构体，其后的结构体名表示该结构的名称。大括号中的变量构成成员列表。

⚠ **注意**：在声明结构体时，要注意在大括号后面有一个分号 ";"，在编程时千万不要忘记。

例如声明一个结构体：

```
struct Product
{
    char cName[10];                    /*产品名称*/
    char cShape[20];                   /*形状*/
    char cColor[10];                   /*颜色*/
    char cFunc[20];                    /*功能*/
    int iPrice;                        /*价格*/
    char cArea[20];                    /*产地*/
};
```

上面的代码使用关键字 struct 声明一个名为 Product 的结构体，在结构体中定义的变量是 Product 结构体的成员，这些变量分别表示产品名称、形状、颜色、功能、价格和产地，可以根据成员的特点选择与其相对应的变量。

11.1.2 结构体变量的定义

11.1.1 节介绍了如何使用关键字 struct 构造结构体以满足程序的设计要求。而使用构造出来的结构体才是构造结构体的目的。

声明结构体时只是创建了一种新的类型，要用新的类型再定义变量。定义结构体变量的方式有 3 种。

（1）先声明结构体，再定义变量。

11.1.1 节中声明的 Product 结构体就是先声明结构体类型，然后用 struct Product 定义结构体变量，例如：

```
struct Product product1;
struct Product product2;
```

struct Product 是结构体名，而 product1 和 product2 是结构体变量名。既然使用 Product 结构体定义结构体变量，那么这两个结构体变量具有相同的结构。

定义基本类型的变量与定义结构体变量的不同之处在于：定义结构体变量要求指定变量为某一特定的结构体类型，如 struct Product；而定义基本类型的变量（如整型变量）时，只需要指定整型即可。

> 📖 **说明**：定义结构体变量后，系统会为其分配内存单元。例如，product1 和 product2 在内存中各占 84（10+20+10+20+4+20）个字节。

（2）在声明结构体时，定义结构体变量。

这种定义结构体变量的一般形式为：

```
struct 结构体名
{
    成员列表;
}变量名列表;
```

可以看到，在一般形式中将结构体变量的名称放在声明结构体的末尾。

> 📖 **说明**：
> （1）结构体变量的名称要放在最后的分号前面。
> （2）可以定义多个结构体变量。

例如，使用 struct Product 结构体类型定义结构体变量：

```
struct Product
{
    char cName[10];                        /*产品名称*/
    char cShape[20];                       /*形状*/
    char cColor[10];                       /*颜色*/
    char cFunc[20];                        /*功能*/
    int iPrice;                            /*价格*/
    char cArea[20];                        /*产地*/
}product1,product2;                        /*定义结构体变量*/
```

这种定义结构体变量的方式的效果与第一种方式的效果相同，即定义了两个 struct Product 结构体类型的变量 product1 和 product2。

（3）直接定义结构体变量。

这种定义结构体变量的一般形式为：

```
struct
{
    成员列表;
}变量名列表;
```

可以看出这种方式没有给出结构体名，例如定义结构体变量 product1 和 product2。

```
struct
{
    char cName[10];                        /*产品名称*/
    char cShape[20];                       /*形状*/
```

```
        char cColor[10];                           /*颜色*/
        char cFunc[20];                            /*功能*/
        int iPrice;                                /*价格*/
        char cArea[20];                            /*产地*/
}product1,product2;                                /*定义结构体变量*/
```

有关结构体的类型说明如下。

（1）类型与变量是不同的。例如只能对变量进行赋值操作，不能对类型进行赋值操作。
这就像使用 int 定义变量 iInt，可以为 iInt 赋值，但是不能为 int 赋值。在编译时，对类型是
不分配空间的，只为变量分配空间。

（2）结构体的成员可以是结构体类型的变量，例如：

```
struct date                                        /*时间结构体*/
{
        int year;                                  /*年*/
        int month;                                 /*月*/
        int day;                                   /*日*/
};

struct student                                     /*学生信息结构体*/
{
        int num;                                   /*学号*/
        char name[30];                             /*姓名*/
        char sex;                                  /*性别*/
        int age;                                   /*年龄*/
        struct date birthday;                      /*出生日期*/
}student1,student2;
```

以上代码声明了一个时间结构体 struct date，其中包括年、月、日；还声明了一个
学生信息结构体 struct student，并且定义了两个结构体变量 student1 和 student2。在 struct
student 结构体中，可以看到有一个成员表示的是学生的出生日期，其使用的是 struct date
结构体类型。

11.1.3　结构体变量的引用

定义结构体变量以后，可以引用这个变量。但要注意的是，不能直接将一
个结构体变量作为一个整体进行输入和输出。例如，不能将结构体变量 product1
和 product2 进行以下输出：

结构体变量的
引用

```
printf("%s%s%s%d%s",product1);
printf("%s%s%s%d%s",product2);
```

对结构体变量进行赋值、存取或运算等操作，实质上是对结构体变量的成员进行操作。
引用结构体变量的成员的一般形式为：

结构体变量名.成员名

在引用结构体的成员时，可以在结构体变量名的后面加上成员运算符 "." 和成员名。
例如：

```
product1.cName="Icebox";
```

```
product2.iPrice=2000;
```

这两条赋值语句的作用是对结构体变量 product1 中的两个成员 cName 和 iPrice 进行赋值。

但是如果成员本身属于一个结构体类型，就要使用若干个成员运算符，一级一级地找到最低一级的成员。只能对最低一级的成员进行赋值、存取及运算等操作。例如对 11.1.2 节中定义的结构体变量 student1 中的出生日期进行赋值：

```
student1.birthday.year=1986;
student1.birthday.month=12;
student1.birthday.day=6;
```

⚠ 注意：不能使用 student1.birthday 来访问结构体变量 student1 中的成员 birthday，因为 birthday 是一个结构体变量。

结构体变量的成员也可以像普通变量一样进行赋值、存取及运算等操作，例如：

```
product2.iPrice=product1.iPrice+500;
product1.iPrice++;
```

因为 "." 运算符的优先级最高，所以 product1.iPrice++是 product1.iPrice 进行自增运算，而不是先对 iPrice 进行自增运算。

可以对结构体变量成员的地址进行引用，也可以对结构体变量的地址进行引用，例如：

```
scanf("%d",&product1.iPrice);                    /*输入成员 iPrice 的值*/
printf("%o",&product1);                          /*输出结构体变量 product1 的首地址*/
```

【例 11-1】 引用结构体变量。

在本实例中声明结构体表示商品，然后定义结构体变量，再对结构体变量中的成员进行赋值，最后将结构体变量中存储的信息进行输出。

```
#include<stdio.h>
struct Product                                   /*声明结构体*/
{
    char cName[10];                              /*产品名称*/
    char cShape[20];                             /*形状*/
    char cColor[10];                             /*颜色*/
    int  iPrice;                                 /*价格*/
    char cArea[20];                              /*产地*/
};
int main()
{
    struct Product product1;                     /*定义结构体变量*/
    printf("请输入产品的名称:\n");                /*输出提示信息*/
    scanf("%s",&product1.cName);                 /*输入结构体变量的成员*/
    printf("请输入产品的形状:\n");                /*输出提示信息*/
    scanf("%s",&product1.cShape);                /*输入结构体变量的成员*/
    printf("请输入产品的颜色:\n");                /*输出提示信息*/
    scanf("%s",&product1.cColor);                /*输入结构体变量的成员*/
    printf("请输入产品的价格:\n");                /*输出提示信息*/
    scanf("%d",&product1.iPrice);                /*输入结构体变量的成员*/
    printf("请输入产品的产地\n");                 /*输出提示信息*/
```

```
        scanf("%s",&product1.cArea);              /*输入结构体变量的成员*/
        printf("名称为: %s\n",product1.cName);     /*将结构体变量的成员输出*/
        printf("形状为: %s\n",product1.cShape);
        printf("颜色为: %s\n",product1.cColor);
        printf("价格为: %d\n",product1.iPrice);
        printf("产地为: %s\n",product1.cArea);
        return 0;
    }
```

（1）在源文件中，声明结构体用来表示商品这种特殊的类型，在结构体中定义相关的成员。

（2）在 main()函数中，使用 struct Product 定义结构体变量 product1。然后根据输出的提示信息，用户输入相应的结构体成员数据。在输入结构体成员数据后，在 scanf()函数中引用结构体变量成员的地址，如&product1.cArea。

（3）当所有数据都输入完毕后，引用结构体变量 product1 中的成员，使用 printf()函数将其输出。

运行程序，显示结果如图 11-2 所示。

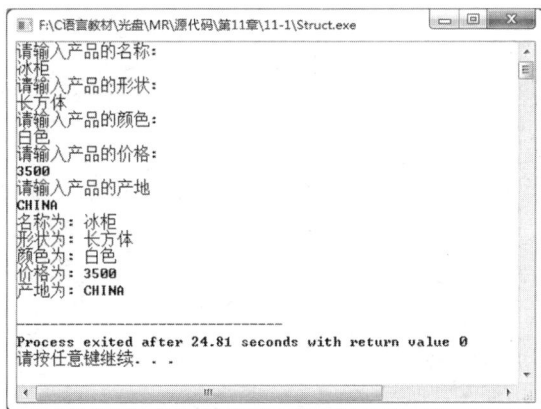

图 11-2　引用结构体变量

11.1.4　结构体变量的初始化

结构体变量的初始化与其他基本类型变量的初始化一样,可以在定义结构体变量时赋初值。例如：

```
struct Student
{
    char cName[20];
    char cSex;
    int iGrade;
} student1={"HanXue","W",3};                        /*定义变量并赋初值*/
```

在初始化时要注意，结构体变量后面使用赋值运算符，然后将初值放在大括号中，并且每一个数据的顺序要与结构体中成员列表的顺序一致。

【例 11-2】　结构体变量的初始化操作。

在本实例中，演示两种初始化结构体变量的方式：一种是在声明结构体、定义结构体变量的同时进行初始化；另一种是在定义结构体变量后进行初始化。

```
#include<stdio.h>
struct Student                                          /*学生结构体*/
{
    char cName[20];                                     /*姓名*/
    char cSex[20];                                      /*性别*/
    int iAge;                                           /*年龄*/
} student1={"齐德隆","女",18};                           /*定义结构体变量并赋初值*/
int main()
{
    struct Student student2={"祁东强","男",20};          /*定义结构体变量并赋初值*/
    /*将第一个结构体中的数据输出*/
    printf("输出学生1的资料为:\n");
    printf("姓名: %s\n",student1.cName);
    printf("性别: %s\n",student1.cSex);
    printf("年龄: %d\n",student1.iAge);
    /*将第二个结构体中的数据输出*/
    printf("输出学生2的资料为:\n");
    printf("姓名: %s\n",student2.cName);
    printf("性别: %s\n",student2.cSex);
    printf("年龄: %d\n",student2.iAge);
    return 0;
}
```

（1）从程序中可以看到，在声明结构体时定义结构体变量 student1 并且对其进行初始化操作，将要赋值的内容放在后面的大括号中，每一个数据都与结构体中的成员数据相对应。

（2）在 main()函数中，使用结构体类型 struct Student 定义结构体变量 student2，并且进行初始化操作。

（3）将两个结构体变量中的成员进行输出。

运行程序，显示结果如图 11-3 所示。

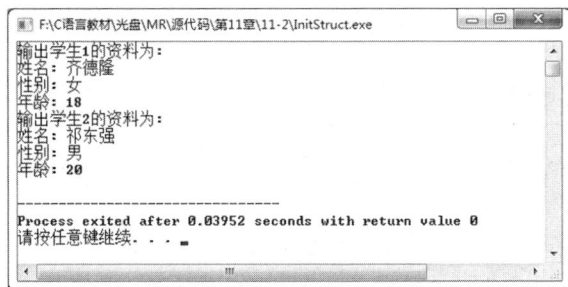

图 11-3　结构体变量的初始化操作

11.2　结构体数组

当要定义 10 个整型变量时，可以将这 10 个整型变量定义成数组的形式。结构体变量中可以存储一组数据，例如一个学生的姓名、性别和年级等信息。当需要定义 10 个学生的数据时，也可以使用数组的形式，这时的数组称为结构体数组。

结构体数组与之前介绍的数组的区别在于，结构体数组中的元素是根据要求定义的结构体类型而不是基本类型。

11.2.1　定义结构体数组

定义结构体数组的方法与定义结构体变量的方法相同，只是将结构体变量替换成数组。定义结构体数组的一般形式如下。

定义结构体数组

```
struct 结构体名
{
    成员列表;
}数组名;
```

例如，定义学生信息的结构体数组，其中包含 5 个学生的信息。

```
struct Student                      /*学生结构体*/
{
    char cName[20];                 /*姓名*/
    int iNumber;                    /*学号*/
    char cSex;                      /*性别*/
    int iGrade;                     /*年级*/
} student[5];                       /*定义结构体数组*/
```

这种定义结构体数组的方法是在声明结构体的同时定义结构体数组，可以看到结构体数组的位置和结构体变量的位置是相同的。

与定义结构体变量类似，定义结构体数组也有不同的方式。例如，先声明结构体再定义结构体数组：

```
struct Student student[5];          /*定义结构体数组*/
```

或者直接定义结构体数组：

```
struct                              /*学生结构体*/
{
    char cName[20];                 /*姓名*/
    int iNumber;                    /*学号*/
    char cSex;                      /*性别*/
    int iGrade;                     /*年级*/
} student[5];                       /*定义结构体数组*/
```

上面的代码都是定义一个结构体数组，其中的元素为 struct Student 类型的数据，每个元素中又有 4 个成员，如图 11-4 所示。

	cName	iNumber	cSex	iGrade
student[0]	WangJiasheng	12062212	M	3
student[1]	YuLongjiao	12062213	W	3
student[2]	JiangXuehuan	12062214	W	3
student[3]	ZhangMeng	12062215	W	3
student[4]	HanLiang	12062216	M	3

图 11-4　结构体数组

结构体数组中各数据在内存中的存储是连续的，如图 11-5 所示。

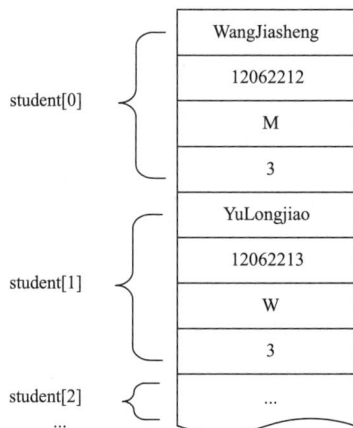

图 11-5　结构体数组数据在内存中的存储形式

11.2.2　初始化结构体数组

为结构体数组进行初始化操作与为基本类型的数组进行初始化操作相似。初始化结构体数组的一般形式为：

```
struct 结构体名
{
    成员列表;
}数组名={初始值列表};
```

初始化结构体
数组

例如为学生信息结构体数组进行初始化操作。

```
struct Student                              /*学生结构体*/
{
    char cName[20];                         /*姓名*/
    int iNumber;                            /*学号*/
    char cSex;                              /*性别*/
    int iGrade;                             /*年级*/
} student[5]={{"WangJiasheng",12062212,'M',3},
        {"YuLongjiao",12062213,'W',3},
        {"JiangXuehuan",12062214,'W',3},
        {"ZhangMeng",12062215,'W',3},
        {"HanLiang",12062216,'M',3}};       /*定义结构体数组并赋初值*/
```

对数组进行初始化时，最外层的大括号中所列出的是数组中的元素。因为每一个元素都是结构体类型的，所以每一个元素也都使用大括号，其中包含每一个结构体元素的成员数据。

在定义结构体数组 student 时，也可以不指定数组中的元素个数，这时编译器会根据数组后面初值列表中给出的元素个数，确定数组中元素的个数。例如：

```
student[ ]={…};
```

定义结构体数组时，可以先声明结构体，再定义结构体数组。同样，对结构体数组进行

初始化操作时也可以使用同样的方式，例如：

```
struct student[5]={{"WangJiasheng",12062212,'M',3},
        {"YuLongjiao",12062213,'W',3},
        {"JiangXuehuan",12062214,'W',3},
        {"ZhangMeng",12062215,'W',3},
        {"HanLiang",12062216,'M',3}};
```

【例 11-3】 初始化结构体数组，并输出学生信息。

在本实例中，结构体数组通过初始化的方式存储学生信息。输出学生信息时，因为学生信息格式是一样的，所以可以使用循环操作。

```
#include<stdio.h>
struct Student                              /*学生结构体*/
{
    char cName[20];                         /*姓名*/
    int  iNumber;                           /*学号*/
    char cSex[20];                          /*性别*/
    int iGrade;                             /*年级*/
} student[5]={
        {"王家生",12062212,"男",3},
        {"玉龙娇",12062213,"女",3},
        {"姜雪环",12062214,"女",3},
        {"张萌",12062215,"女",3},
        {"韩亮",12062216,"男",3}
        };                                  /*定义结构体数组并赋初值*/
int main()
{
    int i;                                  /*定义循环控制变量*/
    for(i=0;i<5;i++)                        /*使用 for 语句进行 5 次循环*/
    {
    printf("NO%d student:\n",i+1);          /*首先输出学生的名次*/
        /*使用变量 i 作下标，输出结构体数组中的元素数据*/
        printf("Name: %s, Number: %d\n",student[i].cName,student[i].iNumber);
        printf("Sex: %s, Grade: %d\n",student[i].cSex,student[i].iGrade);
        printf("\n");                       /*输出换行*/
    }
    return 0;
}
```

（1）将学生信息声明为 struct Student 结构体类型，同时定义结构体数组 student，并为其赋初值。需要注意的是，数据的类型要与结构体中的成员变量的类型相一致。

（2）定义的结构体数组包含 5 个元素，使用 for 语句进行循环输出操作。其中定义变量 i 为循环控制变量。因为结构体数组的下标是从 0 开始的，所以为变量 i 赋初值为 0。

（3）在 for 语句中，先输出每个学生的名次，其中因为变量 i 的初值为 0，所以要加 1。然后将结构体数组中的元素表示的数据输出，这时变量 i 作为结构体数组的下标，接着通过结构体成员的引用得到正确的数据，最后将其输出。

运行程序，显示结果如图 11-6 所示。

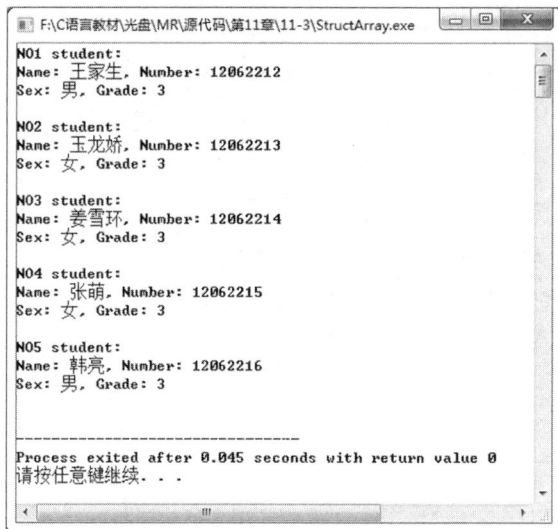

图 11-6　输出学生信息

11.3　结构体指针

指向变量的指针表示的是变量在内存中的起始地址。如果一个指针指向结构体变量，那么该指针指向的是结构体变量的起始地址。同样地，指针变量也可以指向结构体数组中的元素。

11.3.1　指向结构体变量的指针

由于指针指向结构体变量的起始地址，因此可以使用指针访问结构体中的成员。定义结构体指针的一般形式为：

结构体类型 *指针名;

例如定义一个指向 struct Student 结构体的指针变量 pStruct 如下。

```
struct Student *pStruct;
```

使用指向结构体变量的指针访问成员有以下两种方法，其中 pStruct 为指向结构体变量的指针。

第一种方法是使用点运算符引用结构体成员，其一般形式为：

(*pStruct).成员名

结构体变量可以使用点运算符对其中的成员进行引用。由于*pStruct 表示结构体变量，因此使用点运算符可以引用结构体中的成员。

⚠ 注意：*pStruct 一定要使用括号。因为点运算符的优先级是最高的，如果不使用括号，就会先执行点运算然后执行"*"运算。

例如指针变量 pStruct 指向结构体变量 student1，引用其中的成员：

(*pStruct).iNumber=12061212;

【例11-4】 通过指针使用点运算符引用结构体变量的成员。

本实例使用之前声明的学生结构体。首先对结构体变量进行初始化，然后使用指针指向该结构体变量，最后通过指针引用结构体变量中的成员并输出。

```c
#include<stdio.h>
int main()
{
    struct Student                              /*学生结构体*/
    {
        char cName[20];                         /*姓名*/
        int  iNumber;                           /*学号*/
        char cSex[20];                          /*性别*/
        int iGrade;                             /*年级*/
    }student={"苏玉群",12061212,"女",2};         /*对结构体变量进行初始化*/
    struct Student *pStruct;                     /*定义结构体指针*/
    pStruct=&student;                            /*指针指向结构体变量*/
    printf("********学生资料********\n");         /*输出提示消息*/
    printf("姓名: %s\n",(*pStruct).cName);       /*使用指针引用结构体变量中的成员*/
    printf("学号: %d\n",(*pStruct).iNumber);
    printf("性别: %s\n",(*pStruct).cSex);
    printf("年级: %d\n",(*pStruct).iGrade);
    return 0;
}
```

（1）在程序中声明结构体类型，同时定义结构体变量 student，对结构体变量进行初始化。

（2）定义结构体指针 pStruct，然后执行 "pStruct=&student;" 操作，使指针指向结构体变量 student。

（3）输出提示消息，然后在 printf() 函数中使用指向结构体变量的指针引用成员，将学生信息输出。

说明：声明结构体的位置可以放在 main() 函数外，也可以放在 main() 函数内。

运行程序，显示结果如图 11-7 所示。

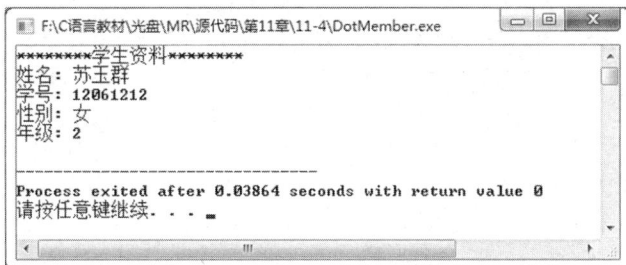

图 11-7　通过指针使用点运算符引用结构体变量的成员

第二种方法是使用指向运算符引用结构体成员，其一般形式为：

```
pStruct ->成员名;
```

例如使用指向运算符引用一个结构体变量的成员：

```
pStruct->iNumber=12061212;
```

假如 student 为结构体变量，pStruct 为指向结构体变量的指针，则以下 3 种形式的效果是等价的。

（1）student.成员名。

（2）(*pStruct).成员名。

（3）pStruct->成员名。

⚠ **注意**：在使用指向运算符 "->" 引用成员时，要注意分析以下情况。

（1）pStruct->iGrade，表示指向结构体变量中成员 iGrade 的值。

（2）pStruct->iGrade++，表示指向结构体变量中成员 iGrade 的值，引用后该值加 1。

（3）++pStruct->iGrade，表示指向结构体变量中成员 iGrade 的值加 1，计算后再进行引用。

【例 11-5】 使用指向运算符引用结构体变量中的成员。

在本实例中，定义结构体变量但不对其进行初始化操作，然后使用指针指向结构体变量并为其成员进行赋值操作。

```
#include<stdio.h>
#include<string.h>
struct Student                              /*学生结构体*/
{
    char cName[20];                         /*姓名*/
    int  iNumber;                           /*学号*/
    char cSex[20];                          /*性别*/
    int iGrade;                             /*年级*/
}student;                                   /*定义结构体变量*/
int main()
{
    struct Student *pStruct;                /*定义结构体指针*/
    pStruct=&student;                       /*指针指向结构体变量*/
    strcpy(pStruct->cName,"苏玉群");         /*将字符串复制到成员中*/
    pStruct->iNumber=12061212;              /*为成员赋值*/
    strcpy(pStruct->cSex,"女");              /*将字符串复制到成员中*/
    pStruct->iGrade=2;
    printf("********学生资料********\n");      /*输出提示消息*/
    printf("姓名: %s\n",student.cName);      /*使用成员直接输出*/
    printf("学号: %d\n",student.iNumber);
    printf("性别: %s\n",student.cSex);
    printf("年级: %d\n",student.iGrade);
    return 0;
}
```

（1）在程序中使用 strcpy() 函数将一个字符串复制到成员中。注意，使用 strcpy() 函数要在程序中包含头文件 string.h。

（2）在为成员赋值时，使用的是指向运算符引用成员变量，在程序最后使用结构体变量和点运算符直接将成员的数据输出。输出的结果表示使用指向运算符为成员变量赋值成功。

运行程序，显示结果如图 11-8 所示。

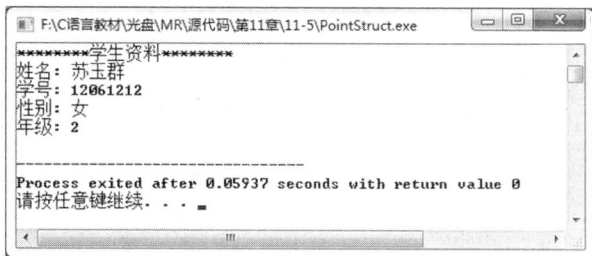

图 11-8　使用指向运算符引用结构体变量中的成员

11.3.2　指向结构体数组的指针

结构体指针不但可以指向结构体变量，还可以指向结构体数组，此时指针变量的值就是结构体数组的首地址。结构体指针也可以直接指向结构体数组中的元素，这时指针变量的值就是该结构体数组元素的首地址。

例如定义一个结构体数组 student[5]，使用结构体指针指向该数组。

指向结构体数组的指针

```
struct Student *pStruct;
pStruct=student;
```

因为数组不使用下标时表示的是数组的第一个元素的地址，所以结构体指针指向数组的首地址。如果想利用结构体指针指向第 3 个元素，则在数组名后使用下标，然后在数组名前使用取地址符&，例如：

```
pStruct=&student[2];
```

【例 11-6】　使用结构体指针指向结构体数组。

在本实例中，使用之前声明的学生结构体定义结构体数组，并对其进行初始化操作。通过指向该结构体数组的指针，将元素的数据输出。

```
#include<stdio.h>
struct Student                              /*学生结构体*/
{
    char cName[20];                         /*姓名*/
    int  iNumber;                           /*学号*/
    char cSex[20];                          /*性别*/
    int iGrade;                             /*年级*/
} student[5]={
        {"王家生",12062212,"男",3},
        {"玉龙娇",12062213,"女",3},
        {"姜雪环",12062214,"女",3},
        {"张萌",12062215,"女",3},
        {"韩亮",12062216,"男",3}
        };                                  /*定义结构体数组并赋初值*/
int main()
{
    struct Student *pStruct;
    int index;
    pStruct=student;
```

```
            for(index=0;index<5;index++,pStruct++)
            {
                printf("NO%d student:\n",index+1);        /*首先输出学生的名次*/
                /*使用变量 index 作下标，输出数组中的元素数据*/
                printf("Name: %s, Number: %d\n",pStruct->cName,pStruct->iNumber);
                printf("Sex: %s, Grade: %d\n",pStruct->cSex,pStruct->iGrade);
                printf("\n");                              /*输出换行*/
            }
            return 0;
        }
```

（1）在程序中定义了一个结构体数组 student[5]，并且定义了结构体指针 pStruct 指向该数组的首地址。

（2）使用 for 语句，对数组元素进行循环输出。在循环语句块中，pStruct 开始是指向数组的首地址，也就是第一个元素的地址，因此使用 pStruct->引用的是第一个元素中的成员。使用 printf()函数输出成员变量表示的数据。

（3）当一次循环结束之后，循环变量进行自增操作，同时 pStruct 也进行自增操作。这里需要注意的是，pStruct++表示 pStruct 的增加值为一个数组元素，也就是说 pStruct++表示的是数组中的第二个元素 student[1]。

⚠ 注意：(++pStruct)->iNumber 与(pStruct++)->iNumber 的区别在于，前者是先执行自增操作，使得 pStruct 指向下一个元素的地址，然后取得该元素的成员；而后者是先取得当前元素的成员，再使得 pStruct 指向下一个元素的地址。

运行程序，显示结果如图 11-9 所示。

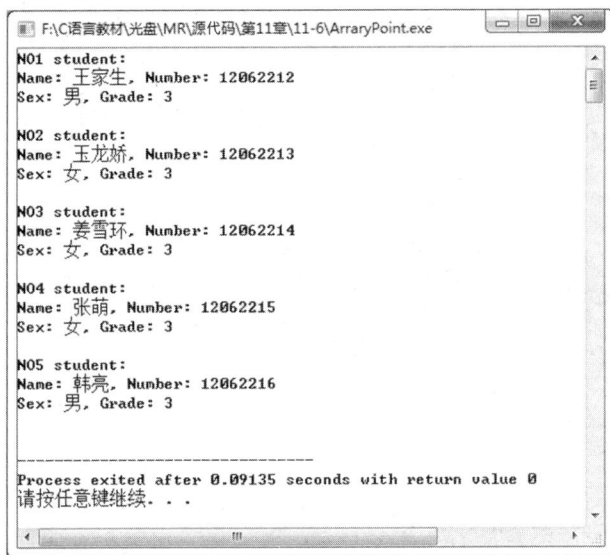

图 11-9　使用结构体指针指向结构体数组

11.3.3　结构体作为函数参数

函数是有参数的，使用结构体作为函数的参数有 3 种形式：使用结构体变量作为函数参数；使用指向结构体变量的指针作为函数参数；使用结构体

结构体作为
函数参数

变量的成员作为函数参数。

1. 使用结构体变量作为函数参数

使用结构体变量作为函数的实际参数时，采取的方式是"值传递"，结构体变量所占内存单元的内容全部按照顺序传递给形式参数，形式参数必须是同类型的结构体变量。例如：

```
void Display(struct Student stu);
```

在形式参数的位置使用结构体变量，但是在函数被调用期间，形式参数也要占用内存单元。"值传递"方式在空间和时间上的开销都比较大。

另外，根据函数参数传递方式，如果在函数内部修改了结构体变量中成员的值，则改变的值不会返回到主调函数中。

【例 11-7】 使用结构体变量作为函数参数。

在本实例中，声明一个简单的结构体表示学生成绩，编写一个函数，使得该结构体类型变量作为函数的参数。

```
#include<stdio.h>
struct Student                              /*学生结构体*/
{
    char cName[20];                         /*姓名*/
    float fScore[3];                        /*成绩*/
}student={"苏玉群",98.5f,89.0f,93.5f};       /*定义结构体变量*/
void Display(struct Student stu)            /*形式参数为结构体变量*/
{
    printf("********学生成绩********\n");    /*输出提示信息*/
    printf("姓名: %s\n",stu.cName);          /*引用结构体成员*/
    printf("语文: %.2f\n",stu.fScore[0]);
    printf("数学: %.2f\n",stu.fScore[1]);
    printf("英语: %.2f\n",stu.fScore[2]);
    /*计算平均成绩*/
    printf("平均成绩:%.2f\n",(stu.fScore[0]+stu.fScore[1]+stu.fScore[2])/3);
}
int main()
{
    Display(student);                       /*调用函数，将结构体变量作为实际参数进行传递*/
    return 0;
}
```

（1）在程序中声明一个简单的结构体表示学生的成绩信息，在这个结构体中定义了一个字符数组表示姓名，还定义了一个实型数组表示 3 个学科的成绩。在声明结构体的同时定义结构体变量，并进行初始化。

（2）定义一个名为 Display 的函数，其中用结构体变量作为函数的形式参数。在函数体中，使用参数 stu 引用结构体中的成员，输出学生的姓名和 3 个学科的成绩，然后通过表达式计算并输出平均成绩。

（3）在 main()函数中，使用结构体变量 student 作为实际参数，调用 Display()函数。

运行程序，显示结果如图 11-10 所示。

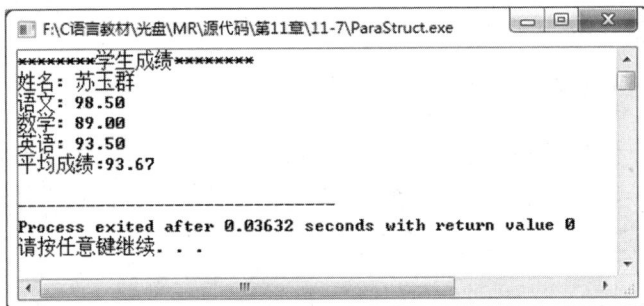

图 11-10　使用结构体变量作为函数参数

2．使用指向结构体变量的指针作为函数参数

在使用结构体变量作为函数参数时，在传值的过程中空间和时间的开销比较大，那么有没有一种更好的传递方式呢？答案是有！就是使用指向结构体变量的指针作为函数参数。

在传递指向结构体变量的指针时，只是传递结构体变量的首地址，并没有传递结构体变量的副本。例如声明一个传递指向结构体变量的指针的函数如下。

```
void Display(struct Student *stu)
```

这样使用形式参数指针 stu 就可以引用结构体变量中的成员了。这里需要注意的是，因为传递的是结构体变量的地址，如果在函数中改变成员中的数据，那么返回主调函数时变量会发生改变。

【例 11-8】 使用指向结构体变量的指针作为函数参数。

本实例对例 11-7 的程序做了一点改动，其中使用指向结构体变量的指针作为函数参数，并且在函数中改变结构体成员的数据。通过前后两次的输出，比较二者的区别。

```
#include<stdio.h>
struct Student                                /*学生结构体*/
{
    char cName[20];                           /*姓名*/
    float fScore[3];                          /*成绩*/
}student={"苏玉群",98.5f,89.0f,93.5f};        /*定义结构体变量*/
void Display(struct Student *stu)             /*形式参数为指向结构体变量的指针*/
{
    printf("********学生成绩********\n");      /*输出提示信息*/
    printf("姓名: %s\n",stu->cName);          /*使用指针引用结构体变量中的成员*/
    printf("英语: %.2f\n",stu->fScore[2]);    /*输出英语的成绩*/
    stu->fScore[2]=90.0f;                     /*更改结构体变量中成员的值*/
}
int main()
{
    struct Student *pStruct=&student;         /*定义指向结构体变量的指针*/
    Display(pStruct);                         /*调用函数，结构体变量作为参数进行传递*/
    printf("更改后的英语成绩: %.2f\n",pStruct->fScore[2]); /*输出成员的值*/
    return 0;
}
```

（1）在本实例中，函数参数是指向结构体变量的指针，因此在函数体中要使用指向运算符"->"引用成员的数据。为了简化操作，只将英语成绩进行输出，并且更改成员的数据。

（2）在 main()函数中，先定义指向结构体变量的指针，并将结构体变量的地址传递给指针，将指针作为函数参数进行传递。函数调用完后，再输出一次结构体变量中的成员数据。通过程序运行结果可以看到，在函数中通过指针改变成员的值，在返回主调函数中成员的值发生变化。

> 说明：在程序中为了直观地看出函数参数是指向结构体变量的指针，定义了一个指针变量指向结构体。实际上可以直接使用结构体变量的地址作为函数参数，如 Display(&student);。

程序运行结果如图 11-11 所示。

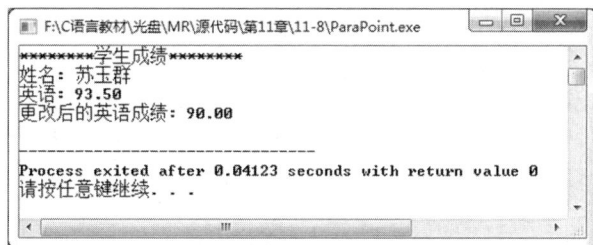

图 11-11　使用指向结构体变量的指针作为函数参数

3．使用结构体变量的成员作为函数参数

使用结构体变量的成员作为函数参数与普通的变量作为实际参数是相似的，采用的是"值传递"方式。例如：

```
Display(student.fScore[0]);
```

> ⚠注意：传值时，实际参数的类型要与形式参数的类型一致。

11.4　包含结构的结构

包含结构的结构

在介绍结构体变量的定义时，结构体中的成员不仅可以是基本类型，也可以是结构体类型。

例如，定义一个学生信息结构体，其成员包括姓名、学号、性别、出生日期。其中，出生日期属于一个结构体类型，因为出生日期包括年、月、日这 3 个成员。因此，学生信息结构体类型就是包含结构的结构。

【例 11-9】　包含结构的结构。

在本实例中，定义两个结构体，一个表示时间，另一个表示学生信息。其中，时间结构体是学生信息结构体中的成员。通过使用学生信息结构体类型输出学生的基本信息。

```
#include<stdio.h>
struct date                                    /*时间结构体*/
{
    int year;                                  /*年*/
    int month;                                 /*月*/
```

```
        int day;                                               /*日*/
};
struct student                                                 /*学生信息结构体*/
{
        char name[30];                                         /*姓名*/
        int num;                                               /*学号*/
        char sex[20];                                          /*性别*/
        struct date birthday;                                  /*出生日期*/
}student={"苏玉群",12061212,"女",{1986,12,6}};                 /*初始化结构体变量*/
int main()
{
        printf("********学生成绩********\n");
        printf("姓名: %s\n",student.name);                     /*输出结构体成员*/
        printf("学号: %d\n",student.num);
        printf("性别: %s\n",student.sex);
        printf("出生日期: %d,%d,%d\n",student.birthday.year,
        student.birthday.month,student.birthday.day);          /*输出成员结构体的数据*/
        return 0;
}
```

（1）程序中在对包含结构的结构 struct student 进行初始化时要注意，因为出生日期是结构体，所以要使用大括号将数据包含在内。

（2）在引用成员结构体变量的成员时，例如在 student.birthday.year 中，student.birthday 表示引用结构体变量 student 中的成员 birthday，因此 student.birthday.year 表示结构体变量 student 中结构体变量 birthday 的成员 year 的值。

程序运行结果如图 11-12 所示。

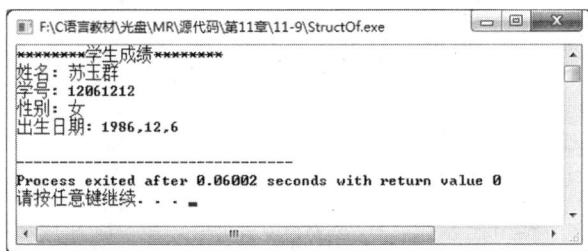

图 11-12　包含结构的结构

11.5 共用体

共用体看起来很像结构体，只不过关键字由 struct 变成了 union。共用体和结构体的区别在于：结构体定义了由多个成员组成的特殊类型，而共用体定义了一段为所有成员共享的内存。

11.5.1 共用体的概念

共用体也称为联合体，它使几种不同类型的变量存储到同一段内存单元中。所以共用体在同一时刻只能有一个值，该值属于某一个成员。由于所有成员位于同一段

共用体的概念

内存单元中，因此共用体的大小等于最大成员的大小。

定义共用体的一般形式为：

```
union 共用体名
{
    成员列表
}变量列表;
```

例如定义一个共用体，其中的成员有整型、字符型和实型。

```
union DataUnion
{
    int iInt;
    char cChar;
    float fFloat;
}variable;                          /*定义共用体变量*/
```

其中 variable 为共用体变量，而 union DataUnion 是共用体。可以像结构体那样将共用体的声明和共用体变量的定义分开。

```
union DataUnion variable;
```

可以看到定义共用体变量的方式与定义结构体变量的方式很相似，不过一定要注意两者的区别：结构体变量的大小是其所包括的所有成员大小的总和，其中每个成员分别占有内存单元；而共用体的大小为所包含成员中最大成员的大小。例如上面定义的共用体变量 variable 的大小就与实型的成员的大小相等。

11.5.2　共用体变量的引用

共用体变量定义完成后，就可以引用其中的成员。引用共用体变量的一般形式为：

```
共用体变量.成员名;
```

共用体变量的
引用

例如，引用前面定义的共用体变量 variable 中的成员的方法如下。

```
variable.iInt;
variable.cChar;
variable.fFloat;
```

⚠ **注意**：不能直接引用共用体变量，如 printf("%d",variable);。

【例 11-10】 使用共用体变量。

在本实例中定义共用体变量，通过定义的输出函数，引用共用体变量中的成员。

```
#include<stdio.h>

union DataUnion                                    /*声明共用体*/
{
    int iInt;                                      /*成员*/
    char cChar;
};

int main()
{
    union DataUnion Union;                         /*定义共用体变量*/
```

```
        Union.iInt=97;                           /*为共用体变量中的成员赋值*/
        printf("iInt: %d\n",Union.iInt);         /*输出成员的数据*/
        printf("cChar: %c\n",Union.cChar);
        Union.cChar='A';                         /*改变成员的数据*/
        printf("iInt: %d\n",Union.iInt);         /*输出成员的数据*/
        printf("cChar: %c\n",Union.cChar);
        return 0;
    }
```

在程序中改变共用体的一个成员，其他成员也会随之改变。当给某个特定的成员进行赋值时，其他成员的值也会具有一致的含义，这是因为成员的值的每一个二进制位都被新值覆盖。

运行程序，显示结果如图 11-13 所示。

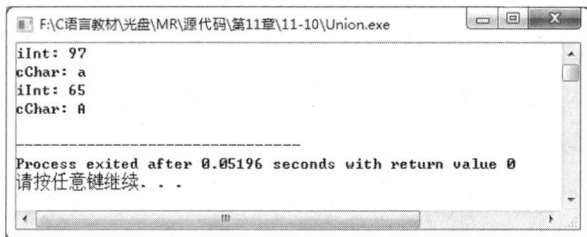

图 11-13　使用共用体变量

11.5.3　共用体变量的初始化

在定义共用体变量时，可以对共用体变量进行初始化操作。初值放在一对大括号中。

共用体变量的
初始化

⚠ **注意**：对共用体变量进行初始化时，只需要一个初值就足够了，其类型必须和共用体的第一个成员的类型一致。

【例 11-11】　共用体变量的初始化。

在本实例中，在定义共用体变量的同时进行初始化操作，并将共用体变量的值输出。

```
#include<stdio.h>

union DataUnion                              /*声明共用体*/
{
    int iInt;                                /*成员*/
    char cChar;
};

int main()
{
    union DataUnion Union={97};              /*定义共用体变量，并进行初始化*/
    printf("iInt: %d\n",Union.iInt);         /*输出成员的数据*/
    printf("cChar: %c\n",Union.cChar);
    return 0;
}
```

📖 **说明**：如果共用体的第一个成员是一个结构体，则初值可以包含多个用于初始化该结构体的表达式。

运行程序，显示结果如图 11-14 所示。

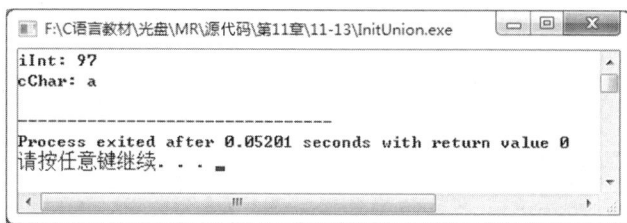

图 11-14　共用体变量的初始化

11.5.4　共用体类型的特点

共用体类型具有以下特点。

（1）同一段内存可以用来存储几种不同类型的成员，但是每一次只能存储其中一种类型的成员，而不是同时存储所有类型的成员。也就是说在共用体中，只有一个成员起作用，其他成员不起作用。

（2）在共用体变量中起作用的成员是最后一个存放的成员，在存入一个新的成员后原有的成员就失去作用。

（3）共用体变量的地址和共用体变量的各成员的地址是一样的。

（4）不能对共用体变量名赋值，也不能通过引用共用体变量名得到一个值。

11.6　枚举类型

利用关键字 enum 可以声明枚举类型，这也是一种数据类型。使用枚举类型可以定义枚举类型变量（后简称枚举变量）。一个枚举变量包含一组相关的标识符，其中每个标识符都对应一个整数，称为枚举常量。

定义枚举变量的一般形式为：

enum 变量名(枚举常量1,枚举常量2,...,枚举常量 n)

例如定义一个枚举变量，其中每个标识符都对应一个整数。

enum Colors(Red,Green,Blue);

Colors 就是定义的枚举变量，在括号中第一个标识符对应 0，第二个标识符对应 1，依此类推。

⚠ 注意：每个标识符都必须是唯一的，而且不能采用关键字或当前作用域内的其他标识符。

在定义枚举类型变量时，可以为某个特定的标识符指定其对应的整型值，紧随其后的标识符对应的值依次加 1。例如：

enum Colors(Red=1,Green,Blue);

这样，Red 的值为 1，Green 的值为 2，Blue 的值为 3。

【例 11-12】　使用枚举类型。

在本实例中，通过定义枚举变量观察枚举类型的使用方式，其中每个枚举常量在作用域内都可以看作一个新的数据类型。

```
#include<stdio.h>

enum Color{Red=1,Blue,Green} color;                /*定义枚举变量，并初始化*/
int main()
{
    int icolor;                                    /*定义整型变量*/
    scanf("%d",&icolor);                           /*输入数据*/
    switch(icolor)                                 /*判断 icolor 的值*/
    {
        case Red:                                  /*枚举常量，Red 的值为 1*/
            printf("the choice is Red\n");
            break;
        case Blue:                                 /*枚举常量，Blue 的值为 2*/
            printf("the choice is Blue\n");
            break;
        case Green:                                /*枚举常量，Green 的值为 3*/
            printf("the choice is Green\n");
            break;
        default:
            printf("???\n");
            break;
    }
    return 0;
}
```

在程序中定义枚举变量并初始化时，为第一个枚举常量赋值 1，之后的枚举常量就会依次加 1。然后使用 switch 语句判断输入的数据与标识符是否符合，并执行 case 语句中的操作。
运行程序，显示结果如图 11-15 所示。

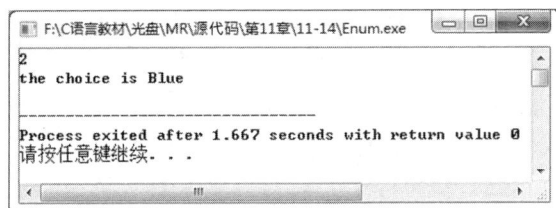

图 11-15　使用枚举类型

11.7 借助 AIGC 工具编写实例

在学习 C 语言编程的过程中，使用 AIGC 工具可以提供有力的支持。本节展示了如何利用 AIGC 工具来帮助巩固本章所学的知识，设计相应的实例。以下是一个可能的对话示例。
【问题】
编写一个实例，巩固 C 语言中结构体的使用。
【AIGC 建议】
为了编写一个具体的简单示例来演示 C 语言中结构体的使用，我们将创建一个程序，该程序用于添加图书信息。

```
#include <stdio.h>
#include <string.h>
#include <stdlib.h>          // 用于动态内存分配
```

```c
// 定义一个表示书籍的结构体
typedef struct {
    char title[100];        // 书名
    char author[50];        // 作者
    int year;               // 出版年份
    float price;            // 价格
} Book;
int main() {
    int n;
    // 动态分配内存来存储多个书籍
    Book *books = (Book *)malloc(n * sizeof(Book));
    if (books == NULL) {
        printf("错误: 内存分配失败。\n");
        return 1;
    }
    // 输入每个书籍的信息
    for (int i = 0; i < n; i++) {
        printf("请输入第 %d 本书的信息:\n", i + 1);
        input_book(&books[i]);
    }
    // 释放动态分配的内存
    free(books);
    return 0;
}
// 输入书籍信息的函数
void input_book(Book *book) {
    printf("请输入书名: ");
    scanf("%99s", book->title);        // 限制输入长度以防止缓冲区溢出
    printf("请输入作者: ");
    scanf("%49s", book->author);       // 限制输入长度以防止缓冲区溢出
    printf("请输入出版年份: ");
    scanf("%d", &book->year);
    printf("请输入价格: ");
    scanf("%f", &book->price);
}
```

11.8 小结

本章首先介绍了有关结构体的内容，程序员可以通过结构定义符合要求的结构体类型。然后介绍了结构体数组、结构体指针，以及包含结构的结构。

本章还介绍了共用体和枚举类型这两方面的内容。需要注意的是共用体和结构体的最大区别：结构体的大小是所有成员大小的总和，而共用体的大小与成员中最大的成员的大小相同。

11.9 上机指导

第 11 章上机指导

师生信息存储系统。

要求设计一个程序，可以存储学校的所有学生和教师的信息。其中，学生的信息包括

姓名、身份、性别、编号和班级；教师的信息包括姓名、身份、性别、编号和职务。程序运行结果如图 11-16 所示。

```
LiuWei S F 1213 12
Zhaoss T M 6547 Math-Teacher
WangHe S M 6427 13
MaDing T M 2423 English-Teacher
Job:            S
Name:           LiuWei
Number:         1213
Sex:            F
Class:  12

Job:            T
Name:           Zhaoss
Number:         6547
Sex:            M
Position:       Math-Teacher

Job:            S
Name:           WangHe
Number:         6427
Sex:            M
Class:  13

Job:            T
Name:           MaDing
Number:         2423
Sex:            M
Position:       English-Teacher

_____

Process exited after 92.86 seconds with return value 10
请按任意键继续. . .
```

图 11-16　师生信息存储系统

编程思路如下。

在本章中对于信息输出已经举出大量实例，读者可以参照、修改实例中的程序完成上机指导。由于教师和学生信息只有一项是不相同的，所以可以使用共用体，这样设计一个共用体类型就可以满足设计要求。

11.10　习题

11-1　设计一个候选人的选票程序。假设有 3 个候选人，每一次输入要选择的候选人姓名，最后输出每个候选人的得票数。

11-2　计算学生的综合成绩。输入学生的期中成绩、期末成绩、期间测试成绩，按 30%、50%、20% 的比例计算学生的综合成绩。

11-3　计算开机时间。通过定义结构体 time（存储时间信息），计算开机时间，要求在每次开始计算开机时间时都能接着上次记录的时间向下记录。

11-4　使用共用体处理任意类型的数据。设计一个共用体，使其成员包含多种数据类型，根据不同的类型，输出不同的数据。

11-5　利用枚举类型表示一周的每一天，通过输入的数字输出对应的是星期几。

11-6　设计简单的文本编辑器。要求实现 3 个功能：对指定行输入字符串；删除指定行的字符串；输出输入的字符串的内容。

第12章 位运算

本章要点

- 掌握 6 种位运算符。
- 掌握实现循环移位的方法。
- 了解位段的相关内容。

C 语言可代替汇编语言完成大部分编程工作，也就是说 C 语言支持汇编语言，能进行大部分的运算，因此 C 语言完全支持位运算，这也使 C 语言的应用更加广泛。

12.1 位与字节

数据在内存中是以二进制数的形式存储的，下面将具体介绍位与字节的关系。

位与字节

位是计算机存储数据的最小单位。一个二进制位可以表示两种状态（0 和 1），多个二进制位组合起来便可表示多种状态。

一个字节通常由 8 位二进制数组成，当然有的计算机系统由 16 位二进制数组成，本书中提到的一个字节是由 8 位二进制数组成的。

12.2 位运算符

C 语言既具有高级语言的特点，又具有低级语言的功能。C 语言和其他语言的区别是完全支持位运算。前面讲过的运算都以字节为基本单位，本节将介绍如何以位为基本单位进行运算。位运算是对字节或字中的实际位进行检测、设置或移动。C 语言提供的位运算符如表 12-1 所示。

表 12-1 位运算符

运算符	含义
&	按位与
|	按位或
~	取反
^	按位异或

续表

运算符	含义
<<	左移
>>	右移

12.2.1 "与"运算符

"与"运算符&是双目运算符,其功能是使参与运算的两个数对应的二进制位相"与",只有对应的二进制位均为 1 时,结果才为 1,否则为 0,如表 12-2 所示。

"与"运算符

表 12-2　"与"运算符

a	b	a&b
0	0	0
0	1	0
1	0	0
1	1	1

例如,89&38 的计算过程如下。

```
        0 0 0 0 0 0 0 0 0 1 0 1 1 0 0 1      十进制数 89
 &      0 0 0 0 0 0 0 0 0 0 1 0 0 1 1 0      十进制数 38
        ───────────────────────────────
        0 0 0 0 0 0 0 0 0 0 0 0 0 0 0 0      十进制数 0
```

通过上面的运算会发现"与"运算的一个用途是清零。要将原数中为 1 的位变为 0,只需使与原数进行"与"运算的数对应的位为 0。

"与"运算的另一个用途是取特定位,可以通过"与"运算取一个数中的指定位。例如,如果取十进制数 22 的后 5 位,则要与后 5 位均是 1 的数相"与";同样地,要取后 4 位,就与后 4 位都是 1 的数相"与"。

【例 12-1】　任意输入两个数并分别赋给 a 和 b,计算 a&b 的值。

```c
#include<stdio.h>
main()
{
    unsigned result;                        /*定义无符号变量*/
    int a, b;
    printf("please input a:");
    scanf("%d",&a);
    printf("please input b:");
    scanf("%d",&b);
    printf("a=%d,b=%d", a, b);
    result = a&b;                           /*计算"与"运算的结果*/
    printf("\na&b=%u\n", result);
}
```

运行程序,显示结果如图 12-1 所示。

⚠ 注意:本章实例使用 Visual C++ 6.0 或者 VS Code 运行。

例 12-1 的计算过程如下。

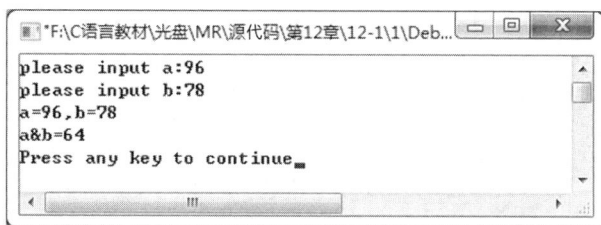

图 12-1　a&b

```
          0 0 0 0 0 0 0 0 0 1 1 0 0 0 0 0    十进制数 96
    &
          0 0 0 0 0 0 0 0 0 1 0 0 1 1 1 0    十进制数 78
    _____
          0 0 0 0 0 0 0 0 0 1 0 0 0 0 0 0    十进制数 64
```

12.2.2 "或"运算符

"或"运算符|是双目运算符,其功能是使参与运算的两个数对应的二进制位相"或",只要对应的二进制位有一个为 1,结果就为 1,如表 12-3 所示。

"或"运算符

表 12-3　"或"运算符

a	b	a|b
0	0	0
0	1	1
1	0	1
1	1	1

例如,17|31 的计算过程如下。

```
          0 0 0 0 0 0 0 0 0 0 0 1 0 0 0 1    十进制数 17
    |
          0 0 0 0 0 0 0 0 0 0 0 1 1 1 1 1    十进制数 31
    _____
          0 0 0 0 0 0 0 0 0 0 0 1 1 1 1 1    十进制数 31
```

从上式可以发现十进制数 17 对应的二进制数的后 5 位是 10001,而十进制数 31 对应的二进制数的后 5 位是 11111。将这两个数执行"或"运算之后得到的结果是 31,也就是将 17 的二进制数的后 5 位中的 0 变成了 1。因此可以总结出这样一个规律:若要使一个数的后 6 位全为 1,只需和 63 按位"或";若要使一个数的后 5 位全为 1,只需和 31 按位"或";依此类推。

【例 12-2】 任意输入两个数并分别赋给 a 和 b,计算 a|b 的值。

```
#include<stdio.h>
main()
{
    unsigned result;                          /*定义无符号变量*/
    int a, b;
    printf("please input a:");
```

```
        scanf("%d",&a);
        printf("please input b:");
        scanf("%d",&b);
        printf("a=%d,b=%d", a, b);
        result = a|b;                              /*计算"或"运算的结果*/
        printf("\na|b=%u\n", result);
}
```

运行程序，显示结果如图 12-2 所示。

图 12-2   a|b

例 12-2 的计算过程如下（为了方便观察，这里只给出每个数据的后 16 位）。

$$0000000001001110$$

$$| \quad 0000000000111000$$

$$\overline{\qquad\qquad\qquad\qquad\qquad}$$

$$0000000001111110$$

12.2.3 "取反"运算符

"取反"运算符～为单目运算符，具有右结合性，其功能是对参与运算的数的二进制位按位求反，即将 0 变成 1，将 1 变成 0。如～83 是对 83 进行按位求反。

$$00000000000000000000000001010011$$

$$\sim \qquad\qquad \downarrow$$

$$11111111111111111111111110101100$$

"取反"运算符

⚠ 注意：在进行"取反"运算的过程中，切不可简单地认为一个数取反后的结果就是该数的相反数（即～25 的值是–25），这是错误的。

【例 12-3】 输入一个数并赋给变量 a，计算～a 的值。

```
#include<stdio.h>
main()
{
    unsigned result;                              /*定义无符号变量*/
    int a;
    printf("please input a:");
    scanf("%d",&a);
    printf("a=%d", a);
    result = ~a;                                  /*计算~a 的值*/
```

```
        printf("\n~a=%o\n", result);
    }
```

运行程序，显示结果如图 12-3 所示。

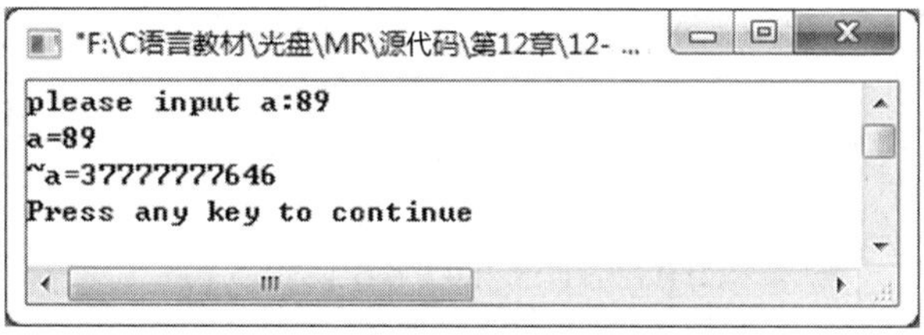

图 12-3　～a

例 12-3 的计算过程如下。

00000000000000000000000001011001

～

11111111111111111111111110100110

3　7　7　7　7　7　7　7　6　4　6

⚠ **注意**：例 12-3 的计算结果是以八进制的形式输出的。

12.2.4　"异或"运算符

"异或"运算符^是双目运算符，其功能是使参与运算的两个数对应的二进制位相"异或"，当对应的二进制位相异时结果为 1，否则结果为 0，如表 12-4 所示。

"异或"运算符

表 12-4　"异或"运算符

a	b	a^b
0	0	0
0	1	1
1	0	1
1	1	0

例如，107^127 的计算过程如下。

0000000001101011

^　0000000001111111

0000000000010100

从上面的运算可以看出，"异或"运算的一个主要用途是使特定的位翻转。例如，如果要将 107 的后 7 位翻转，只需与一个后 7 位都是 1 的二进制数进行"异或"运算即可。

"异或"运算的另一个主要用途是在不使用临时变量的情况下实现两个变量的值的互换。

例如 x=9，y=4，将 x 和 y 的值互换可用如下方法实现。

```
x=x^y;
y=y^x;
x=x^y;
```

其具体计算过程如下。

$$0\ 0\ 0\ 0\ 0\ 0\ 0\ 0\ 0\ 0\ 0\ 1\ 0\ 0\ 1\ (x)$$
$$\wedge$$
$$0\ 0\ 0\ 0\ 0\ 0\ 0\ 0\ 0\ 0\ 0\ 0\ 1\ 0\ 0\ (y)$$
$$\overline{}$$
$$0\ 0\ 0\ 0\ 0\ 0\ 0\ 0\ 0\ 0\ 0\ 1\ 1\ 0\ 1\ (x)$$
$$\wedge$$
$$0\ 0\ 0\ 0\ 0\ 0\ 0\ 0\ 0\ 0\ 0\ 0\ 1\ 0\ 0\ (y)$$
$$\overline{}$$
$$0\ 0\ 0\ 0\ 0\ 0\ 0\ 0\ 0\ 0\ 0\ 1\ 0\ 0\ 1\ (y)$$
$$\wedge$$
$$0\ 0\ 0\ 0\ 0\ 0\ 0\ 0\ 0\ 0\ 0\ 1\ 1\ 0\ 1\ (x)$$
$$\overline{}$$
$$0\ 0\ 0\ 0\ 0\ 0\ 0\ 0\ 0\ 0\ 0\ 0\ 1\ 0\ 0\ (x)$$

【例 12-4】 输入两个数并分别赋给变量 a 和 b，计算 a^b 的值。

```
#include<stdio.h>
main()
{
    unsigned result;                            /*定义无符号变量*/
    int a, b;
    printf("please input a:");
    scanf("%d",&a);
    printf("please input b:");
    scanf("%d",&b);
    printf("a=%d,b=%d", a, b);
    result = a^b;                               /*求 a 与 b "异或" 的结果*/
    printf("\na^b=%u\n", result);
}
```

运行程序，显示结果如图 12-4 所示。

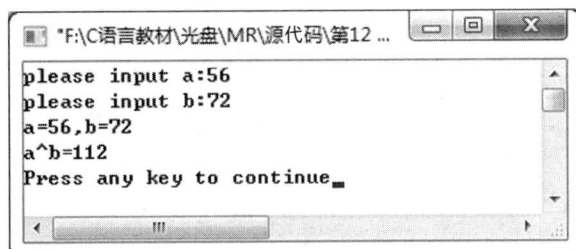

图 12-4 a^b

例 12-4 的计算过程如下。

$$0\,0\,0\,0\,0\,0\,0\,0\,0\,0\,0\,1\,1\,1\,0\,0\,0$$

$$\char"005E\quad 0\,0\,0\,0\,0\,0\,0\,0\,0\,1\,0\,0\,1\,0\,0\,0$$

$$\overline{\qquad\qquad\qquad\qquad\qquad\qquad\qquad\qquad}$$

$$0\,0\,0\,0\,0\,0\,0\,0\,0\,1\,1\,1\,0\,0\,0\,0$$

12.2.5 "左移"运算符

"左移"运算符<<是双目运算符,其功能是把"左移"运算符左边的数的各二进制位全部左移若干位,由"左移"运算符右边的数指定移动的位数,高位丢弃,低位补 0。

"左移"运算符

例如,a<<2 表示把 a 的各二进制位向左移动 2 位。假设 a=39,那么 a 在内存中的存储情况如图 12-5 所示。

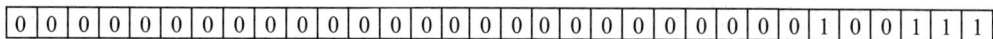

| 0 | 0 | 0 | 0 | 0 | 0 | 0 | 0 | 0 | 0 | 0 | 0 | 0 | 0 | 0 | 0 | 0 | 0 | 0 | 0 | 0 | 0 | 0 | 0 | 0 | 0 | 1 | 0 | 0 | 1 | 1 | 1 |

图 12-5　a 在内存中的存储情况

若将 a 左移 2 位,则 a 在内存中的存储情况如图 12-6 所示。

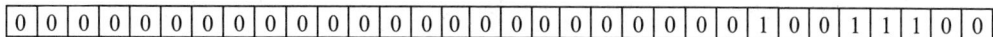

| 0 | 0 | 0 | 0 | 0 | 0 | 0 | 0 | 0 | 0 | 0 | 0 | 0 | 0 | 0 | 0 | 0 | 0 | 0 | 0 | 0 | 0 | 0 | 0 | 1 | 0 | 0 | 1 | 1 | 1 | 0 | 0 |

图 12-6　a 左移 2 位后在内存中的存储情况

a 左移 2 位后由原来的 39 变成了 156。

说明:实际上将 a 左移 1 位相当于将该数乘以 2;将 a 左移 2 位相当于将该数乘以 4,即 39 乘以 4。但这种情况只限于移出位不含 1 的情况。若将十进制数 64 左移 2 位则左移后的结果为 0(01000000-->00000000),这是因为 64 在左移 2 位时将 1 移出了〔注意,这里的 64 是假设以一个字节(即 8 位)存储的〕。

【例 12-5】将 15 先左移 2 位,将左移后的结果输出,再左移 3 位,并将左移后的结果输出。

```c
#include<stdio.h>
main()
{
    int x=15;
    x=x<<2;                            /*x左移2位*/
    printf("the result1 is:%d\n",x);
    x=x<<3;                            /*x左移3位*/
    printf("the result2 is:%d\n",x);
}
```

运行程序,显示结果如图 12-7 所示。

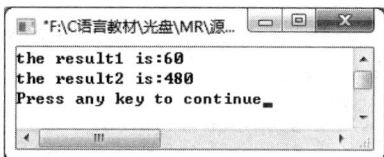

图 12-7　"左移"运算

例 12-5 的执行过程如下。

15 在内存中的存储情况如图 12-8 所示。

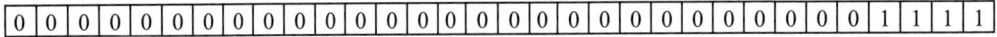

| 0 | 0 | 0 | 0 | 0 | 0 | 0 | 0 | 0 | 0 | 0 | 0 | 0 | 0 | 0 | 0 | 0 | 0 | 0 | 0 | 0 | 0 | 0 | 0 | 0 | 0 | 0 | 0 | 1 | 1 | 1 | 1 |

图 12-8　15 在内存中的存储情况

15 左移 2 位后变成 60，其在内存中的存储情况如图 12-9 所示。

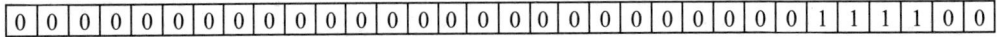

| 0 | 0 | 0 | 0 | 0 | 0 | 0 | 0 | 0 | 0 | 0 | 0 | 0 | 0 | 0 | 0 | 0 | 0 | 0 | 0 | 0 | 0 | 0 | 0 | 0 | 0 | 1 | 1 | 1 | 1 | 0 | 0 |

图 12-9　15 左移 2 位后在内存中的存储情况

60 左移 3 位后变成 480，其在内存中的存储情况如图 12-10 所示。

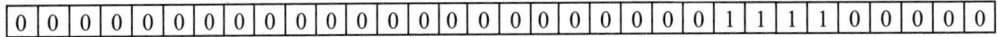

| 0 | 0 | 0 | 0 | 0 | 0 | 0 | 0 | 0 | 0 | 0 | 0 | 0 | 0 | 0 | 0 | 0 | 0 | 0 | 0 | 0 | 0 | 0 | 1 | 1 | 1 | 1 | 0 | 0 | 0 | 0 | 0 |

图 12-10　60 左移 3 位后在内存中的存储情况

12.2.6 "右移"运算符

"右移"运算符>>是双目运算符，其功能是把"右移"运算符左边的数的各二进制位全部右移若干位，由"右移"运算符右边的数指定移动的位数。

"右移"运算符

例如，a>>2 表示把 a 的各二进制位向右移动 2 位。假设 a=00000110，右移 2 位后变为 00000001，a 由原来的 6 变成了 1。

> 说明：在进行右移时，对于有符号数需要注意符号位问题：当为正数时，最高位补 0；当为负数时，最高位是补 0 还是补 1 取决于编译系统的规定。其中补 0 的称为"逻辑右移"，补 1 的称为"算术右移"。

【例 12-6】　将 30 和–30 分别右移 3 位，将所得结果分别输出，再分别右移 2 位，并将所得结果输出。

```c
#include<stdio.h>
main()
{
    int x=30,y=-30;
    x=x>>3;                              /*x 右移 3 位*/
    y=y>>3;                              /*y 右移 3 位*/
    printf("the result1 is:%d,%d\n",x,y);
    x=x>>2;                              /*x 右移 2 位*/
    y=y>>2;                              /*y 右移 2 位*/
    printf("the result2 is:%d,%d\n",x,y);
}
```

运行程序，显示结果如图 12-11 所示。

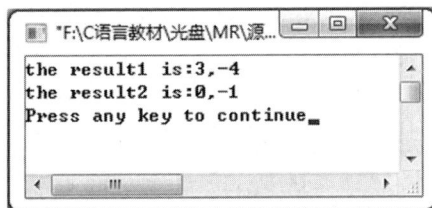

```
the result1 is:3,-4
the result2 is:0,-1
Press any key to continue_
```

图 12-11　"右移"运算

例 12-6 的计算过程如下。

30 在内存中的存储情况如图 12-12 所示。

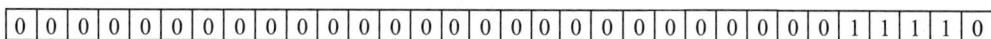

图 12-12　30 在内存中的存储情况

−30 在内存中的存储情况如图 12-13 所示。

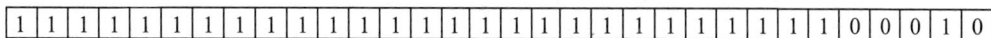

图 12-13　−30 在内存中的存储情况

30 右移 3 位后变成 3，其在内存中的存储情况如图 12-14 所示。

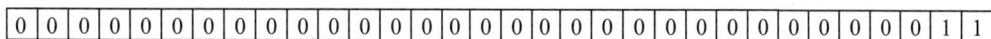

图 12-14　30 右移 3 位后在内存中的存储情况

−30 右移 3 位后变成−4，其在内存中的存储情况如图 12-15 所示。

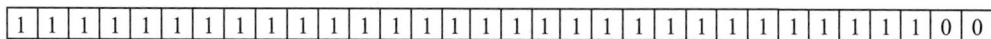

图 12-15　−30 右移 3 位后在内存中的存储情况

3 右移 2 位后变成 0，而−4 右移 2 位后变成−1，其在内存中的存储情况如图 12-16 所示。

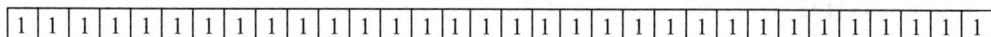

图 12-16　−4 右移 2 位后在内存中的存储情况

从计算过程中可以发现，负数进行的右移实质上就是算术右移。

12.3　循环移位

循环移位

循环移位就是将移出的低位放到该数的高位或者将移出的高位放到该数的低位。那么该如何实现循环移位呢？这里先介绍如何实现循环左移。

循环左移的过程如图 12-17 所示。

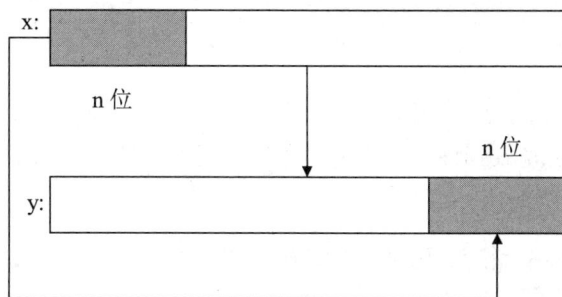

图 12-17　循环左移的过程

循环左移的过程如下。

如图 12-17 所示，将 x 中的左端 n 位先放到该数的低 n 位中，并用一个变量 z 来记录，由以下语句实现。

```
z=x>>(32-n);
```

将 x 左移 n 位，其右端低 n 位补 0，由以下语句实现。

```
y=x<<n;
```

将 y 与 z 进行"或"运算，由以下语句实现。

```
y=y|z;
```

【例 12-7】 编程实现循环左移，具体要求为：首先从键盘中输入一个八进制数，然后输入要移位的位数，最后将移位的结果输出在屏幕上。

```
#include <stdio.h>
left(unsigned value, int n)                              /*定义循环左移函数*/
{
    unsigned z;
    z = (value >> (32-n)) | (value << n);                /*循环左移的实现过程*/
    return z;
}
main()
{
    unsigned a;
    int n;
    printf("please input a number:\n");
    scanf("%o", &a);                                     /*输入一个八进制数*/
    printf("please input the number of displacement(>0):\n");
    scanf("%d", &n);                                     /*输入要移位的位数*/
    printf("the result is :%o\n", left(a, n));           /*将左移后的结果输出*/
}
```

运行程序，显示结果如图 12-18 所示。

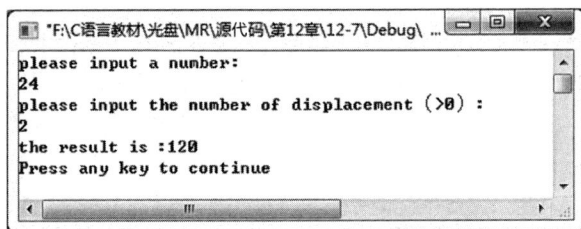

图 12-18　循环左移

循环右移的过程如图 12-19 所示。

将 x 中的右端 *n* 位先放到该数的高 n 位中，并用一个变量 z 来记录，由以下语句实现。

```
z=x<<(32-n);
```

将 x 右移 n 位，其左端高 n 位补 0，由以下语句实现。

```
y=x>>n;
```

将 y 与 z 进行"或"运算，由以下语句实现。

```
y=y|z;
```

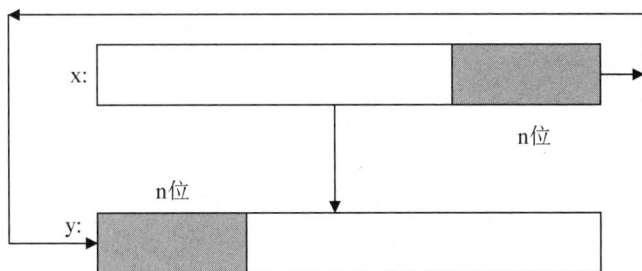

图 12-19　循环右移的过程

【例 12-8】 编程实现循环右移，具体要求为：首先从键盘中输入一个八进制数，然后输入要移位的位数，最后将移位的结果输出在屏幕上。

```c
#include <stdio.h>
right(unsigned value, int n)                           /*定义循环右移函数*/
{
    unsigned z;
    z = (value << (32-n)) | (value >> n);              /*循环右移的实现过程*/
    return z;
}
main()
{
    unsigned a;
    int n;
    printf("please input a number:\n");
    scanf("%o", &a);                                   /*输入一个八进制数*/
    printf("please input the number of displacement (>0):\n");
    scanf("%d", &n);                                   /*输入要移位的位数*/
    printf("the result is :%o\n", right(a, n));        /*将右移后的结果输出*/
}
```

运行程序，显示结果如图 12-20 所示。

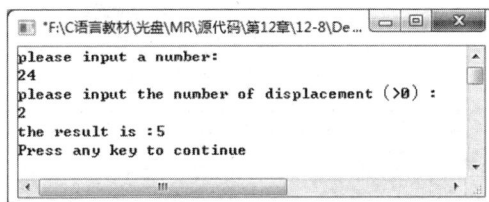

图 12-20　循环右移

12.4　位段

12.4.1　位段的概念与定义

位段是一种特殊的结构体，其所有成员的长度均是以二进制位为单位定义的，结构体中的成员被称为位段。定义位段的一般形式为：

```
struct 结构体名
{
```

位段的概念
与定义

```
    类型  变量名1:长度;
    类型  变量名2:长度;
    ...
    类型  变量名n:长度;
}alias;
```

位段必须被声明为 int、unsigned 或 signed 中的一种。

例如，CPU 的状态寄存器按位段定义如下。

```
struct status
{
    unsigned sign:1;                        /*符号标志*/
    unsigned zero:1;                        /*零标志*/
    unsigned carry:1;                       /*进位标志*/
    unsigned parity:1;                      /*奇偶溢出标志*/
    unsigned half_carry:1;                  /*半进位标志*/
    unsigned negative:1;                    /*减标志*/
  } flags;
```

显然，对 CPU 的状态寄存器而言，位段的定义仅需 1 个字节。

又如：

```
struct packed_data
{
    unsigned a:2;
    unsigned b:1;
    unsigned c:1;
    unsigned d:2;
}data;
```

可以发现，a、b、c、d 分别占 2 位、1 位、1 位、2 位，如图 12-21 所示。

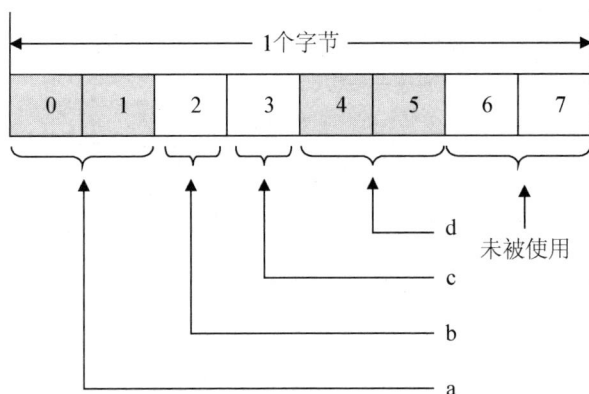

图 12-21 占位情况

12.4.2 位段相关说明

12.4.1 节介绍了什么是位段，本节针对位段进行以下几点说明。

（1）因为位段是一种结构体类型，所以位段和位段变量的定义，以及对

位段相关说明

位段（即位段中的成员）的引用均与结构体类型和结构体变量的相同。

（2）定义如下位段。

```
struct attribute
{
    unsigned font:1;
    unsigned color:1;
    unsigned size:1;
    unsigned dir:1;
};
```

在上面的位段中，各个位段都只占一个二进制位，如果某个位段需要表示为多于两种状态，也可将该位段设置为占多个二进制位。如果字体大小有 4 种状态，则可将上面的位段改写成如下形式。

```
struct attribute
{
    unsigned font:1;
    unsigned color:1;
    unsigned size:2;
    unsigned dir:1;
};
```

（3）某一位段要从另一个字节开始存放，可写成如下形式。

```
struct status
{
    unsigned a:1;
    unsigned b:1;
    unsigned c:1;
    unsigned :0;
    unsigned d:1;
    unsigned e:1;
    unsigned f:1
}flags;
```

原本 a、b、c、d、e、f 这 6 个位段是连续存储在一个字节中的，由于加入了一个长度为 0 的无名位段，因此无名位段后的 3 个位段从下一个字节开始存储，一共占两个字节。

（4）各个位段可以占满一个字节，也可以不占满一个字节。例如：

```
struct packed_data
{
    unsigned a:2;
    unsigned b:2;
    unsigned c:1;
    int i;
}data;
```

其存储形式如图 12-22 所示。

（5）一个位段必须存储在一个存储单元（通常为一个字节）中，不能跨两个存储单元。如果存储单元不够容纳位段，则从下一个存储单元开始存储该位段。

（6）可以用"%d""%x""%u""%o"等格式字符，以整数形式输出位段。

（7）在数值表达式中引用位段时，系统自动将位段转换为整型。

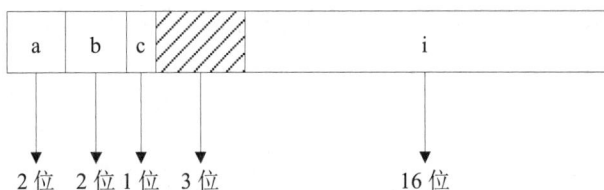

图 12-22　不占满一个字节的存储形式

12.5　借助 AIGC 工具编写实例

在学习 C 语言编程的过程中，使用 AIGC 工具可以提供有力的支持。本节展示了如何利用 AIGC 工具来帮助巩固本章所学的知识，设计相应的实例。以下是一个可能的对话示例。

【问题】

如何使用移位运算符实现简单的加密算法。

【AIGC 建议】

移位运算符（<< 和 >>）是 C 语言中非常高效的位操作工具，它们可以用于实现简单的加密算法。通过将数据的二进制位进行左移或右移操作，可以改变数据的值，从而实现基本的加密和解密功能，该算法的基本思想如下。

① 加密：将每个字符的 ASCII 码值向左或向右移动一定的位数，以改变其值。

② 解密：将加密后的字符再向相反方向移动相同的位数，恢复原始字符。

代码如下：

```c
// 定义移位位数
#define SHIFT_AMOUNT 3
// 加密函数
void encrypt(char *str) {
    for (int i = 0; str[i] != '\0'; i++) {
        // 将每个字符的 ASCII 码值向左移位
        str[i] = (str[i] << SHIFT_AMOUNT) | (str[i] >> (8 - SHIFT_AMOUNT));
    }
}
// 解密函数
void decrypt(char *str) {
    for (int i = 0; str[i] != '\0'; i++) {
        // 将每个字符的 ASCII 码值向右移位（与加密时相反）
        str[i] = (str[i] >> SHIFT_AMOUNT) | (str[i] << (8 - SHIFT_AMOUNT));
    }
}
```

【追加问题】

如何使上面的加密算法更加安全实用？

【AIGC 追加建议】

请读者扫描二维码，查看 AIGC 工具的追加建议。读者可自行编码查看编码效果。

AIGC 追加建议

12.6 小结

位运算是 C 语言的一种特殊运算功能，它是以二进制位为单位进行的运算。本章主要介绍了"与"（＆）、"或"（|）、"取反"（～）、"异或"（^）、"左移"（<<）、"右移"（>>）6 种位运算符，利用位运算符可以完成汇编语言的某些功能，如置位、清零、移位等。

位段在本质上是结构体类型，不过它的成员按二进制位分配内存，其定义、说明及使用的方式都与结构体相同。位段可以实现数据的压缩，在节省存储空间的同时提高程序的效率。

12.7 上机指导

使二进制数的指定位翻转。

在屏幕上输入一个数，使其低 4 位翻转，即 0 变为 1，1 变为 0。输出得到的结果。程序运行结果如图 12-23 所示。

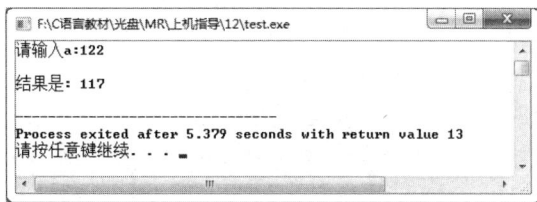

```
F:\C语言教材\光盘\MR\上机指导\12\test.exe

请输入a:122

结果是: 117

----------------------------------
Process exited after 5.379 seconds with return value 13
请按任意键继续. . .
```

图 12-23　使二进制数的指定位翻转

编程思路如下。

本案例使用"异或"运算符实现对二进制数的指定位进行翻转。翻转就是将原来位是 1 的转换为 0，或者将原来位是 0 的转换为 1。要使哪几位翻转，就将与其进行"异或"运算的二进制数的该位设置为 1。1 与 1 异或的值为 0，1 与 0 异或的值为 1。本案例要求使数据的低 4 位进行翻转，这样输入的数据就可以和任意低 4 位为 1 的数进行"异或"运算，保持高 4 位不变，低 4 位翻转。

12.8 习题

12-1　任意输入两个数，求这两个数进行"与"和"或"运算后的结果。

12-2　任意输入一个数，分别求该数"左移"和"右移"3 位运算后的结果。

12-3　任意输入一个数，分别对该数进行循环左移和循环右移操作，并将结果输出。

12-4　编写一个循环移位函数，使循环移位函数既能循环左移又能循环右移。参数 n 大于 0 的时候循环左移，参数 n 小于 0 的时候循环右移。例如 n=-4 表示循环右移 4 位。

12-5　取出给定的 16 位二进制数的奇数位，构成新的数据并输出。

12-6　在屏幕上输入一个八进制数，输出其后 4 位对应的数。

12-7　当 a=2、b=4、c=6、d=8 时，编程求解 a&c、b|d、a^d、～a 的值。

第13章 文件

本章要点

- 了解文件的概念。
- 掌握文件的基本操作。
- 掌握文件的读写方法。
- 掌握文件的定位。

文件是程序设计中的一个重要概念。在现代计算机的应用领域中，数据处理是一个重要方面，数据处理往往是通过文件的形式完成的。本章将介绍如何将数据写入文件和从文件中读取数据。

13.1 文件概述

文件概述

文件是指一组相关数据的有序集合。这个有序集合有一个名称，叫作文件名。通常情况下，使用计算机就是在使用文件。在前面的程序设计中介绍了输入和输出，即从标准输入设备（如键盘）输入，由标准输出设备（如显示器或打印机）输出。不仅如此，我们常把磁盘作为信息载体，用于存储中间结果或最终数据。在使用一些字处理工具时，通过打开一个文件将磁盘的信息输入内存，通过关闭一个文件将内存数据输出到磁盘。这时的输入和输出是针对文件系统的，因此文件系统也是输入和输出的对象。

文件可以从不同的角度进行具体的分类。

（1）所有文件都通过流进行输入、输出操作。与文本流和二进制流对应，文件可以分为文本文件和二进制文件两大类。

① 文本文件也称为 ASCII 文件。在保存文本文件时，每个字符对应一个字节，用于存放对应的 ASCII。

② 二进制文件不保存 ASCII，而是按二进制的编码方式来存储文件内容。

（2）从用户的角度（或依附的介质）看，文件可分为普通文件和设备文件两种。

① 普通文件是指驻留在磁盘或其他外部介质上的有序数据集。

② 设备文件是指与主机相连的各种外部设备，如显示器、打印机、键盘等。在操作系统中，把外部设备也看作文件来进行管理，把外部设备的输入、输出等同于对磁

盘文件的读和写。

（3）按文件内容可将文件分为源文件、目标文件、可执行文件、头文件和数据文件等。

在 C 语言中，文件的操作都是由库函数完成的。本章将介绍主要的文件操作函数。

13.2 文件的基本操作

文件的基本操作包括文件的打开和关闭。除了标准的输入输出文件外，其他文件都必须先打开再使用，而使用完后必须关闭该文件。

13.2.1 文件指针

文件指针是指向文件信息的指针，文件信息包括文件名、状态和当前位置等，它们被保存在一个结构体变量中，在使用文件时需要在内存中为该结构体变量分配空间，用来存储文件的信息。该结构体类型是由系统定义的，C 语言规定该结构体类型为 FILE 类型，其声明如下。

```
typedef struct
{
    short level;
    unsigned flags;
    char fd;
    unsigned char hold;
    short bsize;
    unsigned char *buffer;
    unsigned ar *curp;
    unsigned istemp;
    short token;
}FILE;
```

从上面的声明中可以发现，使用 typedef 定义了一个结构体变量为 FILE 的结构体，在编写程序时可直接使用 FILE 定义变量，注意在定义变量时不必将结构体内容全部给出，只需写成如下形式。

```
FILE *fp;
```

说明：fp 是一个 FILE 类型的指针变量。

13.2.2 文件的打开

fopen()函数用来打开文件，打开文件的操作就是创建流。fopen()函数的原型在头文件 stdio.h 中，其一般形式为：

```
FILE *fp;
fp=fopen(文件名,使用文件方式);
```

其中，文件名是将要被打开文件的名称，使用文件方式是指对打开的文件进行读还是写。使用文件方式如表 13-1 所示。

表 13-1　使用文件方式

文件使用方式	含　义
r（只读）	打开一个文本文件，只允许读数据
w（只写）	打开或建立一个文本文件，只允许写数据
a（追加）	打开一个文本文件，并在文件末尾追加数据
rb（只读）	打开一个二进制文件，只允许读数据
wb（只写）	打开或建立一个二进制文件，只允许写数据
ab（追加）	打开一个二进制文件，并在文件末尾追加数据
r+（读写）	打开一个文本文件，允许读数据和写数据
w+（读写）	打开或建立一个文本文件，允许读数据和写数据
a+（读写）	打开一个文本文件，允许读数据，或在文件末尾追加数据
rb+（读写）	打开一个二进制文件，允许读数据和写数据
wb+（读写）	打开或建立一个二进制文件，允许读数据和写数据
ab+（读写）	打开一个二进制文件，允许读数据，或在文件末尾追加数据

如果以只读方式打开文件名为 123 的文本文件，应写成如下形式。

```
FILE *fp;
fp=fopen ("123.txt","r");
```

如果使用 fopen()函数打开文件成功，则返回一个有确定指向的 FILE 类型指针；若打开文件失败，则返回 NULL。通常打开文件失败的原因如下。

- 指定的盘符或路径不存在。
- 文件名中含有无效字符。
- 以只读方式打开一个不存在的文件。

13.2.3　文件的关闭

文件在使用完毕后，应使用 fclose()函数将其关闭。fclose()函数和 fopen()函数一样，原型也在头文件 stdio.h 中，其一般形式为：

文件的关闭

```
fclose(文件指针);
```

例如：

```
fclose(fp);
```

fclose()函数也返回一个值。当正常完成关闭文件的操作时，fclose()函数返回 0，否则返回 EOF。

> 说明：在程序结束之前应关闭所有文件，这样做的目的是防止没有关闭文件造成数据流失。

13.3　文件的读写

打开文件后，可对文件进行读出或写入的操作。C 语言中提供了丰富的文件操作函数，本节将对其进行详细介绍。

13.3.1 fputc()函数

fputc()函数的一般形式如下。

```
ch=fputc(ch,fp);
```

fputc()函数的作用是把一个字符写到磁盘文件（fp 指向的是文件）中。
其中 ch 是要输出的字符，它可以是字符常量，也可以是字符变量；fp 是 FILE 类型指针变量。如果 fputc()函数输出成功，则返回值是输出的字符；如果输出失败，则返回 EOF。

【例 13-1】 编程实现向文件 E:\exp01.txt 中写入"forever...forever..."，以"#"结束输入。

```
#include<stdio.h>
#include <stdlib.h>
main()
{
    FILE *fp;                               /*定义一个指向 FILE 类型结构体的指针变量*/
    char ch;                                /*定义变量为字符型*/
    if((fp = fopen("E:\\exp01.txt", "w")) == NULL)    /*以只写方式打开指定文件*/
    {
        printf("cannot open file\n");
        exit(0);
    }
    ch = getchar();                         /*使用 getchar()函数获取一个字符并赋给 ch*/
    while(ch != '#')                        /*当输入"#"时结束循环*/
    {
        fputc(ch, fp);                      /*将读入的字符写到磁盘文件中*/
        ch = getchar();                     /*使用 getchar()函数继续获取一个字符并赋给 ch*/
    }
    fclose(fp);                             /*关闭文件*/
}
```

当输入图 13-1 所示的内容时，文件 exp01.txt 中的内容如图 13-2 所示。

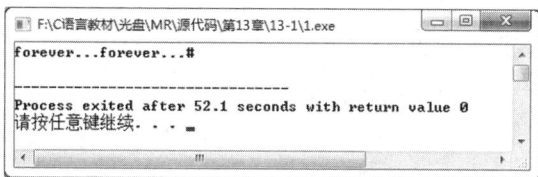

图 13-1 运行界面

图 13-2 文件 exp01.txt 中的内容

13.3.2 fgetc()函数

fgetc()函数的一般形式如下。

```
ch=fgetc(fp);
```

fgetc()函数的作用是从指定的文件（fp 指向的文件）读入一个字符并赋给 ch。需要注意的是，文件必须是以读或读写的方式打开。当 fgetc()函数遇到文件结束符时返回文件结束符 EOF。

【例 13-2】在执行程序前创建文件 E:\exp02.txt，文件内容为"even the wise are not always free from error;no man is wise at all times"，在屏幕中输出该文件内容。

```c
#include<stdio.h>
main()
{
    FILE *fp;                              /*定义一个指向 FILE 类型结构体的指针变量*/
    char ch;                               /*定义变量为字符型*/
    fp = fopen("e:\\exp02.txt", "r");      /*以只读方式打开指定文件*/
    ch = fgetc(fp);                        /*使用 fgetc()函数读入一个字符并赋给 ch*/
    while(ch != EOF)                       /*当读入的字符为 EOF 时结束循环*/
    {
        putchar(ch);                       /*将读入的字符输出在屏幕上*/
        ch = fgetc(fp);                    /*使用 fgetc()函数继续读入一个字符并赋给 ch*/
    }
    fclose(fp);                            /*关闭文件*/
}
```

运行程序，显示结果如图 13-3 所示。

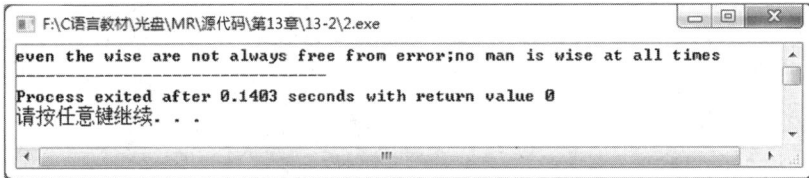

图 13-3   读取磁盘文件

13.3.3   fputs()函数

fputs()函数与 fputc()函数类似，区别在于 fputc()函数每次向文件中写入一个字符，而 fputs()函数每次向文件中写入一个字符串。

fputs()函数的一般形式如下。

fputs(函数

```c
fputs(字符串,文件指针)
```

fputs()函数的作用是向指定的文件中写入一个字符串，字符串可以是字符串，也可以是字符数组、指针或变量。

【例 13-3】 向指定的磁盘文件中写入字符串"天生我材必有用"。

```c
#include<stdio.h>
#include<process.h>
main()
{
    FILE *fp;
    char filename[30],str[30];             /*定义两个字符数组*/
    printf("please input filename:\n");
    scanf("%s",filename);                  /*输入文件名*/
    if((fp=fopen(filename,"w"))==NULL)     /*判断文件是否打开失败*/
    {
        printf("can not open!\npress any key to continue:\n");
```

```
        getchar();
        exit(0);
    }
    printf("please input string:\n");        /*提示输入字符串*/
    getchar();
    gets(str);
    fputs(str,fp);                           /*将字符串写入 fp 指向的文件中*/
    fclose(fp);
}
```

运行程序后，输入文件名和文件内容如图 13-4 所示，新创建的文件中的内容如图 13-5 所示。

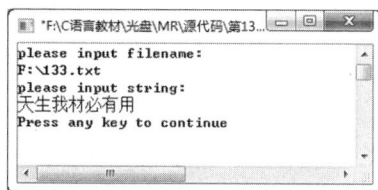

图 13-4　运行界面

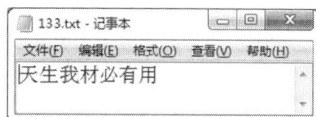

图 13-5　文件中的内容

⚠️ **注意：** 此实例使用 Visual C++ 6.0 或者 VS Code 编译运行。

13.3.4　fgets()函数

fgets()函数与 fgetc()函数类似，区别在于 fgetc()函数每次从文件中读出一个字符，而 fgets()函数每次从文件中读出一个字符串。

fgets()函数的一般形式如下。

```
fgets(字符数组名,n,文件指针);
```

fgets()函数的作用是从指定的文件中读取一个字符串到字符数组中。n 表示得到的字符串中字符（包含 "\0"）的个数。

【例 13-4】 读取任意磁盘文件中的内容。

```
#include<stdio.h>
#include<process.h>
main()
{
    FILE *fp;
    char filename[30],str[30];               /*定义两个字符数组*/
    printf("please input filename:\n");
    scanf("%s",filename);                     /*输入文件名*/
    if((fp=fopen(filename,"r"))==NULL)        /*判断文件是否打开失败*/
    {
        printf("can not open!\npress any key to continue\n");
        getchar();
        exit(0);
    }
    fgets(str,sizeof(str),fp);                /*读取磁盘文件中的内容*/
    printf("%s",str);
```

```
    fclose(fp);
}
```

运行程序后，输入文件名（此文件已经存在），则可读取磁盘文件中的内容，如图 13-6 所示。磁盘文件中的内容如图 13-7 所示。

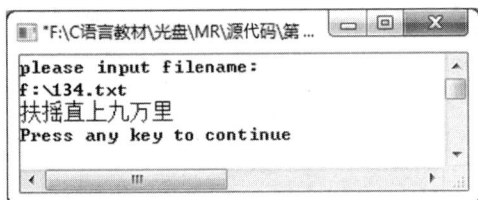

图 13-6　运行界面

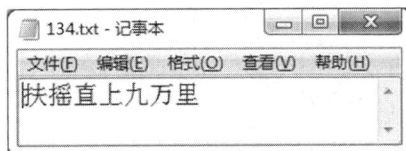

图 13-7　磁盘文件中的内容

⚠️**注意：**此实例使用 Visual C++ 6.0 或者 VS Code 编译运行。

13.3.5　fprintf()函数

printf()和 scanf()函数都是格式化读写函数。下面要介绍的 fprintf()和 fscanf()函数的作用与 printf()和 scanf()函数的作用相似，它们最大的区别是读写的对象不同。fprintf()和 fscanf()函数读写的对象不是终端而是磁盘文件。

fprintf()函数的一般形式如下。

```
ch=fprintf(FILE 类型指针,格式字符串,输出列表);
```

例如：

```
fprintf(fp,"%d",i);
```

上面的语句的作用是将整型变量 i 的值以 "%d" 的格式输出到 fp 指向的文件中。

【例 13-5】　将数字 88 以字符的形式写到磁盘文件中。

```
#include<stdio.h>
#include<process.h>
main()
{
    FILE *fp;
    int i=88;
    char filename[30];                        /*定义一个字符数组*/
    printf("please input filename:\n");
    scanf("%s",filename);                      /*输入文件名*/
    if((fp=fopen(filename,"w"))==NULL)         /*判断文件是否打开失败*/
    {
        printf("can not open!\npress any key to continue\n");
        getchar();
        exit(0);
    }
    fprintf(fp,"%c",i);                        /*将88以字符的形式写入fp指向的磁盘文件中*/
    fclose(fp);
}
```

运行程序后，输入文件名（此文件可不存在），如图 13-8 所示。文件中的内容如图 13-9 所示。

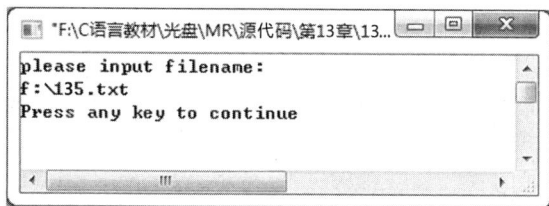

图 13-8　运行界面

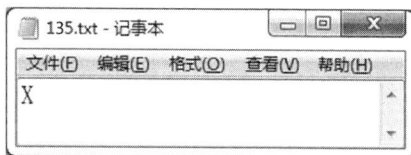

图 13-9　文件中的内容

⚠ **注意**：此实例使用 Visual C++ 6.0 或者 VS Code 编译运行。

13.3.6　fscanf()函数

fscanf()函数的一般形式如下。

```
fscanf(FILE 类型指针,格式字符串,输入列表);
```

例如：

```
fscanf(fp,"%d",&i);
```

上面的语句的作用是读入 fp 指向的文件中的整型变量 i 的值。

【例 13-6】　将文件中的 5 个字符以整数形式输出。

```
#include<stdio.h>
#include<process.h>
main()
{
    FILE *fp;
    char i,j;
    char filename[30];                    /*定义一个字符数组*/
    printf("please input filename:\n");
    scanf("%s",filename);                 /*输入文件名*/
    if((fp=fopen(filename,"r"))==NULL)    /*判断文件是否打开失败*/
    {
        printf("can not open!\npress any key to continue\n");
        getchar();
        exit(0);
    }
    for(i=0;i<5;i++)
    {
        fscanf(fp,"%c",&j);
        printf("%d is:%5d\n",i+1,j);
    }
    fclose(fp);
}
```

运行程序后，输入文件名（此文件已经存在），则可以整数形式读出磁盘文件中的内容，如图 13-10 所示。文件中的内容如图 13-11 所示。

文件 / 第13章

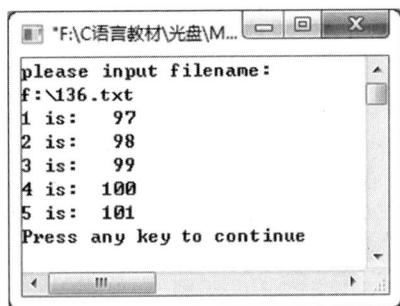

图 13-10　运行界面

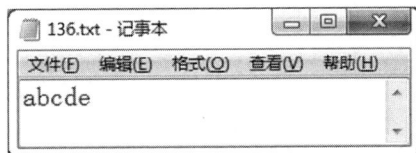

图 13-11　文件中的内容

⚠ **注意**：此实例使用 Visual C++ 6.0 或者 VS Code 编译运行。

13.3.7　fread()和 fwrite()函数

fputc()和 fgetc()函数每次只能读写文件中的一个字符，但是在编写程序的过程中往往需要对整块数据进行读写，例如对一个结构体变量的值进行读写。下面介绍实现整块数据读写的 fread()和 fwrite()函数。

fread()函数的一般形式如下。

```
fread(buffer,size,count,fp);
```

fread()函数的作用是从 fp 指向的文件中读取 count 次，每次读取 size 个字节，读取的信息存储在 buffer 地址中。

fwrite()函数的一般形式如下。

```
fwrite(buffer,size,count,fp);
```

fwrite()函数的作用是将 buffer 地址中的信息输出 count 次，每次写 size 个字节到 fp 指向的文件中。

（1）buffer：一个地址。对于 fwrite()函数来说 buffer 是要输出数据的地址（起始地址）；对于 fread()函数来说 buffer 是要读入的数据存放的地址。

（2）size：读写的字节数。

（3）count：读写多少次 size 个字节的数据。

（4）fp：FILE 类型指针。

例如：

```
fread(a,2,3,fp);
```

上面语句的含义是从 fp 指向的文件中每次读 2 个字节的数据并存储在数组 a 中，连续读 3 次。

```
fwrite(a,2,3,fp);
```

上面语句的含义是将数组 a 中的数据每次输出 2 个字节的数据到 fp 指向的文件中，连续输出 3 次。

【例 13-7】 编程实现将输入的信息保存到磁盘文件中，在输入完信息后，将所输入的信息全部输出。

```c
#include<stdio.h>
#include<process.h>
struct address_list                          /*定义结构体，用于存储学生信息*/
{
    char name[10];
    char adr[20];
    char tel[15];
} info[100];
void save(char *name, int n)                 /*自定义 save()函数*/
{
    FILE *fp;                                /*定义一个指向 FILE 类型结构体的指针变量*/
    int i;
    if((fp = fopen(name, "wb")) == NULL)     /*以只写方式打开二进制文件*/
    {
        printf("cannot open file\n");
        exit(0);
    }
    for(i = 0; i < n; i++)
        /*将一组数据写入 fp 指向的文件中*/
        if(fwrite(&info[i], sizeof(struct address_list), 1, fp) != 1)
            printf("file write error\n");    /*如果写入文件不成功，则输出错误*/
    fclose(fp);                              /*关闭文件*/
}
void show(char *name, int n)                 /*自定义 show()函数*/
{
    int i;
    FILE *fp;                                /*定义一个指向 FILE 类型结构体的指针变量*/
    if((fp = fopen(name, "rb")) == NULL)     /*以只读方式打开二进制文件*/
    {
        printf("cannot open file\n");
        exit(0);
    }
    for(i = 0; i < n; i++)
    {
        /*从 fp 指向的文件中读取数据并存储在 info 数组中*/
        fread(&info[i], sizeof(struct address_list), 1, fp);
        printf("%15s%20s%20s\n", info[i].name, info[i].adr,info[i].tel);
    }
    fclose(fp);                              /*关闭文件*/
}
main()
{
    int i, n;                                /*变量类型为基本整型*/
    char filename[50];                       /*数组为字符型*/
    printf("how many ?\n");
    scanf("%d", &n);                         /*输入学生数*/
    printf("please input filename:\n");
    scanf("%s", filename);                   /*输入文件所在路径及文件名*/
    printf("please input name,address,telephone:\n");
    for (i = 0; i < n; i++)                  /*循环输入学生信息*/
    {
        printf("NO%d", i + 1);
```

```
        scanf("%s%s%s", info[i].name, info[i].adr, info[i].tel);
        save(filename, n);                          /*调用 save()函数*/
    }
    show(filename, n);                              /*调用 show()函数*/
}
```

程序运行结果如图 13-12 所示。运行程序后，输入文件的路径及文件名（此文件已经存在），则可读出磁盘文件中的内容。

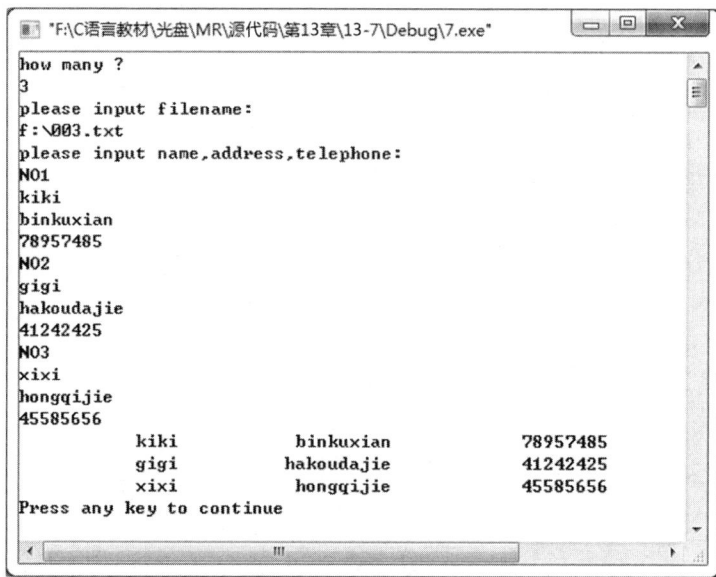

```
"F:\C语言教材\光盘\MR\源代码\第13章\13-7\Debug\7.exe"
how many ?
3
please input filename:
f:\003.txt
please input name,address,telephone:
NO1
kiki
binkuxian
78957485
NO2
gigi
hakoudajie
41242425
NO3
xixi
hongqijie
45585656
        kiki        binkuxian        78957485
        gigi        hakoudajie       41242425
        xixi        hongqijie        45585656
Press any key to continue
```

图 13-12   输入并读取信息

⚠️注意：此实例使用 Visual C++ 6.0 或者 VS Code 编译运行。

13.4 文件的定位

在对文件进行操作时往往不需要从头开始，只需对其中指定的内容进行操作，这时需要使用文件定位函数实现对文件的随机读写。本节将介绍 3 种文件定位函数。

13.4.1 fseek()函数

借助缓冲型输入输出系统中的 fseek()函数可以完成对文件的随机读写操作。fseek()函数的一般形式如下。

```
fseek(FILE 类型指针,位移量,起始点);
```

fseek()函数

fseek()函数的作用是移动文件内部位置指针。其中，FILE 类型指针指向被移动的文件；位移量表示移动的字节数，要求位移量是长整型数据，以便在文件长度大于 64KB 时不会出错，当用常量表示位移量时，要求加后缀 "L"；起始点表示从何处开始计算位移量，规定的起始点有文件开头、文件当前位置和文件末尾 3 种，其表示方法如表 13-2 所示。

表 13-2　起始点的表示方法

起始点	符号表示	数字表示
文件开头	SEEK—SET	0
文件当前位置	SEEK—CUR	1
文件末尾	SEEK—END	2

例如：

```
fseek(fp,-20L,1);
```

上面的语句表示将文件内部位置指针从当前位置向后移动 20 个字节。

> 📖 说明：fseek()函数一般用于二进制文件。在文本文件中使用时，由于需要将内容转换为二进制数，因此计算的位置可能会出现错误。

文件的随机读写在移动文件内部位置指针之后进行，可用前面介绍的任意一种读写函数进行读写。

【例 13-8】　向一个二进制文件中写入一个长度大于 6 的字符串，然后从该字符串的第 6 个字符开始输出余下字符。

```
#include<stdio.h>
#include<process.h>
main()
{
    FILE *fp;
    char filename[30],str[50];           /*定义两个字符数组*/
    printf("please input filename:\n");
    scanf("%s",filename);                /*输入文件名*/
    if((fp=fopen(filename,"wb"))==NULL)/*判断二进制文件是否打开失败*/
    {
        printf("can not open!\npress any key to continue\n");
        getchar();
        exit(0);
    }
    printf("please input string:\n");
    getchar();
    gets(str);
    fputs(str,fp);
    fclose(fp);
    if((fp=fopen(filename,"rb"))==NULL)/*判断二进制文件是否打开失败*/
    {
        printf("can not open!\npress any key to continue\n");
        getchar();
        exit(0);
    }
    fseek(fp,5L,0);
    fgets(str,sizeof(str),fp);
    putchar('\n');
    puts(str);
    fclose(fp);
}
```

运行程序，显示结果如图 13-13 所示。

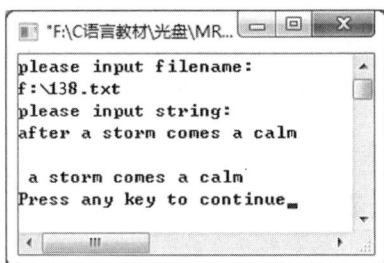

图 13-13 输出余下字符

⚠️ **注意**：此实例使用 Visual C++ 6.0 或者 VS Code 编译运行。

程序中有这样一行代码：

```
fseek(fp,5L,0);
```

此代码的含义是将文件类型指针指向距文件开头 5 个字节的位置，也就是指向字符串中的第 6 个字符。

13.4.2 rewind()函数

rewind()函数也能起到定位 FILE 类型指针的作用，从而达到随机读写文件的目的。rewind()函数的一般形式如下。

rewind()函数

```
int rewind(FILE 类型指针)
```

rewind()函数的作用是使 FILE 类型指针返回文件开头，该函数没有返回值。

【例 13-9】 rewind()函数的应用。

```
#include<stdio.h>
#include<process.h>
main()
{
    FILE *fp;
    char ch,filename[50];
    printf("please input filename:\n");
    scanf("%s",filename);                        /*输入文件名*/
    if((fp=fopen(filename,"r"))==NULL)           /*以只读方式打开文件*/
    {
        printf("cannot open this file.\n");
        exit(0);
    }
    ch = fgetc(fp);
    while(ch != EOF)
    {
        putchar(ch);                             /*输出字符*/
        ch = fgetc(fp);                          /*获取 fp 指向的文件中的字符*/
    }
    rewind(fp);                                  /*使 FILE 类型指针指向文件开头*/
    ch = fgetc(fp);
    while(ch != EOF)
    {
```

```
        putchar(ch);                            /*输出字符*/
        ch = fgetc(fp);
    }
    fclose(fp);                                 /*关闭文件*/
}
```

运行程序，显示结果如图 13-14 所示。

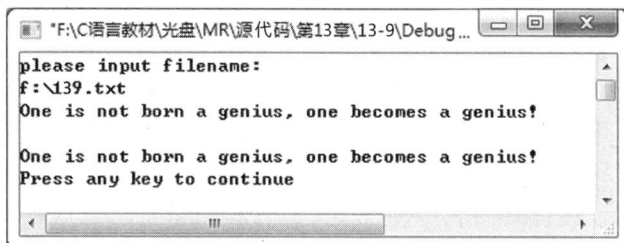

图 13-14　rewind()函数的应用

⚠注意：此实例使用 Visual C++ 6.0 或者 VS Code 编译运行。

程序中通过以下 6 行代码输出了第一个 "One is not born a genius, one becomes a genius!"。

```
ch = fgetc(fp);
while(ch != EOF)
    {
    putchar(ch);
    ch = fgetc(fp);
}
```

在输出第一个 "One is not born a genius, one becomes a genius!" 后，FILE 类型指针已经移动到了该文件的尾部，使用 rewind()函数可再次将 FILE 类型指针移到文件开头，因此当再次运行上面 6 行代码时就会输出第二个 "One is not born a genius, one becomes a genius!"。

13.4.3　ftell()函数

ftell()函数的一般形式如下。

```
long ftell(FILE 类型指针)
```

ftell()函数

ftell()函数的作用是得到流式文件中 FILE 类型指针的当前位置，用相对于文件开头的位移量来表示。当 ftell()函数返回值为-1L 时，表示出错。

【例 13-10】　求字符串长度。

```
#include<stdio.h>
#include<process.h>
main()
{
    FILE *fp;
    int n;
    char ch,filename[50];
```

```
        printf("please input filename:\n");
        scanf("%s",filename);                              /*输入文件名*/
        if((fp=fopen(filename,"r"))==NULL)                 /*以只读方式打开文件*/
        {
            printf("cannot open this file.\n");
            exit(0);
        }
        ch = fgetc(fp);
        while(ch != EOF)
        {
            putchar(ch);                                   /*输出字符*/
            ch = fgetc(fp);                                /*获取 fp 指向的文件中的字符*/
        }
        n=ftell(fp);
        printf("\nthe length of the string is:%d\n",n);
        fclose(fp);                                        /*关闭文件*/
}
```

运行程序，显示结果如图 13-15 所示。

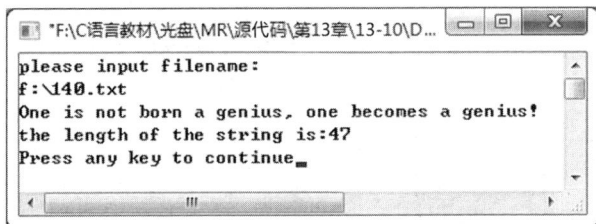

```
■ *F:\C语言教材\光盘\MR\源代码\第13章\13-10\D...    □ □ X

please input filename:
f:\140.txt
One is not born a genius, one becomes a genius!
the length of the string is:47
Press any key to continue_
```

图 13-15　求字符串长度

⚠ 注意：此实例使用 Visual C++ 6.0 或者 VS Code 编译运行。

13.5 借助 AIGC 工具编写实例

在学习 C 语言编程的过程中，使用 AIGC 工具可以提供有力的支持。本节展示了如何利用 AIGC 工具来帮助巩固本章所学的知识，设计相应的实例。以下是在一个可能的对话示例。

【问题】

如何使用移位运算符实现简单的加密算法。

【AIGC 建议】

在 C 语言中，使用文件来存储和管理学生信息是一个常见的应用场景。为了巩固 C 语言中文件的应用，下面设计一个将学生信息保存到文件中的实例，该实例中，用户可以输入学生的姓名、学号和成绩，并将这些信息保存到文件中。主要代码如下：

```
typedef struct {
    char name[50];      // 学生姓名
    int id;             // 学号
    float gpa;          // 平均成绩
} Student;
```

```
void add_student(FILE *file) {
    Student student;
    printf("请输入学生姓名：");
    scanf("%49s", student.name);  // 限制输入长度以防止缓冲区溢出
    printf("请输入学号：");
    scanf("%d", &student.id);
    printf("请输入平均成绩：");
    scanf("%f", &student.gpa);
    // 将学生信息写入文件
    fwrite(&student, sizeof(Student), 1, file);
    printf("学生信息已成功添加。\n");
}
```

【追加问题】

读取上面存储学生信息的文件时，如果遇到文件被占用的情况，如何解决？

【AIGC 追加建议】

请读者扫描二维码，查看 AIGC 工具的追加建议。读者可自行编码查看编码效果。

AIGC 追加建议

13.6 小结

本章主要介绍了一些文件的基本操作，包括文件的打开、关闭、读写及定位等。C 语言支持文件按编码方式分为二进制文件和文本文件。C 语言用 FILE 类型指针标识文件，文件在进行读写操作之前必须打开，读写结束后必须关闭。文件可以采用不同方式打开，同时必须指定文件的类型。文件的读写也分为多种方式，包括单个字符的读写、字符串的读写、成块数据读写以及按指定的格式读写等。文件内部的位置指针可指示当前的读写位置，同时可以移动该指针实现对文件的随机读写。

13.7 上机指导

第 13 章上机指导

删除文件。

编程实现文件的删除，具体要求为：从键盘中输入要删除的文件的路径及名称，无论是否成功删除文件都在屏幕中输出提示信息。运行结果如图 13-16 所示。

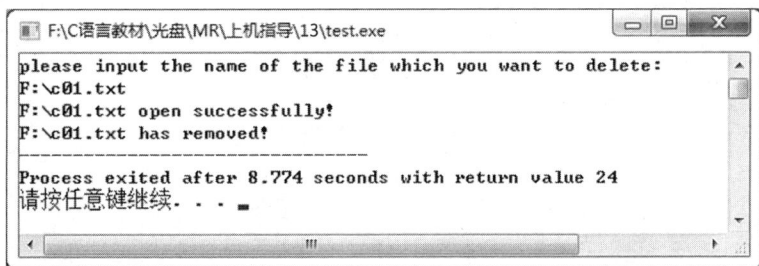

```
F:\C语言教材\光盘\MR\上机指导\13\test.exe

please input the name of the file which you want to delete:
F:\c01.txt
F:\c01.txt open successfully!
F:\c01.txt has removed!
--------------------------------
Process exited after 8.774 seconds with return value 24
请按任意键继续. . .
```

图 13-16　删除文件

编程思路如下。

本实例使用了 remove() 函数，具体使用说明如下。

```
int remove(char *filename)
```

remove() 函数的作用是删除 filename 指向的文件。删除成功返回 0，出现错误返回-1，remove() 函数的原型在头文件 stdio.h 中。

13.8 习题

13-1 编程实现将文件 2 中的内容复制到文件 1 中。

13-2 将一个已存在的文本文件的内容复制到新建的文本文件中。

13-3 输入学生人数以及每个学生的数学成绩、语文成绩、英语成绩，并将各科的成绩保存到磁盘文件中。

13-4 编程实现删除记录中的职工工资信息，具体要求为：输入文件路径及文件名，打开文件，输入员工姓名及工资，输入完毕后输出文件中的内容，再输入要删除的员工姓名，进行删除操作，最后将删除后的文件内容输出在屏幕上。

13-5 有两个文本文件，第一个文本文件的内容是："书中自有黄金屋，书中自有颜如玉。"第二个文本文件的内容是："不登高山，不知天之高也；不临深溪，不知地之厚也。"编程实现合并两个文本文件的内容，即将第二个文件的内容合并到第一个文件内容的后面。

13-6 编程实现对指定文件中的内容进行统计。具体要求为：输入文件的路径及名称，统计该文件中字符、空格、数字及其他字符的个数，并将统计结果存储到指定的磁盘文件中。

第14章 综合开发实例
——趣味俄罗斯方块

本章要点

- 控制台的基本输入、输出。
- 函数的声明、定义和调用。
- switch 语句。
- goto 语句的使用。
- 控制台字体颜色的设置。
- 控制台上文字输出位置的设置。
- rand()函数的使用。
- 获取键盘按键并进行相应的操作。

俄罗斯方块是一款老少皆宜的经典益智类游戏，该游戏的趣味性是很多游戏都无法比拟的。俄罗斯方块的规则很简单，堆积各种形状的方块，满行即可消除该行，当方块堆积到屏幕最上方时游戏结束。

14.1 开发背景

俄罗斯方块是一款风靡全球的掌上游戏和 PC 游戏，它创造的经济价值可以说是游戏史上一个奇迹。俄罗斯方块由俄罗斯阿列克谢·帕基特诺夫（Alexey Pajitnov）发明。俄罗斯方块的基本规则是移动、旋转和摆放自动输出的各种方块，使之排列成完整的一行或多行并且消除得分，它看似简单却变化无穷。

在本项目中，要求支持键盘操作和若干种不同类型方块的旋转、变换，并且在界面上输出下一个方块的提示以及玩家当前的得分。随着游戏的进行，游戏等级越来越高，游戏难度也越来越大，即方块的下落速度会越来越快；玩家也可以自己选择游戏难度。

本章将使用 Dev-C++开发一个趣味俄罗斯方块的游戏，并详细介绍在开发游戏时需要了解和掌握的相关开发细节。趣味俄罗斯方块的开发细节如图 14-1 所示。

趣味俄罗斯方块

图 14-1　趣味俄罗斯方块的开发细节

14.2　系统功能设计

14.2.1　系统功能结构

趣味俄罗斯方块共有 5 个界面，分别是游戏欢迎界面、游戏主界面、游戏规则介绍界面、游戏按键说明界面、游戏结束界面。系统功能结构如图 14-2 所示。

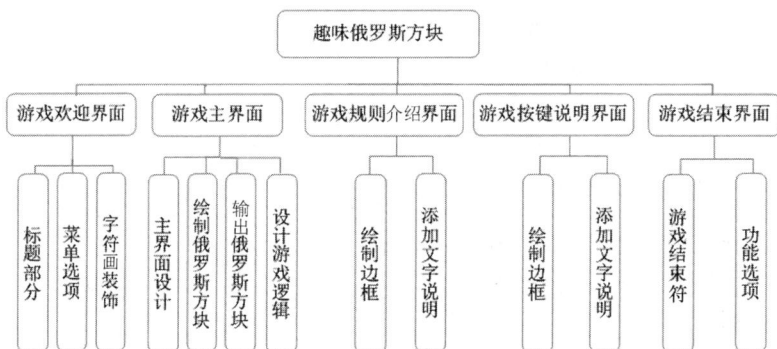

图 14-2　系统功能结构

14.2.2　业务流程图

趣味俄罗斯方块的业务流程图如图 14-3 所示。

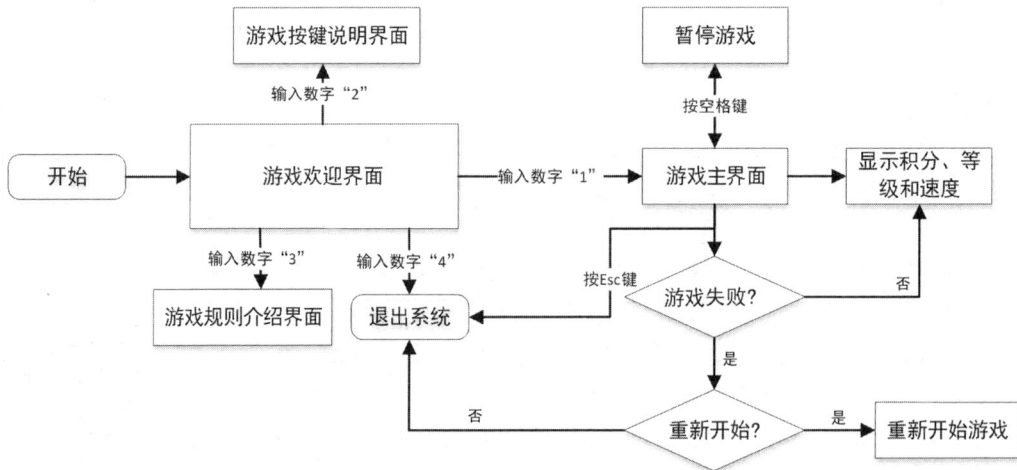

图 14-3　业务流程图

14.2.3　开发环境需求

趣味俄罗斯方块项目的开发及运行环境要求如下。

（1）操作系统：Windows 7、Windows 8 或 Windows 10。

（2）开发工具：Dev-C++。

（3）开发语言：C 语言。

14.3　预处理模块设计

14.3.1　引用文件

在开发趣味俄罗斯方块项目时，首先需要引入项目中需要的头文件，以便调用其中的函数。在引用头文件时需要使用#include 命令，代码如下。

```
/* 引用头文件 */
#include <stdio.h>           //标准输入输出函数库（包括 printf()、scanf()等函数）
#include <windows.h>         //控制 DOS 界面（获取控制台上的坐标、设置字体颜色）
#include <conio.h>           //接收键盘输入输出（包括 kbhit()、getchar()等函数）
#include <time.h>            //时间函数库
```

14.3.2　宏定义

本项目中，将游戏窗口的坐标、高度和宽度定义成宏，这样在代码中使用相应的数据时，可直接使用宏名代替，代码如下。

```
/* 宏定义 */
#define FrameX 13            //游戏窗口左上角的横坐标为 13
#define FrameY 3             //游戏窗口左上角的纵坐标为 3
#define Frame_height  20     //游戏窗口的高度为 20
#define Frame_width  18      //游戏窗口的宽度为 18
```

14.3.3　定义全局变量

在趣味俄罗斯方块的代码中，首先定义程序中用到的全局变量，以及表示游戏背景方格的二维数组；然后定义一个结构体，用来存储俄罗斯方块的信息，包括中心方块的横坐标、纵坐标，方块类型，下一个方块的类型，方块的移动速度及个数，游戏的分数和等级等；最后定义一个 HANDLE 类型的变量，表示控制台句柄，主要用来获取控制台上的坐标。代码如下。

```
/* 定义全局变量 */
int i,j,Temp,Temp1,Temp2;    //Temp、Temp1、Temp2 用于标记和转换方块变量的值
int a[80][80]={0};           //标记游戏背景方格
in b[4];                     //标记 4 个"口"方块：1 表示有方块，0 表示无方块
```

```
struct Tetris                              //声明方块的结构体
{
    int x;                                 //中心方块的横坐标
    int y;                                 //中心方块的纵坐标
    int flag;                              //标记方块类型的序号
    int next;                              //下一个方块类型的序号
    int speed;                             //方块的移动速度
    int number;                            //生成方块的个数
    int score;                             //游戏的分数
    int level;                             //游戏的等级
};
HANDLE hOut;                               //控制台句柄
```

14.3.4 声明函数

在代码中声明程序中用到的函数，代码如下。

```
/* 声明函数 */
void gotoxy(int x, int y);                 //将光标移到指定位置
void DrawGameframe();                      //绘制游戏主界面框架
void Flag(struct Tetris *);                //随机产生方块类型的序号
void MakeTetris(struct Tetris *);          //确定方块的颜色及形状
void DrawTetris(struct Tetris *);          //绘制方块
void CleanTetris(struct Tetris *);         //清除方块的痕迹
int ifMove(struct Tetris *);    //判断方块是否能移动，返回值为1表示能移动，否则表示不能移动
void Del_Fullline(struct Tetris *);        //判断方块是否满行，并删除满行的方块
void Gameplay();                           //开始游戏
void regulation();                         //游戏规则
void explanation();                        //按键说明
void welcome();                            //游戏欢迎界面中的菜单选项
void Replay(struct Tetris * tetris);       //重新开始游戏
void title();                              //游戏欢迎界面上方的标题
void flower();                             //绘制字符画
void close();                              //退出游戏
```

14.4 游戏欢迎界面设计

14.4.1 游戏欢迎界面概述

趣味俄罗斯方块的游戏欢迎界面主要提供了游戏的功能菜单，包括开始游戏、按键说明、游戏规则和退出等4个菜单。另外，在游戏欢迎界面中需要提示用户输入要操作的菜单编号。游戏欢迎界面如图14-4所示。

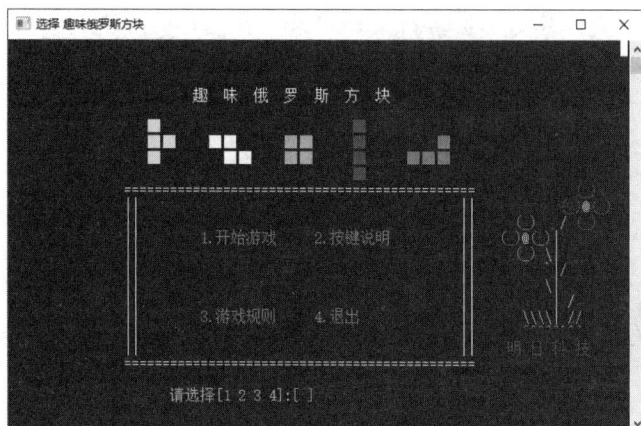

图 14-4　游戏欢迎界面

14.4.2　设置文本颜色

为了美化趣味俄罗斯方块界面，游戏欢迎界面中的文本以不同颜色进行输出，这主要通过 color()函数实现。color()函数中调用系统应用程序接口（application program interface，API）函数 SetConsoleTextAttribute()对控制台窗口中的文本颜色进行设置。color()函数实现代码如下。

```
/**
 * 设置文本颜色
 */
int color(int c)
{
    SetConsoleTextAttribute(GetStdHandle(STD_OUTPUT_HANDLE), c);    //更改文本颜色
    return 0;
}
```

14.4.3　设置文本输出位置

定义 gotoxy()函数，用来对控制台中文本的坐标进行设置，该函数中主要调用系统 API 函数 SetConsoleCursorPosition()实现。gotoxy()函数实现代码如下。

```
/**
 * 获取屏幕光标位置
 */
void gotoxy(int x, int y)
{
    COORD pos;
    pos.X = x;    //横坐标
    pos.Y = y;    //纵坐标
    SetConsoleCursorPosition(GetStdHandle(STD_OUTPUT_HANDLE), pos);
}
```

14.4.4　绘制游戏名称及不同类型的方块

本项目在游戏欢迎界面的上方输出游戏名称及 5 种不同类型的方块图形，如图 14-5 所示。

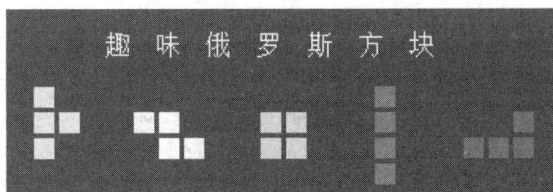

图 14-5　游戏名称及方块输出效果

该功能是通过自定义的 title() 函数实现的。在 title() 函数中，主要调用 color() 函数和 gotoxy() 函数确定文本的颜色和位置，然后使用 printf() 函数输出相应的文本。title() 函数实现代码如下。

```c
/**
 * 欢迎界面上方的标题
 */
void title()
{
    color(15);                              //白色
    gotoxy(24,3);
    printf("趣 味 俄 罗 斯 方 块\n");        //输出游戏名称
    color(11);                              //蓝色
    gotoxy(18,5);                           //以下注释表示俄罗斯方块图案
    printf("■");                            //■
    gotoxy(18,6);                           //■■
    printf("■■");                          //■
    gotoxy(18,7);
    printf("■");
    color(14);                              //黄色
    gotoxy(26,6);
    printf("■■");                          //■■
    gotoxy(28,7);                           //■■
    printf("■■");
    color(10);                              //绿色
    gotoxy(36,6);
    printf("■■");                          //■■
    gotoxy(36,7);                           //■■
    printf("■■");
    color(13);                              //粉色
    gotoxy(45,5);
    printf("■");                            //■
    gotoxy(45,6);
    printf("■");                            //■
    gotoxy(45,7);
    printf("■");                            //■
    gotoxy(45,8);
    printf("■");
    color(12);                              //红色
    gotoxy(56,6);
    printf("■");                            //■
    gotoxy(52,7);
    printf("■■■");                        //■■■
}
```

14.4.5 绘制字符画

为了使游戏欢迎界面更加美观, 本项目在该界面中加入了字符画, 效果如图 14-6 所示。

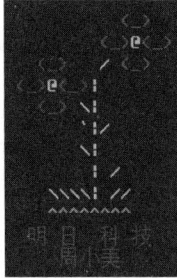

图 14-6 字符画效果

该功能是通过自定义的 flower()函数实现的。在 flower()函数中, 主要调用 color()函数和 gotoxy()函数确定字符画的颜色和位置, 然后使用 printf()函数输出字符画。flower()函数实现代码如下。

```
/**
 * 绘制字符画
 */
void flower()
{
    gotoxy(66,11);              //确定在屏幕上输出的位置
    color(12);                  //设置颜色
    printf("(_)");              //红花的上边花瓣
    gotoxy(64,12);
    printf("(_)");              //红花的左边花瓣
    gotoxy(68,12);
    printf("(_)");              //红花的右边花瓣
    gotoxy(66,13);
    printf("(_)");              //红花的下边花瓣
    gotoxy(67,12);              //红花花蕊
    color(6);
    printf("@");
    gotoxy(72,10);
    color(13);
    printf("(_)");              //粉色花的左边花瓣
    gotoxy(76,10);
    printf("(_)");              //粉色花的右边花瓣
    gotoxy(74,9);
    printf("(_)");              //粉色花的上边花瓣
    gotoxy(74,11);
    printf("(_)");              //粉色花的下边花瓣
    gotoxy(75,10);
    color(6);
    printf("@");                //粉色花的花蕊
    gotoxy(71,12);
    printf("|");                //两朵花之间的连接
```

```
        gotoxy(72,11);
        printf("/");                        //两朵花之间的连接
        gotoxy(70,13);
        printf("\\|");                       //注意 "\" 为转义字符。想要输入 "\"，必须在前面添加转义字符
        gotoxy(70,14);
        printf("`|/");
        gotoxy(70,15);
        printf("\\|");
        gotoxy(71,16);
        printf("| /");
        gotoxy(71,17);
        printf("|");
        gotoxy(67,17);
        color(10);
        printf("\\\\\\\\\\");               //草地
        gotoxy(73,17);
        printf("//");
        gotoxy(67,18);
        color(2);
        printf("^^^^^^^^");
        gotoxy(65,19);
        color(5);
        printf("明 日 科 技");               //公司名称
        gotoxy(68,20);
        printf("周小美");                    //开发者（用户可以换成自己的名字）
}
```

14.4.6　设计菜单选项

　　游戏欢迎界面的核心功能是设计游戏的菜单选项，该界面中包括 4 个菜单选项，分别

图 14-7　菜单选项效果

是开始游戏、按键说明、游戏规则和退出。另外，在游戏欢迎界面中可以输入菜单选项对应的编号，执行相应的操作。游戏欢迎界面中的菜单选项效果如图 14-7 所示。

　　设计菜单选项主要通过自定义的 welcome()函数实现。在 welcome()函数中，首先通过嵌套的 for 语句绘制菜单选项的边框；然后使用 gotoxy()函数、color()函数和 printf()函数，在不同位置以不同颜色输出相应的菜单选项文本及提示信息；最后使用 switch 语句根据用户输入的菜单选项对应的编号执行相应的操作。welcome()函数实现代码如下。

```
/**
 * 设计游戏欢迎界面中的菜单选项
 */
void welcome()
{
    int n;
    int i,j = 1;
    color(14);                              //黄色边框
    for (i = 9; i <= 20; i++)               //输出上下边框 =
```

```
    {
        for (j = 15; j <= 60; j++)          //输出左右边框 ||
        {
            gotoxy(j, i);
            if (i == 9 || i == 20) printf("=");
            else if (j == 15 || j == 59) printf("||");
        }
    }
    color(12);
    gotoxy(25, 12);
    printf("1.开始游戏");
    gotoxy(40, 12);
    printf("2.按键说明");
    gotoxy(25, 17);
    printf("3.游戏规则");
    gotoxy(40, 17);
    printf("4.退出");
    gotoxy(21,22);
    color(3);
    printf("请选择[1 2 3 4]:[ ]\b\b");
    color(14);
    scanf("%d", &n);                        //输入菜单选项对应的编号
    switch (n)
    {
        case 1:
            system("cls");
            DrawGameframe();                //绘制游戏窗口
            Gameplay();                     //开始游戏
            break;
        case 2:
            explanation();                  //游戏按键说明函数
            break;
        case 3:
            regulation();                   //游戏规则介绍函数
            break;
        case 4:
            close();                        //关闭游戏函数
            break;
    }
}
```

14.5 游戏主界面设计

14.5.1 游戏主界面概述

在游戏欢迎界面中输入数字 1，并按 Enter 键后，即可进入游戏主界面。在游戏主界面中实现趣味俄罗斯方块的核心游戏功能。游戏主界面主要分为两部分：一部分是左侧的游戏界面，另一部分是右侧的得分统计、计时、下一个出现方块展示和主要按键说明等。游戏主界面如图 14-8 所示。

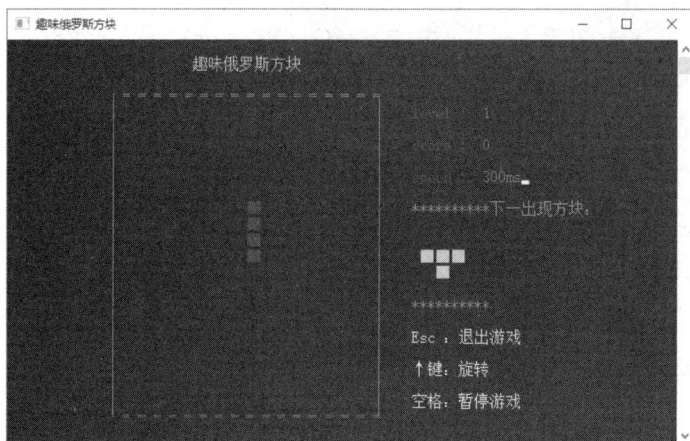

图 14-8　游戏主界面

14.5.2　绘制游戏主界面框架

游戏主界面框架主要由游戏名称、游戏边框、下一个出现的方块和主要按键说明等部分组成，如图 14-9 所示。

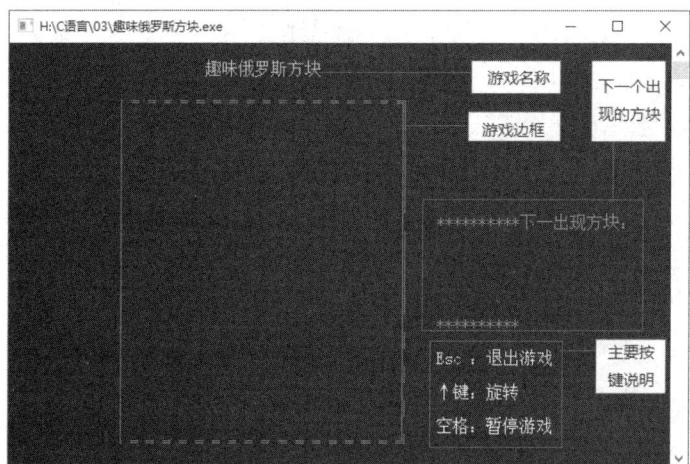

图 14-9　游戏主界面框架

绘制游戏主界面框架主要通过自定义的 DrawGameframe()函数实现。在 DrawGameframe()函数中，主要使用 gotoxy()函数、color()函数和 printf()函数在不同位置以不同颜色输出游戏主界面框架中涉及的文本及符号，这里需要注意的是，在输出游戏主界面框架左侧的游戏边框时，需要设置游戏方块的边界，即将左、右、下 3 个位置的边框的值设置为 2，以防止方块在移动时越界。DrawGameframe()函数实现代码如下。

```
/**
 * 绘制游戏主界面框架
 */
void DrawGameframe()
{
    gotoxy(FrameX+Frame_width-7,FrameY-2);          //设置游戏名称的输出位置
    color(11);                                       //将字体颜色设置为蓝色
```

```
    printf("趣味俄罗斯方块");                                    //输出游戏名称
    gotoxy(FrameX+2*Frame_width+3,FrameY+7);                    //设置上边框的输出位置
    color(2);                                                   //将字体颜色设置为深绿色
    printf("**********");                                       //输出下一个出现的方块的上边框
    gotoxy(FrameX+2*Frame_width+13,FrameY+7);
    color(3);                                                   //将字体颜色设置为深蓝绿色
    printf("下一出现方块: ");
    gotoxy(FrameX+2*Frame_width+3,FrameY+13);
    color(2);
    printf("**********");                                       //输出下一个出现的方块的下边框
    gotoxy(FrameX+2*Frame_width+3,FrameY+17);
    color(14);                                                  //将字体颜色设置为黄色
    printf("↑键: 旋转");
    gotoxy(FrameX+2*Frame_width+3,FrameY+19);
    printf("空格: 暂停游戏");
    gotoxy(FrameX+2*Frame_width+3,FrameY+15);
    printf("Esc: 退出游戏");
    gotoxy(FrameX,FrameY);
    color(12);                                                  //将字体颜色设置为红色
    printf("╔");                                                //输出框角
    gotoxy(FrameX+2*Frame_width-2,FrameY); printf("╗");
    gotoxy(FrameX,FrameY+Frame_height);
    printf("╚");
    gotoxy(FrameX+2*Frame_width-2,FrameY+Frame_height);
    printf("╝");
    for(i=2;i<2*Frame_width-2;i+=2)
    {
        gotoxy(FrameX+i,FrameY);
        printf("=");                                            //输出上横框
    }
    for(i=2;i<2*Frame_width-2;i+=2)
    {
        gotoxy(FrameX+i,FrameY+Frame_height);
        printf("=");                                            //输出下横框
        a[FrameX+i][FrameY+Frame_height]=2;                     //标记下横框为游戏边框，防止方块出界
    }
    for(i=1;i<Frame_height;i++)
    {
        gotoxy(FrameX,FrameY+i);
        printf("║");                                            //输出左竖框
        a[FrameX][FrameY+i]=2;                                  //标记左竖框为游戏边框，防止方块出界
    }
    for(i=1;i<Frame_height;i++)
    {
        gotoxy(FrameX+2*Frame_width-2,FrameY+i);
        printf("║");                                            //输出右竖框
        a[FrameX+2*Frame_width-2][FrameY+i]=2;                  //标记右竖框为游戏边框，防止方块出界
    }
}
```

14.5.3　确定方块颜色及形状

定义 MakeTetris()函数，用来确定各类方块的形状，本游戏中的方块一共有 7 种基本图

形，而不同基本图形旋转后可以得到不同的旋转图形。其中，田字方块旋转后没有变化；T字方块一共有 4 种旋转图形，分别为 T 字方块、顺时针旋转 90°的 T 字方块、顺时针旋转 180°的 T 字方块和顺时针旋转 270°的 T 字方块；直线方块有横、竖两种旋转图形；Z 字方块和反 Z 字方块各自都有 2 种旋转图形；7 字方块和反 7 字方块各自有 4 种旋转图形。因此，方块的 7 种基本图形旋转后共有 19 种旋转图形。MakeTetris()函数实现代码如下。

```c
/**
 * 确定方块颜色及形状
 */
void MakeTetris(struct Tetris *tetris)
{
    a[tetris->x][tetris->y]=b[0];                //中心方块位置的图形状态
    switch(tetris->flag)                         //共 7 种基本图形，19 种旋转图形
    {
        case 1:                                  /*田字方块*/
        {
            color(10);
            a[tetris->x][tetris->y-1]=b[1];
            a[tetris->x+2][tetris->y-1]=b[2];
            a[tetris->x+2][tetris->y]=b[3];
            break;
        }
        case 2:                                  /*直线方块（竖）*/
        {
            color(13);
            a[tetris->x-2][tetris->y]=b[1];
            a[tetris->x+2][tetris->y]=b[2];
            a[tetris->x+4][tetris->y]=b[3];
            break;
        }
        case 3:                                  /*直线方块（横）*/
        {
            color(13);
            a[tetris->x][tetris->y-1]=b[1];
            a[tetris->x][tetris->y-2]=b[2];
            a[tetris->x][tetris->y+1]=b[3];
            break;
        }
        case 4:                                  /*T 字方块*/
        {
            color(11);
            a[tetris->x-2][tetris->y]=b[1];
            a[tetris->x+2][tetris->y]=b[2];
            a[tetris->x][tetris->y+1]=b[3];
            break;
        }
        case 5:                                  /* 顺时针旋转 90°的 T 字方块*/
        {
            color(11);
            a[tetris->x][tetris->y-1]=b[1];
            a[tetris->x][tetris->y+1]=b[2];
            a[tetris->x-2][tetris->y]=b[3];
```

```
            break;
    }
    case 6:                                    /* 顺时针旋转180°的 T 字方块*/
    {
        color(11);
        a[tetris->x][tetris->y-1]=b[1];
        a[tetris->x-2][tetris->y]=b[2];
        a[tetris->x+2][tetris->y]=b[3];
        break;
    }
    case 7:                                    /*顺时针旋转270°的 T 字方块*/
    {
        color(11);
        a[tetris->x][tetris->y-1]=b[1];
        a[tetris->x][tetris->y+1]=b[2];
        a[tetris->x+2][tetris->y]=b[3];
        break;
    }
    case 8:                                    /* Z 字方块*/
    {
        color(14);
        a[tetris->x][tetris->y+1]=b[1];
        a[tetris->x-2][tetris->y]=b[2];
        a[tetris->x+2][tetris->y+1]=b[3];
        break;
    }
    case 9:                                    /* 顺时针旋转90°的 Z 字方块*/
    {
        color(14);
        a[tetris->x][tetris->y-1]=b[1];
        a[tetris->x-2][tetris->y]=b[2];
        a[tetris->x-2][tetris->y+1]=b[3];
        break;
    }
    case 10:                                   /* 反 Z 字方块*/
    {
        color(14);
        a[tetris->x][tetris->y-1]=b[1];
        a[tetris->x-2][tetris->y-1]=b[2];
        a[tetris->x+2][tetris->y]=b[3];
        break;
    }
    case 11:                                   /* 顺时针旋转90°的反 Z 字方块*/
    {
        color(14);
        a[tetris->x][tetris->y+1]=b[1];
        a[tetris->x-2][tetris->y-1]=b[2];
        a[tetris->x-2][tetris->y]=b[3];
        break;
    }
    case 12:                                   /* 7 字方块*/
    {
        color(12);
        a[tetris->x][tetris->y-1]=b[1];
```

```
              a[tetris->x][tetris->y+1]=b[2];
              a[tetris->x-2][tetris->y-1]=b[3];
              break;
      }
      case 13:                              /* 顺时针旋转 90°的 7 字方块*/
      {
              color(12);
              a[tetris->x-2][tetris->y]=b[1];
              a[tetris->x+2][tetris->y-1]=b[2];
              a[tetris->x+2][tetris->y]=b[3];
              break;
      }
      case 14:                              /* 顺时针旋转 180°的 7 字方块*/
      {
              color(12);
              a[tetris->x][tetris->y-1]=b[1];
              a[tetris->x][tetris->y+1]=b[2];
              a[tetris->x+2][tetris->y+1]=b[3];
              break;
      }
      case 15:                              /* 顺时针旋转 270°的 7 字方块*/
      {
              color(12);
              a[tetris->x-2][tetris->y]=b[1];
              a[tetris->x-2][tetris->y+1]=b[2];
              a[tetris->x+2][tetris->y]=b[3];
              break;
      }
      case 16:                              /* 反 7 字方块*/
      {
              color(9);
              a[tetris->x][tetris->y+1]=b[1];
              a[tetris->x][tetris->y-1]=b[2];
              a[tetris->x+2][tetris->y-1]=b[3];
              break;
      }
      case 17:                              /* 顺时针旋转 90°的反 7 字方块*/
      {
              color(9)
              a[tetris->x-2][tetris->y]=b[1];
              a[tetris->x+2][tetris->y+1]=b[2];
              a[tetris->x+2][tetris->y]=b[3];
              break;
      }
      case 18:                              /* 顺时针旋转 180°的反 7 字方块*/
      {
              color(9);
              a[tetris->x][tetris->y-1]=b[1];
              a[tetris->x][tetris->y+1]=b[2];
              a[tetris->x-2][tetris->y+1]=b[3];
              break;
      }
      case 19:                              /* 顺时针旋转 270°的反 7 字方块*/
      {
```

```
            color(9);
            a[tetris->x-2][tetris->y]=b[1];
            a[tetris->x-2][tetris->y-1]=b[2];
            a[tetris->x+2][tetris->y]=b[3];
            break;
        }
    }
}
```

14.5.4　绘制方块

定义 DrawTetris()函数，用来根据 16.5.3 节的 MakeTetris()函数中确定的图形绘制相应的方块，并在游戏主界面的指定区域输出。另外，DrawTetris()函数中实现了输出游戏等级、游戏分数及方块移动速度的功能。DrawTetris()函数实现代码如下。

```
/**
 * 绘制方块
 */
void DrawTetris(struct Tetris *tetris)
{
    for(i=0;i<4;i++)                              //数组 b 中有 4 个元素，循环 4 次
    {
        b[i]=1;                                   //数组 b 的每个元素的值都为 1
    }
    MakeTetris(tetris);                           //绘制游戏窗口
    for( i=tetris->x-2; i<=tetris->x+4; i+=2 )
    {
        for(j=tetris->y-2;j<=tetris->y+1;j++)     //循环方块出现的所有可能位置
        {
            if( a[i][j]==1 && j>FrameY )          //如果这个位置上有方块
            {
                gotoxy(i,j);
                printf("■");                      //输出游戏边框内的方块
            }
        }
    }
    //输出菜单信息
    gotoxy(FrameX+2*Frame_width+3,FrameY+1);      //设置输出位置
    color(4);
    printf("level : ");
    color(12);
    printf(" %d",tetris->level);                  //输出游戏等级
    gotoxy(FrameX+2*Frame_width+3,FrameY+3);
    color(4);
    printf("score : ");
    color(12);
    printf(" %d",tetris->score);                  //输出游戏分数
    gotoxy(FrameX+2*Frame_width+3,FrameY+5);
    color(4);
    printf("speed : ");
    color(12);
    printf(" %dms",tetris->speed);                //输出方块移动速度
}
```

14.5.5 随机生成方块类型的序号

在进行游戏时，每次下落的方块都是随机生成的，因此定义 Flag()函数，以使用 C 语言函数库中的 rand()函数来随机生成方块类型的序号，即 1 ~ 19 中的任意一个数字。Flag()函数实现代码如下。

```
/**
 * 随机生成方块类型的序号
 */
void Flag(struct Tetris *tetris)
{
    tetris->number++;                          //记录生成方块的个数
    srand(time(NULL));                         //初始化随机数
    if(tetris->number==1)
    {
        tetris->flag = rand()%19+1;            //记录第一个方块的序号
    }
    tetris->next = rand()%19+1;                //记录下一个方块的序号
}
```

14.5.6 判断方块是否可移动

定义 ifMove()函数，用来判断方块是否可以移动。在具体实现时，需要判断方块要移动到的位置是不是空位置，这需要判断该位置的中心方块 a[tetris->x][tetris->y]是否为方块或者边界，如果是方块或者边界，则不可移动；否则，说明该位置的中心方块是无图形的，这时继续进行判断，如果 19 种不同旋转图形的方块的位置上均无图形，则表示可以移动。例如，图 14-10 所示是一个田字方块，它的中心方块是左下角的■。从图 14-10 中可以看出，如果中心方块的上、右上、右的位置均为空，该位置就可以放入一个田字方块；而只要其中有一个位置不为空，就不能放入一个田字方块。

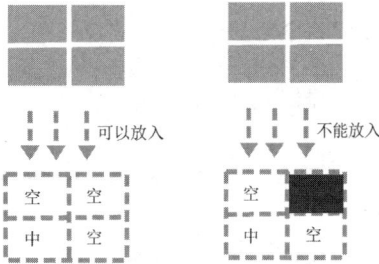

图 14-10　方块是否可以放入

ifMove()函数实现代码如下。

```
/**
 * 判断方块是否可移动
 */
int ifMove(struct Tetris *tetris)
{
    if(a[tetris->x][tetris->y]!=0)//当中心方块位置上有图形时，返回值为 0，即不可移动方块
    {
        return 0;
    }
    else
    {
        //当为田字方块且除中心方块位置外其他方块位置上均无图形时，
```

```
                             //说明该位置能够放下田字方块，可以移动
            if(( tetris->flag==1 && ( a[tetris->x][tetris->y-1]==0
                && a[tetris->x+2][tetris->y-1]==0 && a[tetris->x+2][tetris->y]==0 ) ) ||
                //当为直线方块且除中心方块位置外其他方块位置上均无图形时，可以移动
                ( tetris->flag==2 && ( a[tetris->x-2][tetris->y]==0
                && a[tetris->x+2][tetris->y]==0 && a[tetris->x+4][tetris->y]==0 ) ) ||
                ( tetris->flag==3 && ( a[tetris->x][tetris->y-1]==0
                && a[tetris->x][tetris->y-2]==0 && a[tetris->x][tetris->y+1]==0 ) ) ||
```
//直线方块（竖）
```
                ( tetris->flag==4 && ( a[tetris->x-2][tetris->y]==0 &&
```
//T字方块
```
                a[tetris->x+2][tetris->y]==0 && a[tetris->x][tetris->y+1]==0 ) ) ||
                ( tetris->flag==5 && ( a[tetris->x][tetris->y-1]==0   &&
```
//T字方块（顺时针旋转90°）
```
                a[tetris->x][tetris->y+1]==0 && a[tetris->x-2][tetris->y]==0 ) ) ||
                ( tetris->flag==6 && ( a[tetris->x][tetris->y-1]==0   &&
```
//T字方块（顺时针旋转180°）
```
                a[tetris->x-2][tetris->y]==0 && a[tetris->x+2][tetris->y]==0 ) ) ||
                ( tetris->flag==7 && ( a[tetris->x][tetris->y-1]==0   &&
```
//T字方块（顺时针旋转270°）
```
                a[tetris->x][tetris->y+1]==0 && a[tetris->x+2][tetris->y]==0 ) ) ||
                ( tetris->flag==8 && ( a[tetris->x][tetris->y+1]==0   &&
```
//Z字方块
```
                a[tetris->x-2][tetris->y]==0 && a[tetris->x+2][tetris->y+1]==0 ) ) ||
                ( tetris->flag==9 && ( a[tetris->x][tetris->y-1]==0   &&
```
//Z字方块（顺时针旋转180°）
```
                a[tetris->x-2][tetris->y]==0 && a[tetris->x-2][tetris->y+1]==0 ) ) ||
                ( tetris->flag==10 && ( a[tetris->x][tetris->y-1]==0   &&
```
//反Z字方块
```
                a[tetris->x-2][tetris->y-1]==0 && a[tetris->x+2][tetris->y]==0 ) ) ||
                ( tetris->flag==11 && ( a[tetris->x][tetris->y+1]==0   &&
```
//反Z字方块（顺时针旋转180°）
```
                a[tetris->x-2][tetris->y-1]==0 && a[tetris->x-2][tetris->y]==0 ) ) ||
                ( tetris->flag==12 && ( a[tetris->x][tetris->y-1]==0   &&
```
//7字方块
```
                a[tetris->x][tetris->y+1]==0 && a[tetris->x-2][tetris->y-1]==0 ) ) ||
                ( tetris->flag==15 && ( a[tetris->x-2][tetris->y]==0   &&
```
//7字方块（顺时针旋转90°）
```
                a[tetris->x-2][tetris->y+1]==0 && a[tetris->x+2][tetris->y]==0 ) ) ||
                ( tetris->flag==14 && ( a[tetris->x][tetris->y-1]==0   &&
```
//7字方块（顺时针旋转180°）
```
                a[tetris->x][tetris->y+1]==0 && a[tetris->x+2][tetris->y]==0 ) ) ||
                ( tetris->flag==13 && ( a[tetris->x-2][tetris->y]==0   &&
```
//7字方块（顺时针旋转270°）
```
                a[tetris->x+2][tetris->y-1]==0 && a[tetris->x+2][tetris->y]==0 ) ) ||
                ( tetris->flag==16 && ( a[tetris->x][tetris->y+1]==0   &&
```
//反7字方块
```
                a[tetris->x][tetris->y-1]==0 && a[tetris->x+2][tetris->y-1]==0 ) ) ||
                ( tetris->flag==19 && ( a[tetris->x-2][tetris->y]==0   &&
```
//反7字方块（顺时针旋转90°）
```
                a[tetris->x-2][tetris->y-1]==0 && a[tetris->x+2][tetris->y]==0 ) ) ||
                ( tetris->flag==18 && ( a[tetris->x][tetris->y-1]==0   &&
```
//反7字方块（顺时针旋转180°）
```
                a[tetris->x][tetris->y+1]==0 && a[tetris->x-2][tetris->y+1]==0 ) ) ||
```

```
                  ( tetris->flag==17 && ( a[tetris->x-2][tetris->y]==0   &&
    //反7字方块(顺时针旋转270°)
                  a[tetris->x+2][tetris->y+1]==0 && a[tetris->x+2][tetris->y]==0 ) ) )
            {
                  return 1;
            }
        }
    return 0;
}
```

14.5.7　开始游戏的实现

定义 Gameplay()函数，主要实现开始游戏的功能。在 Gameplay()函数中，首先调用
DrawTetris()函数在游戏区域绘制方块，然后通过 kbhit()函数来检测当前是否有键盘输入，
并使用 getch()函数读取用户按下键盘的 ASCII 值（方向键对应的 ASCII 值：↑键为 72，↓键
为 80，←键为 75，→键为 77），根据相应的 ASCII 值控制方块的旋转及移动。如果用户按
下空格键（ASCII 值为 32），则暂停游戏；如果用户按下 Esc 键（ASCII 值为 27），则退出
本局游戏，返回游戏欢迎界面。Gameplay()函数实现代码如下。

```
/**
 * 开始游戏
 */
void Gameplay()
{
    int n;
    struct Tetris t,*tetris=&t;                      //定义结构体指针并指向结构体变量
    char ch;                                         //定义接收键盘输入的变量
    tetris->number=0;                                //初始化方块数为0个
    tetris->speed=300;                               //初始化方块移动速度
    tetris->score=0;                                 //初始化游戏分数为0分
    tetris->level=1;                                 //初始化游戏为第1关
    while(1)                                         //循环生成方块，直至游戏结束
    {
        Flag(tetris);                                //得到生成方块类型的序号
        Temp=tetris->flag;                           //记录当前方块的序号
        tetris->x=FrameX+2*Frame_width+6;            //获得预览界面方块的横坐标
        tetris->y=FrameY+10;                         //获得预览界面方块的纵坐标
        tetris->flag = tetris->next;                 //获得下一个方块的序号
        DrawTetris(tetris);                          //调用绘制方块的函数
        tetris->x=FrameX+Frame_width;                //获得游戏窗口中心方块的横坐标
        tetris->y=FrameY-1;                          //获得游戏窗口中心方块的纵坐标
        tetris->flag=Temp;                           //取出当前方块的序号
        while(1)                                     //控制方块方向，直至方块不再下移
        {
            label:DrawTetris(tetris);                //绘制方块
            Sleep(tetris->speed);                    //延缓时间
            CleanTetris(tetris);                     //清除痕迹
            Temp1=tetris->x;                         //记录中心方块横坐标的值
            Temp2=tetris->flag;                      //记录当前方块的序号
```

```
        if(kbhit())                              //判断是否有键盘输入,有则用getch()函数接收
        {
            ch=getch();
            if(ch==75)                           //按←键则向左移动,中心方块的横坐标减2
            {
                tetris->x-=2;
            }
            if(ch==77)                           //按→键则向右移动,中心方块的横坐标加2
            {
                tetris->x+=2;
            }
            if(ch==80)                           //按↓键则加速下落
            {
                if(ifMove(tetris)!=0)
                {
                    tetris->y+=2;
                }
                if(ifMove(tetris)==0)
                {
                        tetris->y=FrameY+Frame_height-2;
                }
            }
            if(ch==72)                              //按↑键则旋转,即当前方块顺时针旋转90°
            {
                if( tetris->flag>=2 && tetris->flag<=3 )
                {
                    tetris->flag++;
                    tetris->flag%=2;
                    tetris->flag+=2;
                }
                if( tetris->flag>=4 && tetris->flag<=7 )
                {
                    tetris->flag++;
                    tetris->flag%=4;
                    tetris->flag+=4;
                }
                if( tetris->flag>=8 && tetris->flag<=11 )
                {
                    tetris->flag++;
                    tetris->flag%=4;
                    tetris->flag+=8;
                }
                if( tetris->flag>=12 && tetris->flag<=15 )
                {
                    tetris->flag++;
                    tetris->flag%=4;
                    tetris->flag+=12;
                }
                if( tetris->flag>=16 && tetris->flag<=19 )
                {
                    tetris->flag++;
                    tetris->flag%=4;
                    tetris->flag+=16;
                }
            }
```

```c
                if(ch == 32)                              //按空格键，暂停游戏
                {
                    DrawTetris(tetris);
                    while(1)
                    {
                        if(kbhit())                        //再按空格键，继续游戏
                        {
                            ch=getch();
                            if(ch == 32)
                            {
                                goto label;
                            }
                        }
                    }
                }
            if(ch == 27)
            {
                system("cls");
                memset(a,0,6400*sizeof(int));      //初始化数组
                welcome();
            }
            if(ifMove(tetris)==0)                      //如果方块不可移动，上面的操作无效
            {
                tetris->x=Temp1;
                tetris->flag=Temp2;
            }
            else                                       //如果方块可移动，执行操作
            {
                goto label;
            }
        }
        tetris->y++;                                   //如果没有操作命令，方块向下移动
        if(ifMove(tetris)==0)                          //如果不可向下移动，方块放在此处
        {
            tetris->y--;
            DrawTetris(tetris);
            Del_Fullline(tetris);
            break;
        }
    }
    for(i=tetris->y-2;i<tetris->y+2;i++)       //游戏结束条件为方块接触到上边框
    {
        if(i==FrameY)
        {
            system("cls");
            gotoxy(29,7);
            printf("  \n");
            color(12);
            printf("\t\t\t■■■■  ■    ■    ■    ■        \n");
            printf("\t\t\t■          ■■  ■    ■    ■        \n");
            printf("\t\t\t■■■  ■    ■    ■    ■        \n");
            printf("\t\t\t■          ■    ■    ■    ■        \n");
            printf("\t\t\t■■■■  ■    ■    ■    ■        \n");
            gotoxy(17,18);
```

```
                    color(14);
                    printf("我要重新玩一局-------1");
                    gotoxy(44,18);
                    printf("不玩了，退出吧-------2\n");
                    int n;
                    gotoxy(32,20);
                    printf("选择【1/2】: ");
                    color(11);
                    scanf("%d", &n);
                    switch (n)
                    {
                        case 1:
                            system("cls");
                            Replay(tetris);     //重新开始游戏
                            break;
                        case 2:
                            exit(0);
                            break;
                    }
                }
            }
            tetris->flag = tetris->next;           //清除下一个方块的图形(右边窗口)
            tetris->x=FrameX+2*Frame_width+6;
            tetris->y=FrameY+10;
            CleanTetris(tetris);
        }
    }
```

上面代码中用到了 Del_Fullline()函数和 CleanTetris()函数。其中，Del_Fullline()函数用来判断方块是否填充满一行，如果方块满行，则该行方块自动消除，并且累计分数。Del_Fullline()函数实现代码如下。

```
/**
 * 判断是否满行，并消除满行的方块
 */
void Del_Fullline(struct Tetris *tetris)
{
    int  k,del_rows=0;              //定义分别用于记录某行方块的个数和删除方块的行数的变量
    for(j=FrameY+Frame_height-1;j>=FrameY+1;j--)
    {
        k=0;
        for(i=FrameX+2;i<FrameX+2*Frame_width-2;i+=2)
        {
            if(a[i][j]==1)          //纵坐标依次从下往上、横坐标依次由左至右判断是否满行
            {
                k++;                         //记录此行方块的个数
                if(k==Frame_width-2)  //如果满行
                {
                                             //删除满行的方块
                    for(k=FrameX+2;k<FrameX+2*Frame_width-2;k+=2)
                    {
                        a[k][j]=0;
                        gotoxy(k,j);
                        printf("  ");
```

```
                                        }
                                        //如果删除行以上的位置有方块，则先清除，再将方块下移一个位置
                                        for(k=j-1;k>FrameY;k--)
                                        {
                                                for(i=FrameX+2;i<FrameX+2*Frame_width-2;i+=2)
                                                {
                                                        if(a[i][k]==1)
                                                        {
                                                                a[i][k]=0;
                                                                gotoxy(i,k);
                                                                printf("  ");
                                                                a[i][k+1]=1;
                                                                gotoxy(i,k+1);
                                                                printf("■");
                                                        }
                                                }
                                        }
                                        //方块下移后，重新判断删除行是否满行
                                        j++;
                                        //记录删除的方块的行数
                                        del_rows++;
                                }
                        }
                }
        }
        tetris->score+=100*del_rows;
        //每删除一行，得 100 分
        if( del_rows>0 && ( tetris->score%1000==0 || tetris->score/1000>tetris->level-1 ) )
        {
                //如果得 1000 分即累计删除 10 行，方块移动速度加快 20ms 并且游戏等级升一级
                tetris->speed-=20;
                tetris->level++;
        }
}
```

CleanTetris()函数用来清除方块下落的痕迹，其实现原理非常简单，只需要在方块移动后，在方块之前的位置上输出两个空字符串（" "）即可。CleanTetris()函数实现代码如下。

```
/**
 * 清除方块下落的痕迹
 */
void CleanTetris(struct Tetris *tetris)
{
        for(i=0;i<4;i++)             //数组 b 中有 4 个元素，循环遍历这 4 个元素
        {
                b[i]=0;                                     //数组 b 的每个元素的值都为 0
        }
        MakeTetris(tetris);                       //绘制方块
        for( i = tetris->x - 2;i <= tetris->x + 4; i+=2 )        //■X■ ■  X 为中心方块
        {
                for(j = tetris->y-2;j <= tetris->y + 1;j++)          /*■
                                                                      ■
                                                                      X
                                                                ■    */
                {
                        //如果这个位置上没有图形，并且处于游戏界面当中
```

```
        if( a[i][j] == 0 && j > FrameY )
        {
            gotoxy(i,j);
            printf("  ");                    //清除方块
        }
    }
  }
}
```

14.5.8　重新开始游戏

定义 Replay()函数,用来实现重新开始游戏的功能。在 Replay()函数中,首先调用 system()
函数清空屏幕，然后调用 DrawGameframe()函数重新绘制游戏主界面框架，最后调用
Gameplay()函数重新开始游戏。Replay()函数实现代码如下。

```
/**
 * 重新开始游戏
 */
void Replay(struct Tetris *tetris)
{
    system("cls");                     //清空屏幕
    memset(a,0,6400*sizeof(int));      //初始化数组，否则不会正常输出方块，导致游戏直接结束
    DrawGameframe();                   //绘制游戏主界面框架
    Gameplay();                        //开始游戏
}
```

14.6　游戏按键说明界面设计

14.6.1　游戏按键说明界面概述

在游戏欢迎界面中输入数字 2，并按 Enter 键后，即可进入游戏按键说明界面。在游戏按键
说明界面中主要显示游戏中用到的全部按键及其功能。游戏按键说明界面如图 14-11 所示。

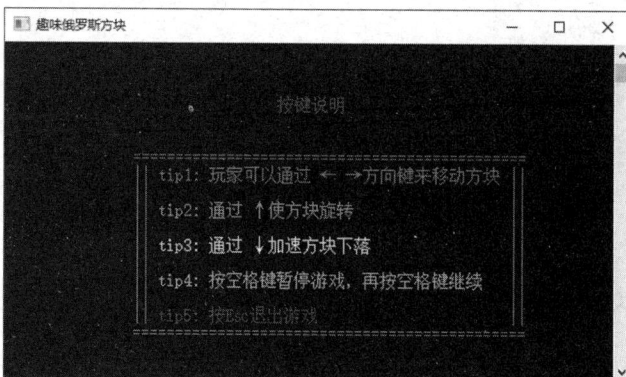

图 14-11　游戏按键说明界面

14.6.2　游戏按键说明界面的实现

定义 explanation()函数，在该函数中，首先通过嵌套的 for 语句绘制一个矩形的边框，

然后调用 gotoxy()函数、color()函数和 printf()函数设置游戏按键的说明文字。explanation()
函数实现代码如下。

```c
/**
 * 游戏按键说明界面
 */
void explanation()
{
    int i,j = 1;
    system("cls");                              //清屏
    color(13);                                  //粉色
    gotoxy(32,3);                               //设置显示位置
    printf("按键说明");
    color(2);
    for (i = 6; i <= 16; i++)                   //输出上下边框===
    {
        for (j = 15; j <= 60; j++)              //输出左右边框||
        {
            gotoxy(j, i);
            if (i == 6 || i == 16)
                printf("=");
            else if (j == 15 || j == 59)
                printf("||");
        }
    }
    color(3);
    gotoxy(18,7);
    printf("tip1: 玩家可以通过← →方向键来移动方块");
    color(10);
    gotoxy(18,9);
    printf("tip2: 通过↑使方块旋转");
    color(14);
    gotoxy(18,11);
    printf("tip3: 通过↓加速方块下落");
    color(11);
    gotoxy(18,13);
    printf("tip4: 按空格键暂停游戏，再按空格键继续");
    color(4);
    gotoxy(18,15);
    printf("tip5: 按 Esc 退出游戏");
    getch();                                    //按任意键返回游戏欢迎界面
    system("cls");                              //清屏
    main();                                     //返回主函数
}
```

14.7 游戏规则介绍界面设计

14.7.1 游戏规则介绍界面概述

在游戏欢迎界面中输入数字 3，并按 Enter 键后，即可进入游戏规则介绍界面。在游戏
规则介绍界面中主要以不同颜色的文字显示俄罗斯方块的游戏规则。游戏规则介绍界面如
图 14-12 所示。

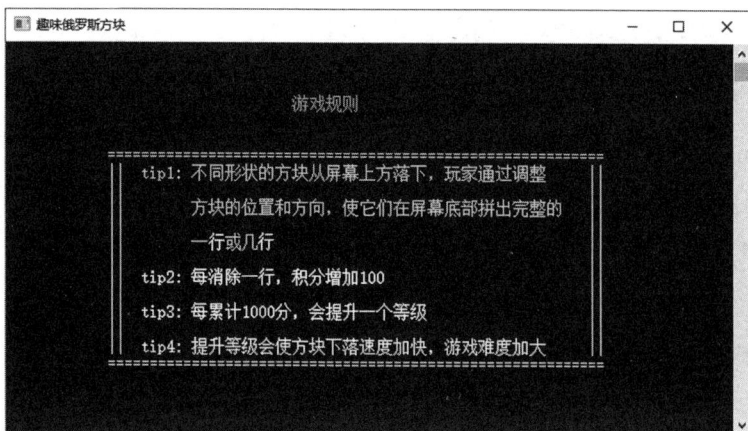

图 14-12　游戏规则介绍界面

14.7.2　游戏规则介绍界面的实现

定义 regulation()函数，在该函数中，首先通过嵌套的 for 语句绘制一个矩形的边框，然后调用 gotoxy()函数、color()函数和 printf()函数设置游戏规则的介绍文字。regulation()函数实现代码如下。

```
/**
 * 游戏规则介绍界面
 */
void regulation()
{
    int i,j = 1;
    system("cls");
    color(13);
    gotoxy(34,3);
    printf("游戏规则");
    color(2);
    for (i = 6; i <= 18; i++)                    //输出上下边框===
      {
          for (j = 12; j <= 70; j++)             //输出左右边框||
          {
              gotoxy(j, i);
              if (i == 6 || i == 18)
                  printf("=");
              else if (j == 12 || j == 69)
                  printf("||");
          }
      }
    color(12);
    gotoxy(16,7);
    printf("tip1: 不同形状的方块从屏幕上方落下，玩家通过调整");
    gotoxy(22,9);
    printf("方块的位置和方向，使它们在屏幕底部拼出完整的");
    gotoxy(22,11);
    printf("一行或几行");
    color(14);
```

```
    gotoxy(16,13);
    printf("tip2：每消除一行，积分增加100");
    color(11);
    gotoxy(16,15);
    printf("tip3：每累计1000分，会提升一个等级");
    color(10);
    gotoxy(16,17);
    printf("tip4：提升等级会使方块下落速度加快，游戏难度加大");
    getch();                        //按任意键返回游戏欢迎界面
    system("cls");
    welcome();
}
```

14.8 退出游戏

在游戏欢迎界面中输入数字4，并按 Enter 键后，即可退出游戏，该功能主要通过 close() 函数实现，代码如下。

```
/**
 * 退出游戏
 */
void close()
{
    exit(0);
}
```

14.9 借助 AIGC 工具分析、优化项目

在开发 C 语言项目时，可以有效利用 AIGC 工具提供开发思路，提高项目开发效率。以下是如何利用 AIGC 工具来帮助开发本章的俄罗斯方块游戏时，快速的提高开发效率，并优化完善项目。

14.9.1 借助 AIGC 工具分析俄罗斯方块游戏算法

【问题】
俄罗斯方块游戏算法分析。

【AIGC 建议】
俄罗斯方块（Tetris）是一款经典的拼图游戏，玩家需要操作下落的各种形状的方块，使它们在游戏区域内排列成完整的水平线。当形成完整的一行或多行时，这些行就会消失，给玩家带来分数。随着游戏的进行，方块下落的速度会逐渐加快，增加了游戏的挑战性。

以下是俄罗斯方块游戏算法的一些关键点分析。

1. 图形表示

① 方块通常用二维数组表示，每个元素代表一个单元格，0 代表空单元格，非零值代

表特定颜色或类型的方块。

② 游戏区域同样可以使用二维数组来表示，其中包含已固定的方块和空位。

2．用户控制

① 玩家可以通过键盘输入来控制当前下落的方块，包括左移、右移、旋转和加速下落等动作。

② 控制逻辑通常通过监听键盘事件实现，并根据用户的输入更新方块的位置或方向。

3．碰撞检测

① 在每次移动或旋转之前，游戏需要检查新位置是否有效（即不会与其他方块重叠或超出边界）。

② 这种检测是基于游戏区域的二维数组和方块当前的状态来进行的。

4．消行逻辑

① 当一行完全被方块填满时，这一行将被消除，并且其上方的所有行都会向下移动一行。

② 消除的行数越多，玩家得到的分数越高。

5．难度调整

① 随着时间推移或达到一定的分数阈值，方块的下落速度会增加，从而提升游戏难度。

② 可以通过调整定时器的时间间隔来控制方块下落的速度。

6．AI 算法

① 对于一些高级版本的俄罗斯方块游戏，可能还会包含 AI 算法，用于自动计算最佳放置位置和旋转角度。

② AI 算法可能会考虑诸如消行数、堆积高度、洞的数量等因素，来评估每一步的好坏。

7．图形绘制

① 使用图形库（如 GDI+、OpenGL、Canvas 等）来绘制游戏界面，包括方块、游戏区域以及分数显示等元素。

② 为了保持流畅的游戏体验，通常会在每次状态改变后刷新整个画面。

8．数据结构与算法优化

游戏的数据结构设计对性能有很大影响，例如如何高效地存储和访问方块信息、如何快速执行消行操作等。

有时还需要对算法进行优化，比如减少不必要的计算，或者采用更高效的搜索策略。

以上是俄罗斯方块游戏算法的基本组成部分。开发时可以根据具体需求调整和扩展这些基本概念，创造出具有独特玩法的新版本。

14.9.2　借助 AIGC 工具为游戏添加图形化界面

【问题】

如何为本章实现的俄罗斯方块游戏增加图形化的用户 UI 界面？

【AIGC 建议】

为 C 语言实现的俄罗斯方块游戏增加图形化的用户界面，可以使用一些图形库来帮助实现。一个常用的选择是 SDL（Simple DirectMedia Layer），它是一个跨平台的软件开发库，设计用于直接访问计算机的底层功能，如图形、声音和输入设备。以下是如何使用 SDL 2 来为你的俄罗斯方块游戏添加图形化界面的基本步骤：

1．安装 SDL 2

首先，你需要在你的系统上安装 SDL2 库。根据你的操作系统选择合适的安装方法。

① Linux：可以通过包管理器安装，例如在 Ubuntu 上运行 sudo apt-get install libsdl2-dev。

② Windows：可以从 SDL 官网下载开发库，并确保将包含 SDL2.dll 的目录添加到系统的 PATH 环境变量中，或将其放置在你的可执行文件同一目录下。

③ MacOS：可以通过 Homebrew 安装，运行 brew install sdl2。

2．初始化 SDL 并创建窗口

在你的代码开头，包含 SDL 的头文件，并初始化 SDL 以及创建一个窗口和渲染器。

```
#include <SDL2/SDL.h>
if (SDL_Init(SDL_INIT_VIDEO) < 0) {
        fprintf(stderr, "无法初始化 SDL: %s\n", SDL_GetError());
        return 1;
}
SDL_Window *window = SDL_CreateWindow("俄罗斯方块",SDL_WINDOWPOS_CENTERED, SDL_
WINDOWPOS_CENTERED, WINDOW_WIDTH, WINDOW_HEIGHT,SDL_WINDOW_SHOWN);
if (!window) {
        fprintf(stderr, "无法创建窗口: %s\n", SDL_GetError());
        SDL_Quit();
        return 1;
}
SDL_Renderer *renderer =SDL_CreateRenderer(window,-1,SDL_RENDERER_ACCELERATED);
if (!renderer) {
        fprintf(stderr, "无法创建渲染器: %s\n", SDL_GetError());
        SDL_DestroyWindow(window);
        SDL_Quit();
        return 1;
}
```

3．游戏循环与事件处理

接下来，设置游戏主循环，在其中处理输入事件、更新游戏状态并重新绘制屏幕。

```
int quit = 0;
while (!quit) {
    SDL_Event event;
    while (SDL_PollEvent(&event)) {
```

```
            if (event.type == SDL_QUIT) {
                quit = 1;
            }
            // 处理其他事件, 如按键等
        }
        // 更新游戏逻辑
        // 清除屏幕
        SDL_SetRenderDrawColor(renderer, 0, 0, 0, 255); // 设置背景颜色为黑色
        SDL_RenderClear(renderer);
        // 在这里绘制游戏元素
        // 呈现画面
        SDL_RenderPresent(renderer);
}
```

4. 绘制游戏板和方块

你可以在游戏循环中的"在这里绘制游戏元素"部分调用函数来绘制游戏板和当前活动的方块。例如,通过 SDL_Rect 结构体定义矩形区域,并使用 SDL_RenderFillRect()函数填充这些矩形来表示不同的方块。

5. 清理资源

当游戏结束时,记得释放所有分配的资源,并正确地关闭 SDL。

```
SDL_DestroyRenderer(renderer);
SDL_DestroyWindow(window);
SDL_Quit();
```

以上就是为 C 语言实现的俄罗斯方块游戏添加图形化用户界面的基本步骤。根据具体需求,你可以进一步扩展这个基础框架,比如添加分数显示、调整游戏难度等特性。SDL提供了一系列丰富的 API,可以帮助你实现更加复杂和吸引人的游戏体验。

14.9.3　借助 AIGC 工具解决无法消除行的问题

【问题】
解决俄罗斯方块游戏中出现的无法正确消除行的问题。
【AIGC 建议】
在俄罗斯方块游戏中,如果遇到无法正确消除行的问题,通常是因为消除满行的逻辑存在缺陷。以下是一些可能的原因及解决方法。
可能原因如下。
① 获取满行索引的逻辑有误: getfullrow 函数可能没有正确地识别所有应该被消除的行。
② 消除行的逻辑不完整: removefullrow 函数可能只消除了部分满行或者根本没有执行消除操作。
③ 更新剩余方块位置的逻辑错误: movetilesdown 函数可能没有正确地将上层的方块下移以填补被消除的行。
解决方案如下。
首先确保每一行都被检查,并且只有当一行完全填满时(即没有任何空单元格),才会

将其标记为可消除。然后，你需要确保所有标记为可消除的行都被实际删除，并且上方的所有方块都相应地下移。

下面是一个简化的示例代码片段，用于演示如何正确实现这些步骤：

```c
void removeFullRows(int board[BOARD_HEIGHT][BOARD_WIDTH])
{
    int fullRowIndexes[BOARD_HEIGHT];   // 保存需要消除的行号
    int fullRowCount = 0;               // 需要消除的行数
    // 检查每一行是否是满行
    for (int row = 0; row < BOARD_HEIGHT; ++row) {
        bool isFullRow = true;
        for (int col = 0; col < BOARD_WIDTH; ++col) {
            if (board[row][col] == EMPTY_CELL) { // 假设EMPTY_CELL是表示空单元格的值
                isFullRow = false;
                break;
            }
        }
        if (isFullRow) {
            fullRowIndexes[fullRowCount++] = row; // 记录满行的索引
        }
    }
    // 如果没有满行，则直接返回
    if (fullRowCount == 0) return;
    // 移动上方的方块来填补已消除的行
    for (int i = 0; i < fullRowCount; ++i) {
        int currentRow = fullRowIndexes[i];
        for (int row = currentRow; row > 0; --row) {
            for (int col = 0; col < BOARD_WIDTH; ++col) {
                board[row][col] = board[row - 1][col];
            }
        }
        // 清除最顶行
        for (int col = 0; col < BOARD_WIDTH; ++col) {
            board[0][col] = EMPTY_CELL;
        }
    }
}
```

在这个示例中，我们首先遍历整个游戏板，找到所有满行的索引并记录下来。接着，对于每个满行，我们将该行之上的所有行下移一行，并将顶部一行清空。

14.10 小结

本章通过开发一个完整的游戏程序，帮助读者逐步了解程序的输入输出、循环控制，熟悉函数的声明、定义和调用，掌握开发应用程序的基本思路和技巧。对于读者来说，这是一次全方位的学习体验。通过对本章的学习，读者能在下面 4 个方面获得较大提升。

（1）严谨的项目命名规范和代码书写规范。

（2）开发项目程序必须掌握的选择结构和循环控制。

（3）常用方法的定义和文件的引用，以及灵活运用它们的技巧。

（4）解决编程中常见错误的能力。

下面通过思维导图对本章的模块及主要知识点进行总结，如图 14-13 所示。

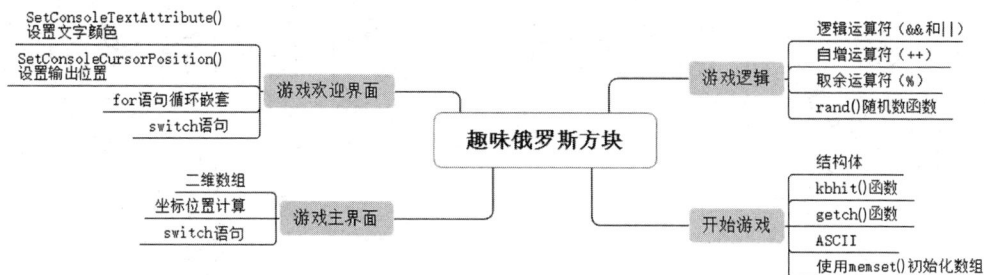

图 14-13　本章总结

俗话说"良好的开端是成功的一半"。完成本项目的开发，对于读者来说，是一个良好的开端。希望广大读者能够坚持不懈，努力完成后面的项目。

学习编程最好的方法就是实践，希望读者能从生活、工作中寻找机会，用编程来编织梦想。

第15章 课程设计——学生信息管理系统

本章要点

- 掌握如何插入学生信息。
- 掌握如何查找学生信息。
- 掌握如何删除学生信息。
- 掌握如何从文件中读写数据块。
- 掌握如何对学生信息进行排序。

学生信息管理系统是一个信息化管理软件，可以帮助学校快速录入学生信息，并且对学生信息进行基本的增、删、改等操作；可以根据排序功能，宏观地看到学生成绩，随时掌握学生近期的学习状态；可以实时地将学生信息保存到磁盘文件中，方便查看。

学生信息管理系统

15.1 开发背景

在科技日益发达的今天，学生成为国家培养的重点，衡量学生在校状态的指标之一就是学生的成绩。如今学生数量多、信息更新快，手动记录学生信息的方式已经跟不上时代的发展，容易出错，不能及时向家长、教师反映学生成绩，对学生最近的状态不能很快地定位，管理学生的工作进度也相对迟缓。而智能化、信息化的学生信息管理系统可以更方便、快捷地统计学生信息，记录学生信息，及时更新学生信息的变化，可以使家长、教师实时地了解学生成绩，更好地管理学生，更准确地指引学生。

15.2 开发环境需求

本项目的开发及运行环境要求如下。

操作系统：Windows 7、Windows 8 或 Windows 10。

开发工具：Dev-C++。

开发语言：C 语言。

15.3 系统功能设计

根据对学生信息管理系统的分析，学生信息管理系统分为八大功能模块，包括录入学生信息模块、查找学生信息模块、删除学生信息模块、修改学生信息模块、插入学生信息模块、学生成绩排名模块、学生人数统计模块和显示学生信息模块。学生信息管理系统功能结构如图15-1所示。

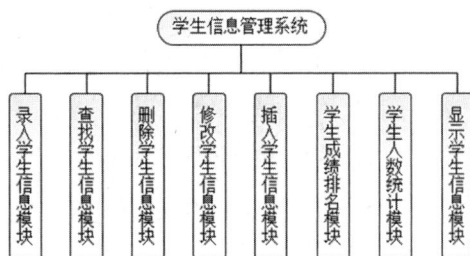

图 15-1　学生信息管理系统功能结构

> 说明：如果你是第一次开发项目，可以借助 AIGC 工具设计项目的主要功能。例如，在腾讯混元大模型（腾讯元宝）中输入项目的主要功能，其会自动列出该项目的主要功能，如图 15-2 所示。这样可以提高项目的开发效率。

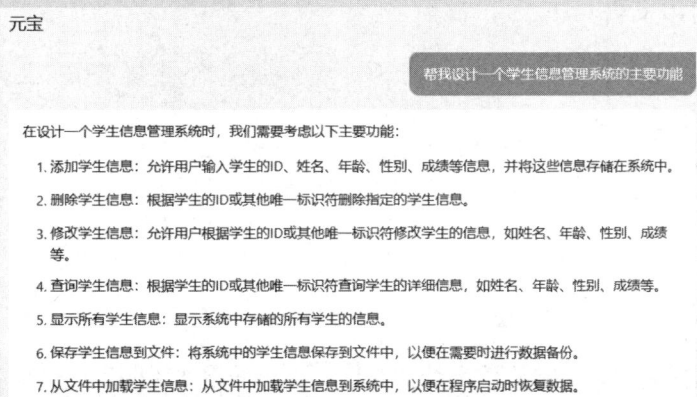

图 15-2　借助 AIGC 工具设计项目的主要功能

15.4　预处理模块设计

15.4.1　模块概述

学生信息管理系统在预处理模块中通过宏定义了在整个程序中常用到的结构体类型的长度，以及输入输出的格式说明。由于学生信息结构体中的成员太多，对所有成员进行引用时，代码太长，容易输入错误，因此在预处理模块中将其宏定义为 DATA。预处理模块中还对学生信息管理系统中的各个功能模块的函数做了声明，同时为了提高程序的可读性，将学生信息封装在一个结构体里。

15.4.2　控制输出格式

由于学生信息的数据多，数据类型不相同，输出学生信息时会比较凌乱，为了使界面简洁、美观，应用 FORMAT 语句对输出的格式说明进行规范，代码如下。

```
#define FORMAT "%-8d%-15s%-12.1lf%-12.1lf%-12.1lf%-12.1lf\n"
```

以上代码对输出的格式控制部分进行宏定义，每一个格式说明中间都有附加字符。格式说明由 "%" 和格式字符组成，如 "%d" "%lf" 等，它的作用是将数据转换为指定的格式输出。格式说明总是由 "%" 开始，以格式字符结束，中间可以插入附加字符。以 "%s" 为例，说明中间插入的附加字符的含义，如表 15-1 所示。

表 15-1　格式说明的含义

格式说明	含　　义
%s	输出一个实际长度的字符串
%ms	输出的字符串占 m 列，若字符串长度小于 m，则左补空格；若字符串长度大于 m，则全部输出
%-ms	若字符串长度小于 m，则在 m 列范围内向左靠，右补空格
%m.ns	输出占 m 列，但只取字符串左端 n 个字符。这 n 个字符输出在 m 列的右侧，左补空格
%-m.ns	其中 m、n 含义同上，n 个字符输出在 m 列的左侧，右补空格。如果 n>m，则 m 自动取 n 值，即保证 n 个字符正常输出

15.4.3　引用文件

引用文件实现在程序中的文件包含处理，减少程序员的重复工作。关键代码如下。

```
#include<stdio.h>
#include<stdlib.h>
#include<conio.h>
#include<dos.h>
#include<string.h>
```

15.4.4　宏定义

通过宏定义实现自定义结构体类型的长度、输出的格式说明和结构体类型的数组引用成员的输出列表。关键代码如下。

```
#define LEN sizeof(struct student)
#define FORMAT "%-8d%-15s%-12.1lf%-12.1lf%-12.1lf%-12.1lf\n"
#define DATA stu[i].num,stu[i].name,stu[i].elec,stu[i].expe,stu[i].requ,stu[i].sum
```

15.4.5　声明函数

在本项目中使用了几个自定义的函数，这些函数的功能及声明的代码如下。

```
/**
* 声明函数
*/
void in();                    //录入学生信息
void show();                  //显示学生信息
void order();                 //按总分排序
void del();                   //删除学生信息
void modify();                //修改学生信息
void menu();                  //主菜单
```

```
void insert();              //插入学生信息
void total();               //计算学生总数
void search();              //查找学生信息

/**
*  结构体
*/
struct student stu[50];     //定义结构体类型数组
struct student              //定义学生成绩结构体
{
    int num;                //学号
    char name[15];          //姓名
    double elec;            //选修课成绩
    double expe;            //实验课成绩
    double requ;            //必修课成绩
    double sum;             //总成绩
};
```

15.5 主函数设计

15.5.1 功能概述

在学生信息管理系统的主函数 main()中主要调用 menu()函数显示主功能选择菜单，并且在 switch 语句中调用各个子函数实现对学生信息的输入、查询、显示、保存，以及增、删、改等功能。主功能选择菜单如图 15-3 所示。

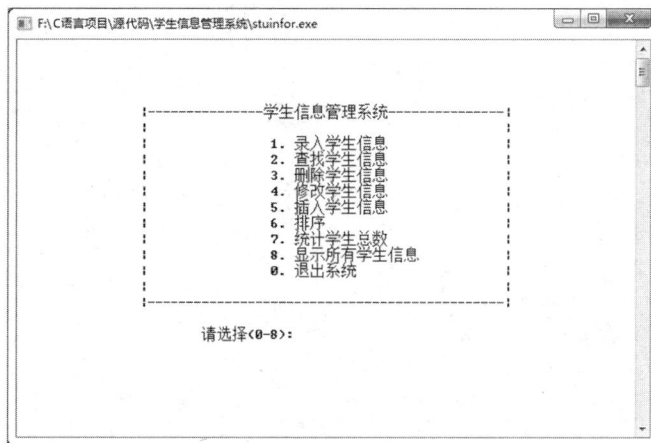

图 15-3 主功能选择菜单

15.5.2 实现主函数

运行学生信息管理系统，首先进入主功能选择菜单界面，在这里列出了程序中的所有功能，以及如何调用相应的功能，用户可以根据需要输入想要执行的功能对应的数字，进入该功能界面。在 menu()函数中主要调用了 printf()函数在控制台输出文字或特殊字符。当输入相应数字后，程序会根据用户输入的数字调用不同的函数。菜单中的数字表示的功能如表 15-2 所示。

表 15-2　菜单中的数字表示的功能

数字	功能
0	退出系统
1	录入学生信息，调用 in()函数
2	查找学生信息，调用 search()函数
3	删除学生信息，调用 del()函数
4	修改学生信息，调用 modify()函数
5	插入学生信息，调用 insert()函数
6	对学生的成绩从高到低排序，调用 order()函数
7	统计学生总数，调用 total()函数
8	显示学生信息，调用 show()函数

主函数 main()的实现代码如下。

```
/**
*  主函数
*/
void main()
{
    system("color f0\n");        //白底黑字
    int n;
    menu();
    scanf("%d",&n);              //输入数字
    while(n)
    {
        switch(n)
        {
            case 1:
                in();
                break;
            case 2:
                search();
                break;
            case 3:
                del();
                break;
            case 4:
                modify();
                break;
            case 5:
                insert();
                break;
            case 6:
                order();
                break;
            case 7:
                total();
                break;
            case 8:
                show();
```

```
                    break;
            default:
                    break;
        }
    getch();
    menu();                           //执行完功能后返回主功能选择菜单界面
    scanf("%d",&n);
    }
}
```

15.5.3　显示主菜单

在 main()函数中，首先调用 menu()函数来显示主菜单。menu()函数的实现代码如下。

```
/**
*   显示主菜单
*/
void menu(){
    system("cls");
    printf("\n\n\n\n");
    printf("\t\t|--------------学生信息管理系统--------------|\n");
    printf("\t\t|\t\t\t\t          |\n");
    printf("\t\t|\t\t 1.录入学生信息\t          |\n");
    printf("\t\t|\t\t 2.查找学生信息\t          |\n");
    printf("\t\t|\t\t 3.删除学生信息\t          |\n");
    printf("\t\t|\t\t 4.修改学生信息\t          |\n");
    printf("\t\t|\t\t 5.插入学生信息\t          |\n");
    printf("\t\t|\t\t 6.排序\t\t      |\n");
    printf("\t\t|\t\t 7.统计学生总数\t          |\n");
    printf("\t\t|\t\t 8.显示所有学生信息\t          |\n");
    printf("\t\t|\t\t 0.退出系统\t\t      |\n");
    printf("\t\t|\t\t\t\t          |\n");
    printf("\t\t|--------------------------------------------|\n\n");
    printf("\t\t\t请选择(0-8):");
}
```

15.6　录入学生信息

15.6.1　模块概述

在学生信息管理系统中录入学生信息模块主要用于根据提示信息将学生的学号、姓名、选修课成绩、实验课成绩和必修课成绩依次输入，录入结束后系统会自动将学生信息保存到磁盘文件中，并计算出学生的总成绩。

当用户在主功能选择菜单界面中输入数字"1"时，即可进入录入学生信息状态。当磁盘文件中有存储记录时，可以向文件中添加学生信息，运行结果如图 15-4 所示。

当磁盘文件中没有存储记录时，系统会提示没有记录，用户可以根据提示信息决定是否输入学生信息，运行结果如图 15-5 所示。

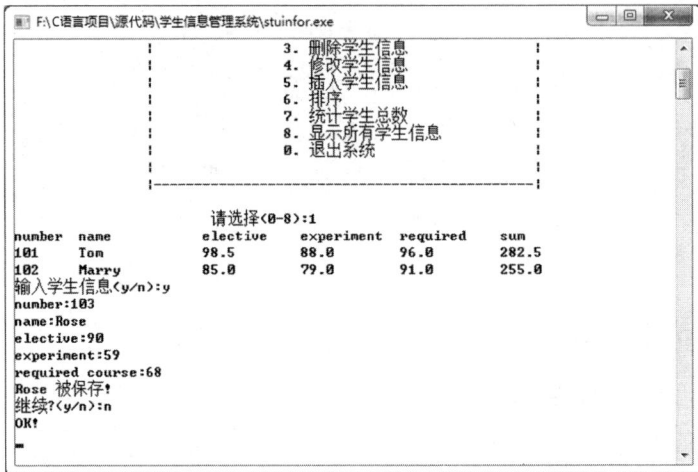

图 15-4　添加学生信息

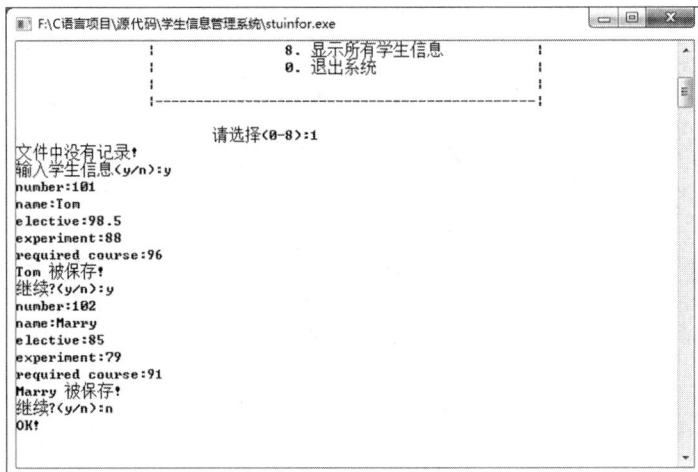

图 15-5　输入学生信息

15.6.2　实现文件的打开和关闭功能

通常情况下，无论是从键盘上输入数据，还是程序的运行结果，都会随着程序运行结束而丢失。在学生信息管理系统中，我们需要保留学生信息，当程序运行结束时学生信息不丢失。在学生信息管理系统中我们采用文件来实现数据的保存。以下为在录入学生信息模块中对文件的操作。

（1）对磁盘文件进行操作时需要先打开文件。

```
FILE *fp;                                         //定义文件指针
if((fp=fopen("data.txt","a+"))==NULL)             //打开文件
{
     printf("can not open\n");
     return;
}
```

（2）当文件被成功打开后，需要检查文件指针是否在文件尾部，若不在文件尾部，则

读取文件中的数据。

```
while(!feof(fp))
{
    if(fread(&stu[m] ,LEN,1,fp)==1)          //读取文件中的数据
        m++;                                  //统计当前记录条数
}
```

（3）对文件操作结束后需要关闭文件。

```
fclose(fp);
```

对指定的磁盘文件进行写操作与读操作相似，实现代码如下。

```
fwrite(&stu[m],LEN,1,fp);
```

15.6.3 实现录入学生信息

1．录入时文件中无记录

在录入学生信息模块中，当程序运行结束并关闭程序后，需要将学生信息进行保存，
用户下次运行程序时录入的学生信息仍然保留。在录入学生信息模块中我们应用文件读写
操作，将用户录入的学生信息保存到磁盘文件中，下次运行程序时，可以从磁盘文件中将
学生信息读出并输出在界面中。

录入学生信息时，首先查询文件 data 是否存在，如果存在则判断文件是否有记录，
根据判断结果，给用户输出提示。如果文件 data 中没有记录，提示"文件中没有记录！"。
关键代码如下。

```
/**
 *  录入学生信息
 */
void in()
{
    int i,m=0;                                //m是记录的条数
    char ch[2];
    FILE *fp;                                 //定义文件指针
    if((fp=fopen("data.txt","a+"))==NULL)     //打开文件
    {
        printf("文件不存在! \n");
        return;
    }
    while(!feof(fp))
    {
        if(fread(&stu[m] ,LEN,1,fp)==1)
        {
        m++;                                  //统计当前记录条数
        }
    }
    fclose(fp);
    if(m==0)
```

```
        {
            printf("文件中没有记录!\n");
        }
    }
```

2. 录入时文件中有记录

如果录入学生信息时，查询到文件 data 中有记录，首先输出文件中内容，再询问用户是否输入学生信息，如图 15-6 所示。

number	name	elective	experiment	required	sum
101	Tom	98.5	88.0	96.0	282.5
102	Marry	85.0	79.0	91.0	255.0

输入学生信息(y/n):

图 15-6　文件 data 有记录时的输出界面

如果用户选择输入学生信息，系统首先对输入的学号进行检查，只有在输入的学号与已经存在的学号不重复的情况下，才能够继续输入其他学生信息。关键代码如下。

```
    else
    {
        show();                                    //调用 show()函数，输出原有学生信息
    }
    if((fp=fopen("data.txt","wb"))==NULL)
    {
        printf("文件不存在! \n");
        return;
    }
    printf("输入学生信息(y/n):");
    scanf("%s",ch);
    while(strcmp(ch,"Y")==0||strcmp(ch,"y")==0)   //判断是否要录入新的学生信息
    {
    printf("number:");
        scanf("%d",&stu[m].num);                   //输入学生的学号
    for(i=0;i<m;i++)
        if(stu[i].num==stu[m].num)
        {
                printf("number 已经存在了，按任意键继续!");
            getch();
            fclose(fp);
            return;
        }
    printf("name:");
        scanf("%s",stu[m].name);                   //输入学生的姓名
    printf("elective:");
    scanf("%lf",&stu[m].elec);                     //输入选修课成绩
    printf("experiment:");
        scanf("%lf",&stu[m].expe);                 //输入实验课成绩
    printf("required course:");
        scanf("%lf",&stu[m].requ);                 //输入必修课成绩
```

```
stu[m].sum=stu[m].elec+stu[m].expe+stu[m].requ;    //计算总成绩
if(fwrite(&stu[m],LEN,1,fp)!=1)                        //将新录入的学生信息写入指定的磁盘文件
{
        printf("不能保存!");
        getch();
    }
else
    {
        printf("%s 被保存!\n",stu[m].name);
        m++;
    }
printf("继续?(y/n):");                                 //询问是否继续
scanf("%s",ch);
}
fclose(fp);
printf("OK!\n");
}
```

15.7 查找学生信息

15.7.1 模块概述

查找学生信息模块的主要功能是根据用户输入的学号对学生信息进行搜索。在主功能选择菜单中输入"2"并按 Enter 键，进入查询学生信息状态，若查找到与输入的学号匹配的学生信息，则输出该学生信息，运行结果如图 15-7 所示。

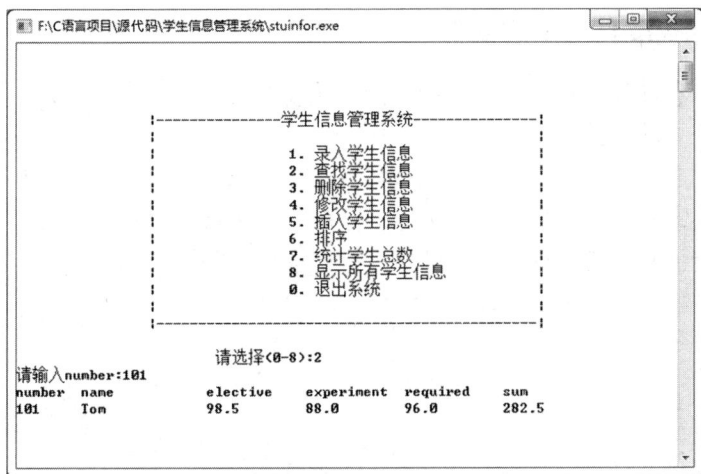

图 15-7　查询学生信息

如果输入的学号与文件中所有的学号都不匹配，系统会提示"没有找到这名学生!"，如图 15-8 所示。

如果文件中没有任何记录，在查找学生信息时，系统会提示"文件中没有记录!"，如图 15-9 所示。

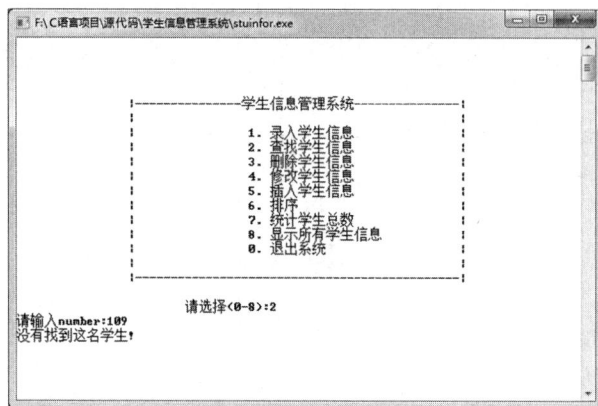

图 15-8　没有匹配的学生信息

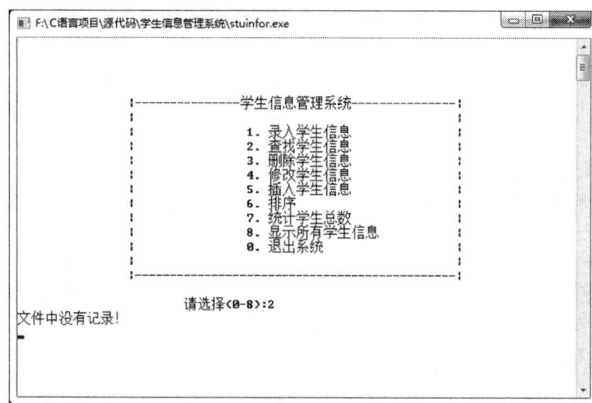

图 15-9　文件中没有记录

15.7.2　查找没有记录的文件

由于学生信息都存储在磁盘文件中，因此想要查找学生信息需要对文件进行操作，即打开文件、读取文件和关闭文件。

根据输入的学号进行信息匹配，在查找到学生信息后将其输出。如果在查询时，文件 data 还没有创建，那么系统会提示"文件不存在！"；如果文件 data 已创建，但是文件里面没有记录，在查询时系统会提示"文件中没有记录！"。关键代码如下。

```
/**
*  自定义查找函数
*/
void search()
{
    FILE *fp;
    int snum,i,m=0;
    if((fp=fopen("data.txt","rb"))==NULL)
    {
        printf("文件不存在! \n");
        return;
    }
    while(!feof(fp))
      if(fread(&stu[m],LEN,1,fp)==1)
      m++;
```

```
        fclose(fp);
        if(m==0)
        {
            printf("文件中没有记录! \n");
            return;
        }
}
```

15.7.3 查找并输出学生信息

在文件 data 存在学生信息并且文件中有记录的情况下,如果输入的学号能在记录中被找到,那么会输出此学号对应的学生信息;如果输入的学号在记录中找不到,那么系统会提示"没有找到这名学生!"。关键代码如下。

```
......
printf("请输入 number:");
scanf("%d",&snum);
for(i=0;i<m;i++)
{
    if(snum==stu[i].num)                              //查找输入的学号是否在记录中
    {
        printf("number  name    elective    experiment  required    sum\t\n");
        printf(FORMAT,DATA);                          //将查找的结果按指定格式输出
        break;
    }
    if(i==m) printf("没有找到这名学生!\n");          //未找到学生信息
}
```

15.8 删除学生信息

15.8.1 模块概述

删除学生信息模块的主要功能是从磁盘文件中将学生信息读取出来,从读出的学生信息中将要删除的学生信息查找到,然后将该学生信息的节点与链表断开(即将其所有信息删除),再将更改后的学生信息写入磁盘文件。在主功能选择菜单界面中输入数字"3"并按 Enter 键,进入删除学生信息状态,运行结果如图 15-10 所示。

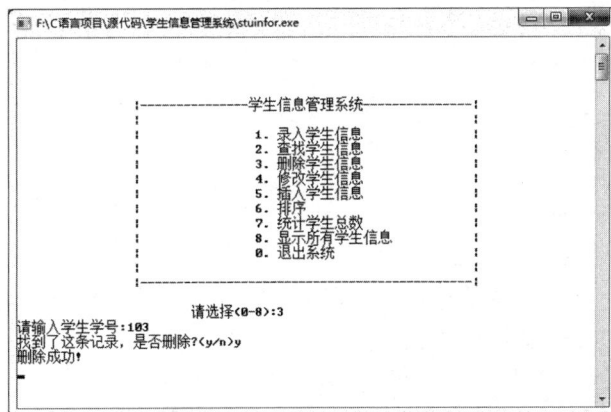

图 15-10　删除学生信息

15.8.2　实现删除学生信息

首先判断文件 data 是否存在，如果文件存在，则继续操作；如果文件不存在，则输出"文件不存在!"。再判断文件 data 是否为空，如果文件不为空，则输入学号；如果文件为空，则返回"文件中没有记录!"。

在输入学号后，程序会判断文件中是否存在该学号：如果存在，根据提示，选择是否删除该学生信息；如果不存在，则返回"没有找到这名学生!"。

删除学生信息的实现步骤如下。

（1）将磁盘文件中的学生信息读取出来，方便对其进行查找、删除等操作。关键代码如下。

```
/**
*  自定义删除函数
*/
void del()
{
    FILE *fp;
    int snum,i,j,m=0;
    char ch[2];
    if((fp=fopen("data.txt","r+"))==NULL)          //文件data不存在
    {
        printf("文件不存在! \n");
        return;
    }
    while(!feof(fp))  if(fread(&stu[m],LEN,1,fp)==1) m++;
    fclose(fp);
......
```

（2）根据输入的学号与读取出来的学生信息进行匹配。当查找到与该学号匹配的学生信息时，根据提示，输入是否对该学生信息进行删除操作。关键代码如下。

```
......
    if(m==0)
    {
        printf("文件中没有记录! \n");          //文件data存在，但里面没有记录
        return;
    }

    printf("请输入学生学号:");
    scanf("%d",&snum);
    for(i=0;i<m;i++)
        if(snum==stu[i].num)
        {
        printf("找到了这条记录,是否删除?(y/n)");
        scanf("%s",ch);
......
```

（3）若进行删除操作，则使用如下代码对该学生信息进行删除，并将删除后的学生信息重新写入磁盘文件中。关键代码如下。

```
......
        if(strcmp(ch,"Y")==0||strcmp(ch,"y")==0)//判断是否进行删除操作
        {
```

```
                    for(j=i;j<m;j++)
                    stu[j]=stu[j+1];                  //将后一个记录移到前一个记录的位置
                    m--;                              //记录的总数减 1*/
                    if((fp=fopen("data.txt","wb"))==NULL)
        {
                    printf("文件不存在\n");
                    return;
        }
                    for(j=0;j<m;j++)                  //将更改后的记录重新写入磁盘文件中
                    if(fwrite(&stu[j] ,LEN,1,fp)!=1)
                    {
                        printf("can not save!\n");
                        getch();
                    }
                    fclose(fp);
                    printf("删除成功!\n");
                }else{
                    printf("找到了记录,选择不删除! ");
                }
                    break;
        }
        else
        {
            printf("没有找到这名学生!\n");           //未找到学生信息
        }
}
```

15.9 修改学生信息

15.9.1 模块概述

在主功能选择菜单界面输入数字“4”并按 Enter 键,进入修改学生信息状态,可以对学生信息进行修改。程序运行首先列出已存在的所有学生信息,然后提示用户输入要修改的学生学号,如果存在该记录,提示用户输入“name”“elective”“experiment”“required course”等字段的值,如图 15-11 所示。

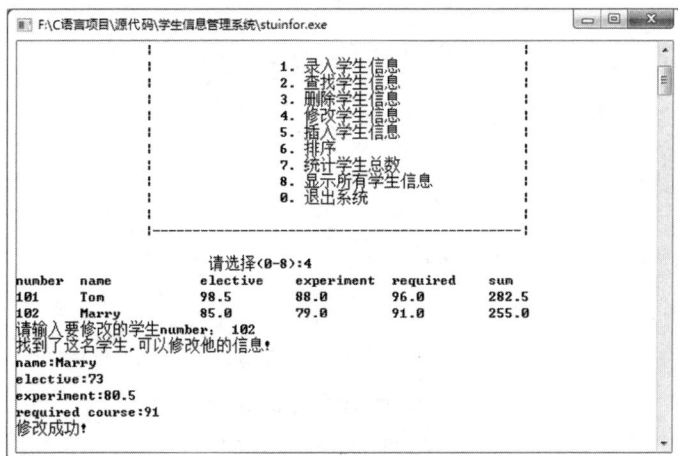

图 15-11　修改学生信息

如果输入的学号在文件中不存在，系统提示"没有找到这名学生！"，如图 15-12 所示。

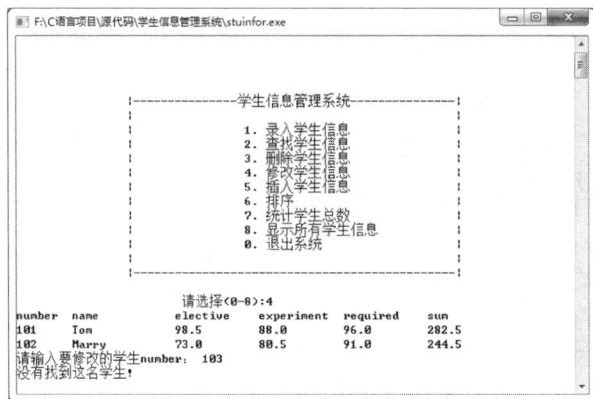

图 15-12　没有找到要修改的记录

15.9.2　实现修改学生信息

在主功能选择菜单中选择修改学生信息选项后，系统首先输出已存在的学生信息，供用户选择，并提示输入需要修改学生信息的学号。如果系统在文件中发现对应学号，就会一一修改字段；如果找不到对应学号，系统会提示"没有找到这名学生！"。关键代码如下。

```
/**
*  自定义修改函数
*/
void modify()
{
    FILE *fp;
    struct student t;
    int i=0,j=0,m=0,snum;
    if((fp=fopen("data.txt","r+"))==NULL)
    {
        printf("文件不存在! \n");
      return;
    }
    while(!feof(fp))
        if(fread(&stu[m] ,LEN,1,fp)==1)
            m++;
    if(m==0)
    {
        printf("文件中没有记录! \n");
        fclose(fp);
        return;
    }
    show();
    printf("请输入要修改的学生 number:  ");
    scanf("%d",&snum);
    for(i=0;i<m;i++)
        if(snum==stu[i].num)                    //检索记录中是否有要修改的学生的信息
          {
            printf("找到了这名学生,可以修改他的信息!\n");
            printf("name:");
            scanf("%s",stu[i].name);            //输入学生的姓名
            printf("elective:");
```

```
            scanf("%lf",&stu[i].elec);                //输入选修课成绩
            printf("experiment:");
            scanf("%lf",&stu[i].expe);                //输入实验课成绩
            printf("required course:");
            scanf("%lf",&stu[i].requ);                //输入必修课成绩
            printf("修改成功!");
            stu[i].sum=stu[i].elec+stu[i].expe+stu[i].requ;
            if((fp=fopen("data.txt","wb"))==NULL)
            {
                printf("不能打开文件\n");
                return;
            }
            for(j=0;j<m;j++)                          //将新的学生信息写入磁盘文件中
            if(fwrite(&stu[j] ,LEN,1,fp)!=1)
            {
                printf("不能保存文件!");
                getch();
            }
            fclose(fp);
            break;
    }
    if(i==m)
    {
        printf("没有找到这名学生!\n");                //未找到学生信息
    }
}
```

15.10 插入学生信息

15.10.1 模块概述

插入学生信息模块的主要功能是在需要的位置插入新的学生信息。在主功能选择菜单界面中输入数字"5"并按 Enter 键，进入插入学生信息状态，运行结果如图 15-13 所示。

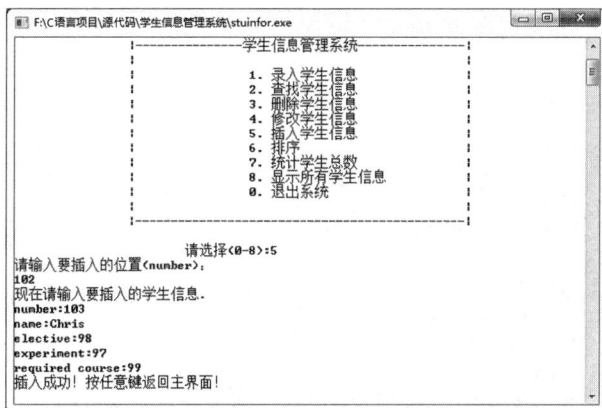

图 15-13　插入学生信息

15.10.2 实现插入学生信息

插入学生信息模块的实现过程如下。

（1）因为学生信息管理系统中的学生信息都存储在磁盘文件中，所以每次操作都要先将学生信息从文件中读取出来，关键代码如下。

```
/**
*   自定义插入函数
*/
void insert()
{
    FILE *fp;
    int i,j,k,m=0,snum;
    if((fp=fopen("data.txt","r+"))==NULL)
    {
        printf("文件不存在! \n");
        return;
    }
    while(!feof(fp))
        if(fread(&stu[m],LEN,1,fp)==1)
         m++;
    if(m==0)
    {
        printf("文件中没有记录!\n");
        fclose(fp);
        return;
    }
......
```

（2）输入需要插入学生信息的位置，即需要插在哪个学号后面，然后查找该学号，从最后一条学生信息开始到插入位置后一条学生信息均向后移一位，为插入的学生信息提供位置。关键代码如下。

```
......
    printf("请输入要插入的位置(number): \n");
    scanf("%d",&snum);              //输入要插入学生信息的位置
    for(i=0;i<m;i++)
        if(snum==stu[i].num)
            break;
        for(j=m-1;j>i;j--)
            stu[j+1]=stu[j];  //从最后一条学生信息开始到插入位置后一条学生信息均向后移一位
```

（3）设置好要插入的位置后，向该位置录入新的学生信息，然后将该学生信息写入磁盘文件中。关键代码如下。

```
......
        printf("现在请输入要插入的学生信息.\n");
        printf("number:");
        scanf("%d",&stu[i+1].num);
        for(k=0;k<m;k++)
        if(stu[k].num==stu[m].num)
        {
            printf("number 已经存在, 按任意键继续!");
            getch();
            fclose(fp);                        //关闭文件
            return;
        }
        printf("name:");
        scanf("%s",stu[i+1].name);
        printf("elective:");
```

```
            scanf("%lf",&stu[i+1].elec);
            printf("experiment:");
            scanf("%lf",&stu[i+1].expe);
            printf("required course:");
            scanf("%lf",&stu[i+1].requ);
            stu[i+1].sum=stu[i+1].elec+stu[i+1].expe+stu[i+1].requ;
            printf("插入成功! 按任意键返回主界面! ");
            if((fp=fopen("data.txt","wb"))==NULL)   //如果文件不存在, 则输出提示信息
            {
                printf("不能打开! \n");
                return;
            }
            for(k=0;k<=m;k++)
            if(fwrite(&stu[k] ,LEN,1,fp)!=1)              //将修改后的记录写入磁盘文件中
            {
                printf("不能保存!");
                getch();
            }
        fclose(fp);
}
```

15.11 学生成绩排名

15.11.1 模块概述

在主功能选择菜单界面中输入数字 "6" 并按 Enter 键, 将所有学生信息按照学生的总成绩从高到低进行排序, 将排序后的学生信息写入磁盘文件中。排序成功结果如图 15-14 所示。

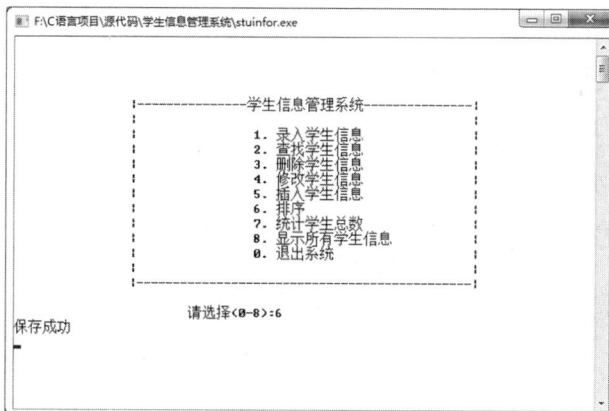

图 15-14 学生成绩排名

在没有进行排序之前, 在主功能选择菜单界面输入数字 "8" 并按 Enter 键, 输出所有学生信息, 这里有 3 条学生信息, 如图 15-15 所示。这 3 条数据是按照 number (101、102、103) 的顺序来输入的, 这时总成绩并没有进行排序。

图 15-15 排序前

下面检验系统是否对总成绩进行排序了。在主功能选择菜单界面中输入数字"6"并按 Enter 键，对学生成绩进行排序，然后在主功能选择菜单界面输入数字"8"并按 Enter 键，输出所有学生信息，这时输出的 3 条数据是按照总成绩从高到低的顺序排列的，如图 15-16 所示。

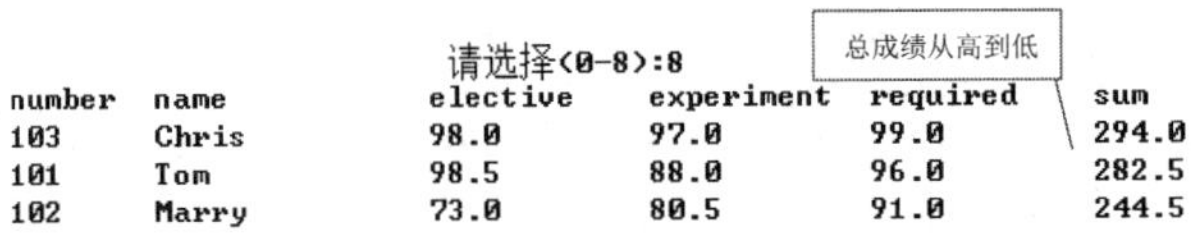

```
                      请选择<0-8>:8        总成绩从高到低
number  name          elective   experiment  required   sum
103     Chris         98.0       97.0        99.0       294.0
101     Tom           98.5       88.0        96.0       282.5
102     Marry         73.0       80.5        91.0       244.5
```

图 15-16　排序后

15.11.2　使用交换排序法实现排序功能

对学生成绩从高到低进行排序，主要运用数组设计排序算法。排序算法有很多种，如选择排序法、冒泡排序法、交换排序法、插入排序法、折半排序法等。交换排序法与冒泡排序法都为正序时快、逆序时慢，排列有序数据时效果最好。在这里应用比较稳定、简单的交换排序法对学生成绩进行排序。关键代码如下。

```c
for(i=0;i<m-1;i++)
{
    for(j=i+1;j<m;j++)                    //双重循环实现成绩排序
    {
        if(stu[i].sum<stu[j].sum)
        {
            t=stu[i];
            stu[i]=stu[j];
            stu[j]=t;
        }
    }
}
```

15.11.3　实现学生成绩排名

实现学生成绩排名，首先需要将录入的学生信息从磁盘文件中读出，然后将读出的学生信息按照成绩从高到低排序，最后将排好名次的学生信息写入磁盘文件中。关键代码如下。

```c
/**
*  自定义排序函数
*/
void order()
{
    FILE *fp;
    struct student t;
    int i=0,j=0,m=0;
    if((fp=fopen("data.txt","r+"))==NULL)
    {
        printf("文件不存在! \n");
        return;
    }
    while(!feof(fp))
    if(fread(&stu[m] ,LEN,1,fp)==1)
        m++;
    fclose(fp);
    if(m==0)
    {
        printf("文件中没有记录!\n");
```

```
            return;
        }
        if((fp=fopen("data.txt","wb"))==NULL)
        {
            printf("文件不存在! \n");
            return;
        }
        for(i=0;i<m-1;i++)
        {
            for(j=i+1;j<m;j++)                  //双重循环实现成绩排序
                if(stu[i].sum<stu[j].sum)
                {
                    t=stu[i];stu[i]=stu[j];stu[j]=t;
                }
        }
        if((fp=fopen("data.txt","wb"))==NULL)
        {
            printf("文件不存在! \n");
            return;
        }
        for(i=0;i<m;i++)                        //将排好序的学生信息写入磁盘文件中
        {
            if(fwrite(&stu[i] ,LEN,1,fp)!=1)
            {
                printf("%s 不能保存文件!\n");
                getch();
            }
        }
        fclose(fp);
        printf("保存成功\n");
}
```

15.12 统计学生总数

15.12.1 模块概述

在主功能选择菜单界面中输入数字"7"并按 Enter 键，可统计文件 data 中一共保存了多少条学生信息，运行结果如图 15-17 所示。

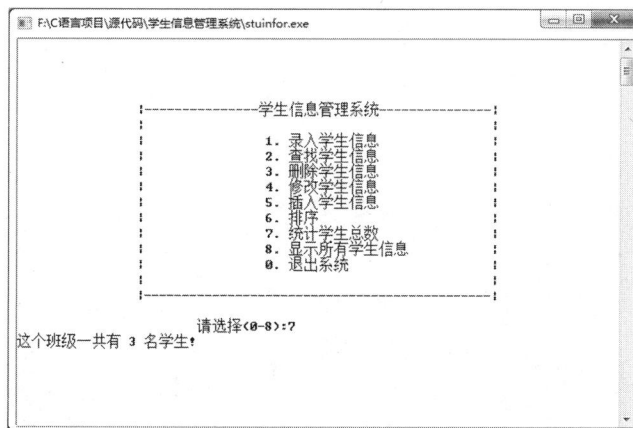

图 15-17 统计学生总数

15.12.2　实现统计学生总数

要实现统计学生总数的功能，首先要判断文件 data 是否存在，如果存在，再通过指针来计算文件中的记录条数。关键代码如下。

```
/**
 * 学生总数统计
 */
void total()
{
    FILE *fp;
    int m=0;
    if((fp=fopen("data.txt","r+"))==NULL)
    {
        printf("文件不存在! \n");
        return;
    }
    while(!feof(fp))
        if(fread(&stu[m],LEN,1,fp)==1)
        {
            m++;                              //统计记录条数，即学生总数
        }
    if(m==0)
    {
        printf("文件无内容!\n");
        fclose(fp);
        return;
    }
    printf("这个班级一共有 %d 名学生!\n",m);      //将统计的数量输出
    fclose(fp);
}
```

15.13　显示所有学生信息

15.13.1　模块概述

在主功能选择菜单界面输入数字“8”并按 Enter 键，显示所有学生信息，运行结果如图 15-18 所示。

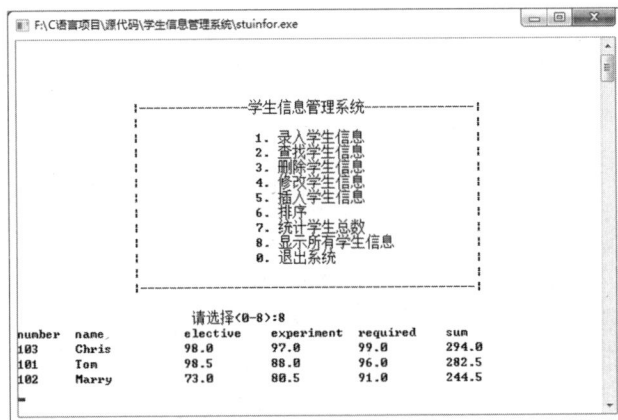

图 15-18　显示所有学生信息

15.13.2 读取并显示所有学生信息

要实现读取并显示所有学生信息的功能，首先需要读取文件 data 中的记录，然后把这些记录按照指定格式输出。关键代码如下。

```
/**
*  显示所有学生信息
*/
void show()
{
    FILE *fp;
    int i,m=0;
    fp=fopen("data.txt","rb");
    while(!feof(fp))
    {
        if(fread(&stu[m] ,LEN,1,fp)==1)
        m++;
    }
    fclose(fp);
    printf("number  name          elective   experiment  required   sum\t\n");
    for(i=0;i<m;i++)
    {
        printf(FORMAT,DATA);          //将学生信息按指定格式输出
    }
}
```

15.14 小结

本章综合应用 C 语言中的宏定义、函数、格式输出、指针、文件读写等技术开发了一个功能完善的学生信息管理系统，该系统除了可以对学生信息进行基本的增、删、改、查操作之外，还可以对学生的成绩进行排名、统计学生的总人数。通过本项目的开发，读者可以熟悉 C 语言知识在实际开发中的应用，并能够掌握 C 语言项目的基本开发流程。

下面通过一个思维导图对本章所讲主要模块及主要知识点进行总结，如图 15-19 所示。

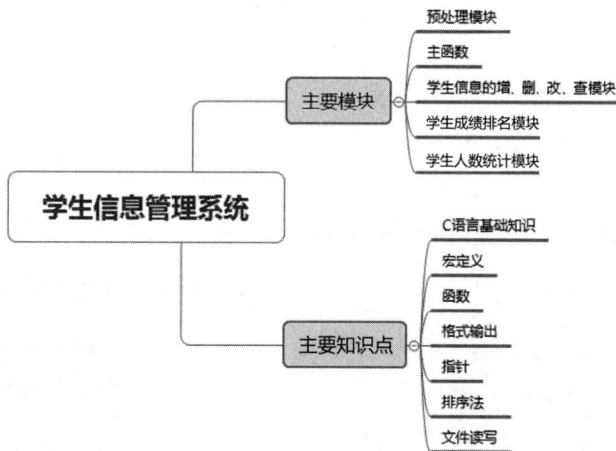

图 15-19 本章总结

实验

实验1　计算某日是该年的第几天

实验目的

（1）设计判断闰年的算法。

（2）掌握常用的输入输出语句。

实验内容

本实验要求编写一个计算天数的程序，即从键盘中输入年、月、日，在屏幕中输出此日期是该年的第几天。运行结果如实验图1所示。

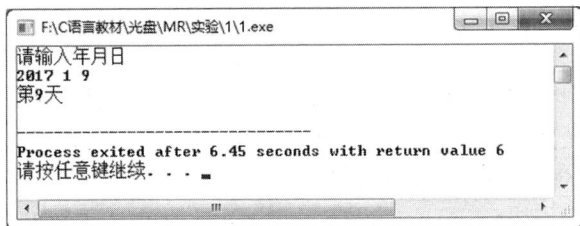

实验图1　计算某日是该年的第几天

实验步骤

（1）在 Dev-C++中创建一个 C 文件。

（2）引用头文件，代码如下。

```
#include<stdio.h>
```

（3）自定义 leap()函数，实现判断输入的年份是否为闰年，代码如下。

```
int leap(int a)                         /*自定义函数leap()用来判断输入的年份是否为闰年*/
{
    if (a % 4 == 0 && a % 100 != 0 || a % 400 == 0) /*闰年判定条件*/
        return 1;                       /*是闰年则返回1*/
    else
        return 0;                       /*不是闰年则返回0*/
}
```

（4）自定义 number()函数，实现计算输入的日期为该年的第几天，代码如下。

```
int number(int year, int m, int d)   /*自定义函数 number()计算输入的日期为该年第几天*/
{
    int sum = 0, i, j, k, a[12] =
    {
        31, 28, 31, 30, 31, 30, 31, 31, 30, 31, 30, 31
    };                                          /*数组 a 用于存放平年每月的天数*/
    int b[12] =
    {
        31, 29, 31, 30, 31, 30, 31, 31, 30, 31, 30, 31
    };                                          /*数组 b 用于存放闰年每月的天数*/
    if (leap(year) == 1)                        /*判断是否为闰年*/
        for (i = 0; i < m - 1; i++)
            sum += b[i];                        /*是闰年，累加数组 b 前 m-1 个月份的天数*/
        else
            for (i = 0; i < m - 1; i++)
                sum += a[i];                    /*不是闰年，累加数组 a 前 m-1 个月份的天数*/
        sum += d;                               /*将前面累加的结果加上日期，求出总天数*/
        return sum;                             /*将总天数返回*/
}
```

（5）使用 main()函数作为程序的入口，代码如下。

```
void main()
{
    int year, month, day, n;                    /*定义变量为基本整型*/
    printf("请输入年月日\n");
    scanf("%d%d%d", &year, &month, &day);       /*输入年、月、日*/
    n = number(year, month, day);               /*调用函数 number()*/
    printf("第%d天\n", n);
}
```

实验 2 老师分糖果问题

实验目的

（1）应用穷举法分析问题。
（2）定义整型和实型变量。
（3）实现数据类型转换。

实验内容

幼儿园老师将糖果分成了若干等份，让学生按任意次序上来领。第 1 个来领的学生，得到 1 份加上剩余糖果的十分之一；第 2 个来领的学生，得到 2 份加上剩余糖果的十分之一；第 3 个来领的学生，得到 3 份加上剩余糖果的十分之一，依此类推。问共有多少个学生，老师共将糖果分成了多少等份？运行结果如实验图 2 所示。

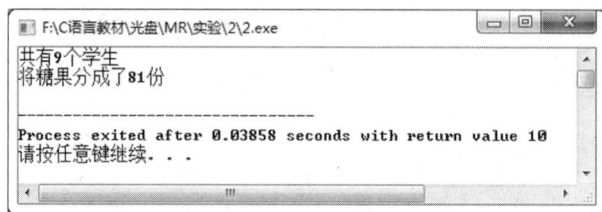

实验图 2 老师分糖果

实验步骤

（1）在 Dev-C++中创建一个 C 文件。

（2）引用头文件，代码如下。

```
#include <stdio.h>
```

（3）定义 n 为基本整型变量，sum1 和 sum2 为单精度实型变量。

（4）使用 for 语句对 n 逐个判断，直到满足条件 sum1=sum2，结束 for 语句。这里有一点值得大家注意，因为将糖果分成了 n 等份，所以最终求出的结果必须是整数。

（5）将最终求出的结果输出，这里注意学生数量是用总份数除以每个人得到的份数，程序里是除以第一个学生得到的份数。

（6）程序主要代码如下。

```
void main()
{
    int n;
    float sum1,sum2;                    /*sum1 和 sum2 应为单精度实型变量，否则结果将不准确*/
    for(n=11;;n++)
    {
        sum1=(n+9)/10.0;
        sum2=(9*n+171)/100.0;
        if(sum1!=(int)sum1)continue;/*sum1 和 sum2 应为整数，否则结束本次循环继续下次判断*/
        if(sum2!=(int)sum2)continue;
        if(sum1==sum2) break;           /*当 sum1 等于 sum2 时，跳出循环*/
    }
    printf("共有%d个学生\n将糖果分成了%d份",(int)(n/sum1),n);
    /*输出学生数量及糖果分成的份数*/
    printf("\n");
}
```

实验 3　求一元二次方程的根

实验目的

（1）应用算术运算符与算数表达式。
（2）注意运算符的优先级。

实验内容

求解一元二次方程 $ax^2+bx+c=0$ 的根，由键盘输入系数，输出方程的根。

提示：这种问题类似于给出公式计算，可以按照输入数据、计算、输出 3 步来设计程序。运行结果如实验图 3 所示。

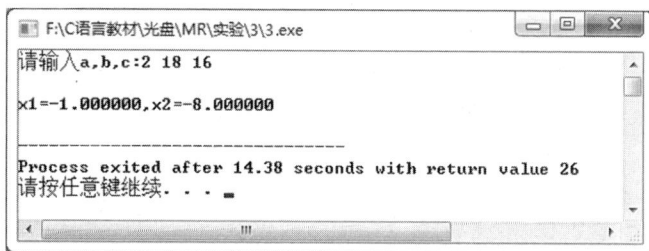

实验图 3　求一元二次方程的根

实验步骤

（1）在 Dev-C++中创建一个 C 文件。

（2）引用头文件，代码如下。

```
#include <stdio.h>
#include <math.h>
```

（3）程序主要代码如下。

```
void main()
{
    double a,b,c;                            /*定义系数变量*/
    double x1,x2,p;                          /*定义根变量和表达式的变量*/
    printf("请输入 a,b,c:");                  /*提示用户输入 3 个系数*/
    scanf("%lf%lf%lf",&a,&b,&c);             /*接收用户输入的系数*/
    printf("\n");                            /*输出换行*/
    p=b*b-4*a*c;                             /*给表达式赋值*/
    x1=(-b+sqrt(p))/(2*a);                   /*根 1 的值*/
    x2=(-b-sqrt(p))/(2*a);                   /*根 2 的值*/
    printf("x1=%f,x2=%f\n",x1,x2);           /*输出两个根的值*/
}
```

实验 4　求学生总成绩和平均成绩

实验目的

（1）设计顺序程序。

（2）应用 printf()和 scanf()函数。

（3）实现强制数据类型转换。

实验内容

输入 3 个学生的成绩，求这 3 个学生的总成绩和平均成绩。编写程序，运行结果如实验图 4 所示。

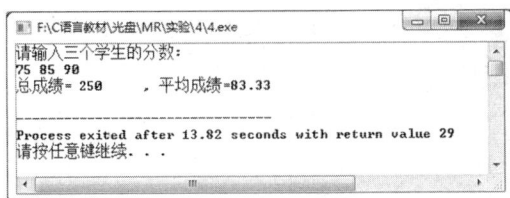

实验图 4　求学生总成绩和平均成绩

实验步骤

（1）在 Dev-C++中创建一个 C 文件。

（2）引用头文件，代码如下。

```
#include <stdio.h>
```

（3）程序主要代码如下。

```
void main()
{
    int a,b,c,sum;                                          /*定义变量*/
    float ave;
    printf("请输入三个学生的分数:\n");                       /*输出提示信息*/
    scanf("%d%d%d",&a,&b,&c);                                /*输入 3 个学生的成绩*/
    sum=a+b+c;                                               /*求总成绩*/
    ave=sum/3.0;                                             /*求平均成绩*/
    printf("总成绩=%4d\t, 平均成绩=%5.2f\n",sum,ave);        /*输出总成绩和平均成绩*/
}
```

实验5　模拟 ATM 界面

实验目的

（1）熟练掌握 if 语句。

（2）熟练掌握 switch 语句。

（3）应用逻辑表达式。

实验内容

模拟 ATM 界面，主要实现取款功能：在取款操作前用户要输入密码，密码正确才可进行取款操作，取款时将显示取款金额及剩余金额，操作完毕退出程序。运行结果如实验图 5 所示。

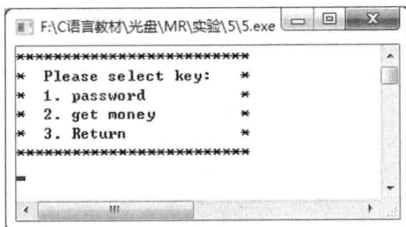

实验图 5　模拟 ATM 界面

实验步骤

（1）在 Dev-C++中创建一个 C 文件。

（2）引用头文件，代码如下。

```
#include<stdio.h>
#include<stdlib.h>
```

（3）声明变量，分别定义字符型和基本整型变量。

（4）使用 do...while 语句，当输入值不是 1、2、3 中任意一个时，将始终进行循环体中的语句，否则进行 switch 语句的操作。

（5）使用 switch 语句实现本程序的选择功能，当用户输入 1 时进行密码确认，此时用 if 语句判断输入密码是否正确及输入密码的次数是否超过 3 次。当用户输入 2 时进行取款操作，此时再次使用 do...while 语句和 switch 语句构成取款选择界面，根据取款金额输入不同数据，输入数据 4 时，第一个 break 跳出内层 switch 语句，第二个 break 跳出外层 switch 语句，回到最初 while 语句控制下的主界面。当用户输入 3 时，第一个 break 跳出 switch 语句，第二个 break 跳出 while 语句，结束本程序。

（6）主要程序代码如下。

```
main()
{
    char Key,CMoney;
    int password,password1=123,i=1,a=1000;          /*定义变量*/
    while(1)
    {
        do{
            system("cls");
            printf("*************************\n");
            printf("*  Please select key:  *\n");
            printf("*  1. password         *\n");
            printf("*  2. get money        *\n");
            printf("*  3. Return           *\n");
            printf("*************************\n");
            Key = getch();
        }while( Key!='1' && Key!='2' && Key!='3' );
        /*当输入值不是1、2、3中任意值时执行循环体中的语句*/
        switch(Key)
        {
        case '1':                                   /*当输入值为1时执行case'1'*/
            system("cls");
            do
            {
                i++;
                printf("   please input password   ");
                scanf("%d",&password);
                if(password1!=password)             /*如果输入密码不正确，执行下面的语句*/
                {
                    if(i>3)                         /*如果3次输入密码均不正确将退出程序*/
                    {
                        printf(" Wrong! Press any key to exit...  ");
```

```
                    getch();
                    exit(0);
                }
            else
                    puts("wrong,try again");        /*输入次数未到 3 次，可继续输入*/
        }
    }
    while(password1!=password&&i<=3);    /*如果密码不正确且输入次数小于等于 3，执行循
环体中的语句*/

    printf("OK! Press any key to continue...  ");/*密码正确，返回初始界面开始其
他操作*/

    getch();
    bredk;
case '2':                                           /*输入值为 2 时执行 case'2'*/
    do{
        system("cls");
        if(password1!=password)
        /*如果在 case'1'中密码不正确将无法进行后面的操作*/
        {
            printf("please logging in,press any key to continue...");
            getch();
            break;
        }
        else
        {
            printf("********************************\n");
            printf("   Please select:              *\n");
            printf("*   1. $100                     *\n");
            printf("*   2. $200                     *\n");
            printf("*   3. $300                     *\n");
            printf("*   4. Return                   *\n");
            printf("********************************\n");
            CMoney = getch();
        }
    }while( CMoney!='1' && CMoney!='2' && CMoney!='3'&&CMoney!='4');
    /*输入值不是 1、2、3、4 中任意值时将继续执行循环体中的语句*/
    switch(CMoney)
    {
    case '1':                                        /*输入 1 时执行 case'1'中的操作*/
        system("cls");
        a=a-100;
        printf("***************************************\n");
        printf("*  Your Credit money is $100,Thank you!  *\n");
        printf("*        The balance is $%d.            *\n",a);
        printf("*        Press any key to return...     *\n");
        printf("***************************************\n");
        getch();
        break;
    case '2':                                        /*输入 2 时执行 case'2'中的操作*/
        system("cls");
        a=a-200;
        printf("***************************************\n");
```

```
            printf("*  Your Credit money is $200,Thank you!  *\n");
            printf("*            The balance is $%d.           *\n",a);
            printf("*         Press any key to return...       *\n");
            printf("*******************************************\n");
            getch();
            break;
        case '3':                                    /*输入 3 时执行 case'3'中的操作*/
            system("cls");
            a=a-300;
            printf("*******************************************\n");
            printf("*  Your Credit money is $300,Thank you!  *\n");
            printf("*            the balance is $%d           *\n",a);
            printf("*         Press any key to return...       *\n");
            printf("*******************************************\n");
            getch();
            break;
        case '4':                                    /*输入 4 时执行 case'4'中的操作*/
            break;
        }
        break;
    case '3':
        printf("*******************************************\n");
        printf("*   Thank you for your using!            *\n");
        printf("*            Goodbye!                    *\n");
        printf("*******************************************\n");
        getch();
        break;
    }
    break;
    }
    return 0;
}
```

实验6 **猜数字游戏**

实验目的

（1）应用 for 语句。
（2）应用循环嵌套语句。
（3）掌握跳转语句。

实验内容

　　猜数字游戏具体要求如下。开始时输入要猜的数字的位数，这样计算机可以根据输入的位数随机分配一个符合要求的数据，计算机输出提示信息后用户便可以输入数字，注意数字间需用空格或回车符加以区分，计算机会根据输入的数字给出相应的提示信息：A 表示位置与数字均正确的个数，B 表示位置不正确但数字正确的个数。这样便可以根据提示信息进行下次输入，直到正确为止，然后程序会根据输入的次数给出相应的评价。运行结果如实验图 6 所示。

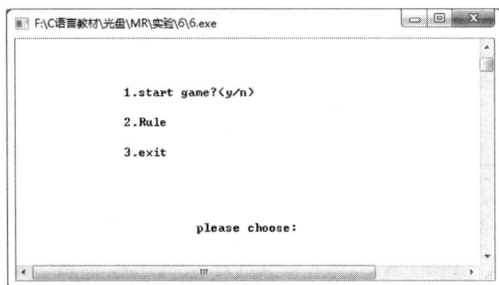

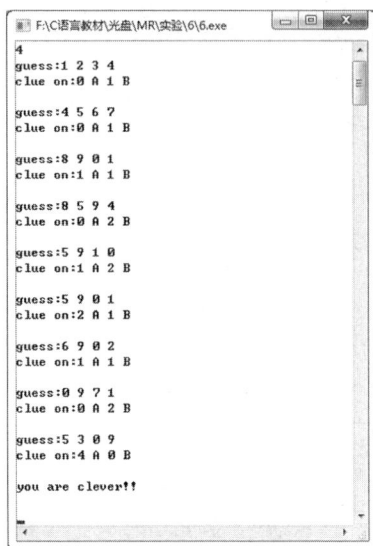

（a）菜单界面　　　　　　　　　（b）游戏运行界面

实验图 6　猜数字游戏

实验步骤

（1）在 Dev-C++中创建一个 C 文件。

（2）引用头文件，进行宏定义及指定数据类型。引用头文件的代码如下。

```c
#include <stdio.h>
#include <stdlib.h>
#include <time.h>
#include <conio.h>
#include <dos.h>
```

（3）自定义 guess()函数，其作用是产生随机数并将输入的数与产生的数进行比较，再将比较后的提示信息输出。代码如下。

```c
void guess(int n)
{
    int acount,bcount,i,j,k=0,flag,a[10],b[10];
    do
    {
        flag=0;
        srand((unsigned)time(NULL));    /*利用系统时钟设定种子*/
        for(i=0;i<n;i++)
        a[i]=rand()%10;                 /*每次产生 0~9 内任意的一个随机数并存储到数组 a 中*/
        for(i=0;i<n-1;i++)
        {
            for(j=i+1;j<n;j++)
            if(a[i]==a[j])              /*判断数组 a 中是否有相同的数字*/
            {
                flag=1;                 /*若有相同的数字则标志位为 1*/
                break;
            }
        }
```

```
        }while(flag==1);                    /*若标志位为 1 则重新分配数据*/
        do
        {
            k++;                              /*记录猜数字的次数*/
            acount=0;                         /*每次在猜数字的过程中位置与数字均正确的个数*/
            bcount=0;                         /*每次在猜数字的过程中位置不正确但数字正确的个数*/
            printf("guess:");
            for(i=0;i<n;i++)
            scanf("%d",&b[i]);                /*输入猜测的数据并存储到数组 b 中*/
            for(i=0;i<n;i++)
                for(j=0;j<n;j++)
                {
                    if(a[i]==b[i])            /*检测输入的数据与计算机分配的数据数字和位置均相同的个数*/
                    {
                        acount++;
                        break;
                    }
                    if(a[i]==b[j]&&i!=j)  /*检测输入的数据与计算机分配的数据数字相同但位置不
同的个数*/
                    {
                        bcount++;
                        break;
                    }
                }
            printf("clue on:%d A %d B\n\n",acount,bcount);
            if(acount==n)                     /*判断 acount 是否与数字的个数相同*/
            {
                if(k==1)
                    printf(" you are the topmost rung of Fortune's ladder!! \n\n");
                else if(k<=5)
                    printf("you are genius!!\n\n");
                else if(k<=10)
                    printf("you are clever!!\n\n");
                else
                    printf("you need try hard!!\n\n");
                break;
            }
        }while(1);
}
```

（4）定义获取屏幕光标位置的函数，代码如下。

```
/**
 * 获取屏幕光标位置
 */
void gotoxy(int x, int y)
{
    COORD c;
    c.X = x;
    c.Y = y;
    SetConsoleCursorPosition(GetStdHandle(STD_OUTPUT_HANDLE), c);
}
```

（5）main()函数作为程序的入口，通过输入相应的数字选择不同的功能，代码如下。

```
main()
{
    int i, n;
    while (1)
    {
        system("cls");
        gotoxy(15, 6);                                    /*将光标定位*/
        printf("1.start game?(y/n)");
        gotoxy(15, 8);
        printf("2.Rule");
        gotoxy(15, 10);
        printf("3.exit\n");
        gotoxy(25, 15);
        printf("please choose:");
        scanf("%d", &i);
        switch (i)
        {
            case 1:
                system("cls");
                printf("please input n:\n");
                scanf("%d", &n);
                guess(n);                                 /*调用 guess()函数*/
                sleep(5);                                 /*程序停止 5s*/
                break;
            case 2:                                       /*输出游戏规则*/
                system("cls");
                printf("\t\tThe Rules Of The Game\n");
                printf(" step1: input the number of digits\n");
                printf(" step2: input the number, separated by a space between two numbers\n");
                printf(" step3: A represent location and data are correct\n");
                printf("\tB represent location is correct but data is wrong!\n");
                sleep(10);
                break;
            case 3:                                       /*退出游戏*/
                exit(0);
            default:
                break;
        }
    }
}
```

实验 7　使用数组统计学生成绩

实验目的

（1）掌握一维数组的定义和使用方法。

（2）输出数组元素。

（3）初步使用宏定义。

实验内容

输入学生的学号及语文、数学、英语的成绩，输出学生各科成绩及平均成绩。运行结果如实验图 7 所示。

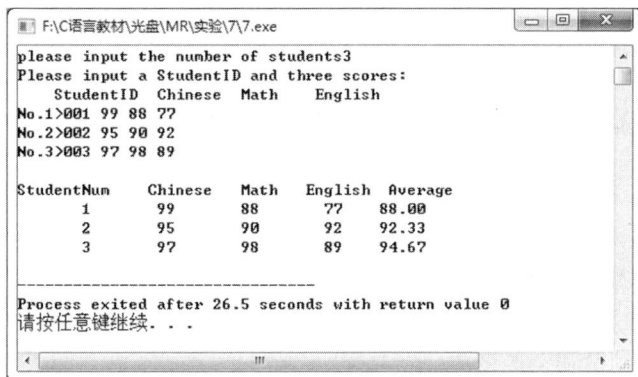

实验图 7　统计学生成绩

实验步骤

（1）在 Dev-C++中创建一个 C 文件。

（2）引用头文件并进行宏定义。代码如下。

```
#include<stdio.h>
#define MAX 50                                        /*定义 MAX 为常量 50*/
```

（3）定义变量及数组。

（4）输入学生数量。

（5）输入每个学生的学号及 3 门学科的成绩。

（6）将输入的信息输出，同时输出每个学生 3 门学科的平均成绩。

代码如下。

```
main()
{
    int i,num;                                        /*定义变量 i、num 为基本整型*/
    int Chinese[MAX],Math[MAX],English[MAX];          /*定义数组为基本整型*/
    long StudentID[MAX];                              /*定义 StudentID 为长整型*/
    float average[MAX];
    printf("please input the number of students");
    scanf("%d",&num);                                 /*输入学生数量*/
    printf("Please input a StudentID and three scores:\n");
    printf("   StudentID Chinese Math   English\n");
    for( i=0; i<num; i++ )                             /*根据输入的学生数量控制循环次数*/
    {
        printf("No.%d>",i+1);
        scanf("%ld%d%d%d",&StudentID[i],&Chinese[i],&Math[i],&English[i]);
        /*依次输入学号及语文、数学、英语的成绩*/
        average[i] = (float)(Chinese[i]+Math[i]+English[i])/3;   /*计算平均成绩*/
    }
    puts("\nStudentNum   Chinese   Math   English   Average");
    for( i=0; i<num; i++ )                             /*使用 for 语句将每个学生的成绩输出*/
    {
```

```
        printf("%8ld %8d %8d %8d %8.2f\n",StudentID[i],Chinese[i],Math[i],English[i],average[i]);
    }
    return 0;
}
```

实验8 设计函数计算学生平均身高

实验目的

（1）掌握函数的声明和定义。
（2）掌握函数的调用。
（3）理解局部变量和全局变量。

实验内容

输入学生数量并逐个输入学生的身高，输出身高的平均值。运行结果如实验图8所示。

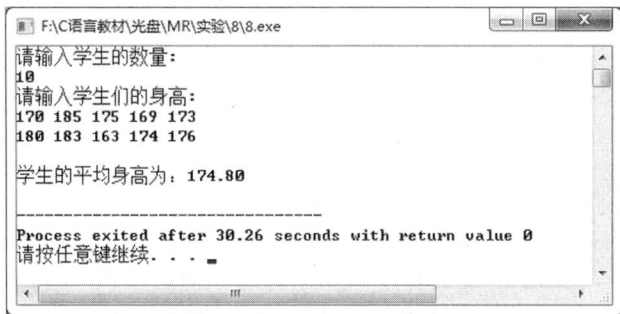

实验图8　计算学生的平均身高

实验步骤

（1）在 Dev-C++中创建一个 C 文件。
（2）引用头文件。代码如下。

```
#include<stdio.h>
```

（3）自定义求平均身高的函数。代码如下。

```
float average(float array[],int n)              /*自定义求平均身高的函数*/
{
    int i;
    float aver,sum=0;
    for(i=0;i<n;i++)
    sum+=array[i];                              /*用 for 语句实现 sum 的累加*/
    aver=sum/n;                                 /*总和除以学生数量求出身高的平均值*/
    return(aver);                               /*返回平均值*/
}
```

（4）程序主要代码如下。

```
int main()
{
    float average(float array[],int n);           /*函数的声明*/
    float height[100],aver;
    int i,n;
    printf("请输入学生的数量:\n");
    scanf("%d",&n);                                /*输入学生数量*/
    printf("请输入学生们的身高:\n");
    for(i=0;i<n;i++)
    scanf("%f",&height[i]);                        /*逐个输入学生的身高*/
    printf("\n");
    aver=average(height,n);                        /*调用average()函数求出平均身高*/
    printf("学生的平均身高为: %6.2f\n",aver);        /*将平均身高输出*/
    return 0;
}
```

实验 9 使用指针交换两个数组中的最大值

实验目的

（1）使用指针作函数参数。
（2）学会定义返回指针值的函数。

实验内容

在屏幕上输入两个分别有 5 个元素的数组，使用指针实现将两个数组中的最大值交换，并输出交换最大值之后的两个数组。程序运行结果如实验图 9 所示。

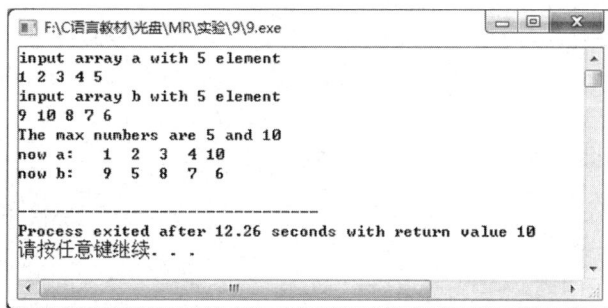

实验图 9　交换两个数组中最大值

实验步骤

（1）在 Dev-C++中创建一个 C 文件。
（2）引用头文件，并进行宏定义。代码如下。

```
#include <stdio.h>
#define N 5
```

（3）自定义函数 max()，用于获取数组中最大值的地址，并返回这个地址，max()函数的返回值为指针。代码如下。

```
*max(int *a, int n)                              /*自定义函数，用于返回数组最大值的地址*/
{
    int *p, *q;                                  /*定义指针变量*/
    q=a;                                         /*获取首地址*/
    for(p=a+1;p<a+n;p++)                         /*查找最大值*/
    {
        if(*p>*q)
            q=p;                                 /*将最大值的地址保存在 q 中*/
    }
    return q;                                     /*返回最大值的地址*/
}
```

（4）自定义函数 swap()，用于将两个数组中的最大值交换，这里的参数为指针，表示要交换值的两个数组元素的地址。代码如下。

```
swap(int *pa, int *pb)                           /*自定义交换两个最大值的函数*/
{
    int temp;                                    /*定义变量*/
    temp=*pa;                                    /*进行交换*/
    *pa=*pb;
    *pb=temp;
}
```

（5）在 main()函数中实现输入两个数组，调用函数实现查找数组中的最大值并将两个最大值交换。代码如下。

```
main()
{
    int a[N], b[N];                              /*定义两个数组*/
    int *pa, *pb, *p;                            /*定义指针变量*/
    printf("input array a with 5 element\n");
    for(p=a;p<a+N;p++)                           /*输入数组 a 的元素*/
    {
        scanf("%d",p);
    }
    printf("input array b with 5 element\n");
    for(p=b;p<b+N;p++)                           /*输入数组 b 的元素*/
    {
        scanf("%d",p);
    }
    pa=max(a,N);                                 /*获取数组 a 中的最大值的地址*/
    pb=max(b,N);                                 /*获取数组 b 中的最大值的地址*/
    printf("The max numbers are %d and %d\n",*pa,*pb);
    swap(pa,pb);                                 /*交换两个元素的值*/
    printf("now a: ");
    for(p=a;p<a+N;p++)                           /*输出数组 a*/
    {
        printf ("%3d",*p);
    }
    printf("\nnow b: ");
    for(p=b;p<b+N;p++)                           /*输出数组 b*/
    {
        printf ("%3d",*p);
```

```
    }
    printf("\n");
}
```

实验 10 设计通讯录

实验目的

（1）掌握结构体变量的定义。
（2）掌握结构体变量的引用。

实验内容

设计一个通讯录，定义包含姓名和电话号码两个成员的结构体，用于存储通信信息，以"#"结束输入，并且可对输入的数据进行查找。运行结果如实验图 10 所示。

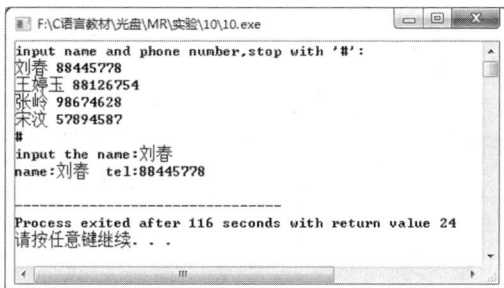

实验图 10 通讯录

实验步骤

（1）在 Dev-C++中创建一个 C 文件。
（2）引用头文件并进行宏定义。代码如下。

```
#include <stdio.h>
#include <string.h>
#define MAX 101
```

（3）定义结构体 aa，用来存储姓名和电话号码。代码如下。

```
struct aa                          /*定义结构体 aa，用来存储姓名和电话号码*/
{
    char name[15];
    char tel[15];
};
```

（4）自定义函数 readin()，用来实现姓名和电话号码的存储，代码如下。

```
int readin(struct aa *a)           /*自定义函数 readin()，用来存储姓名及电话号码*/
{
    int i = 0, n = 0;
    while (1)
    {
        scanf("%s", a[i].name);        /*输入姓名*/
        if (!strcmp(a[i].name, "#"))
```

```
            break;
        scanf("%s", a[i].tel);                    /*输入电话号码*/
        i++;
        n++;                                      /*记录的条数*/
    }
    return n;                                      /*返回条数*/
}
```

（5）自定义函数 search()，用来查找输入的姓名对应的电话号码，代码如下。

```
void search(struct aa *b, char *x, int n)    /*自定义函数 search()，查找姓名对应的电话号码*/
{
    int i;
    i = 0;
    while (1)
    {
        if (!strcmp(b[i].name, x))                 /*查找与输入姓名匹配的记录*/
        {
            /*输出查找到的姓名及对应的电话号码*/
            printf("name:%s  tel:%s\n", b[i].name, b[i].tel);
            break;
        }
        else
            i++;
            n--;
        if (n == 0)
        {
            printf("No found!");                    /*若没查找到记录则输出提示信息*/
            break;
        }
    }
}
```

（6）主函数中代码如下。

```
main()
{
    struct aa s[MAX];                              /*定义结构体数组 s*/
    int num;
    char name[15];
    printf("input name and phone number,stop with '#':\n");
    num = readin(s);                               /*调用 readin()函数*/
    printf("input the name:");
    scanf("%s", name);                             /*输入要查找的姓名*/
    search(s, name, num);                          /*调用 search()函数*/
}
```

实验 11 取出给定 16 位二进制数的奇数位

实验目的

（1）掌握位运算符。

（2）巧妙运用中间变量。

实验内容

取出给定的 16 位二进制数的奇数位，构成新的数据并输出。运行结果如实验图 11 所示。

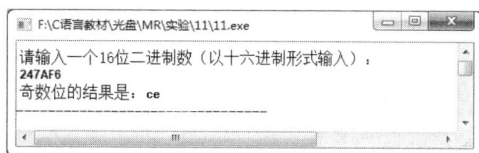

实验图 11　取出给定 16 位二进制数的奇数位

实验步骤

（1）在 Dev-C++中创建一个 C 文件。

（2）引用头文件，代码如下。

```c
#include <stdio.h>
```

（3）程序主要代码如下。

```c
unsigned short extract_odd_bits(unsigned short num) {
    unsigned short mask = 0x5555;  // 掩码，奇数位为1，偶数位为0
    unsigned short result = 0;
    unsigned short temp;
    // 使用掩码提取奇数位
    temp = num & mask;
    // 压缩结果，将奇数位依次排列在新的数的低位上
    result |= (temp & 0x0001) >> 0;  // 第1位
    result |= (temp & 0x0004) >> 1;  // 第3位
    result |= (temp & 0x0010) >> 2;  // 第5位
    result |= (temp & 0x0040) >> 3;  // 第7位
    result |= (temp & 0x0100) >> 4;  // 第9位
    result |= (temp & 0x0400) >> 5;  // 第11位
    result |= (temp & 0x1000) >> 6;  // 第13位
    result |= (temp & 0x4000) >> 7;  // 第15位
    return result;
}
int main() {
    unsigned short num;
    printf("请输入一个16位二进制数（以十六进制形式输入）:\n");
    scanf("%hx", &num);  // 输入一个16位的十六进制数
    unsigned short odd_bits = extract_odd_bits(num);
    printf("奇数位的结果是: %hx\n", odd_bits);
    return 0;
}
```

实验 12　复制文件内容到另一个文件

实验目的

（1）掌握文件的打开命令和关闭命令。

（2）使用文件读写函数。

（3）注意最后需要关闭文件。

实验内容

编程实现将一个已存在的文本文件中的内容复制到新建的文本文件中。运行结果如实

验图 12 所示。

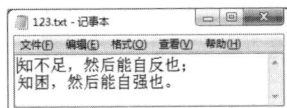

（a）已存在的名为 123 的文本文件中的内容   （b）程序运行界面

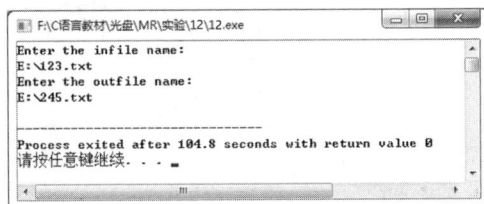

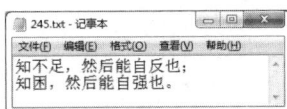

（c）运行程序后新建的名为 245 的文本文件中的内容

实验图 12   复制文件内容到另一个文件

实验步骤

（1）在 Dev-C++中创建一个 C 文件。

（2）引用头文件，代码如下。

```
#include <stdio.h>
```

（3）使用 while 语句从被复制的文件中逐个读取字符到另一个文件中。

（4）main()函数作为程序的入口，代码如下。

```
main()
{
    FILE *in,*out;                          /*定义两个指向 FILE 类型结构体的指针变量*/
    char ch, infile[50], outfile[50];       /*定义变量及数组为字符型*/
    printf("Enter the infile name:\n");
    scanf("%s", infile);                    /*输入被复制的文件的路径及名称*/
    printf("Enter the outfile name:\n");
    scanf("%s", outfile);                   /*输入新建的用于复制的文件的路径及名称*/
    if ((in = fopen(infile, "r")) == NULL)  /*以只读方式打开指定文件*/
    {
        printf("cannot open infile\n");
        exit(0);
    }
    if ((out = fopen(outfile, "w")) == NULL)
    {
        printf("cannot open outfile\n");
        exit(0);
    }
    ch = fgetc(in);
    while (ch != EOF)
    {
        fputc(ch, out);             /*将指针 in 指向的文件的内容复制到指针 out 指向的文件中*/
        ch = fgetc(in);
    }
    fclose(in);
    fclose(out);
}
```